"十三五"职业教育国家规划教材
煤炭职业教育"十四五"规划教材
"十四五"职业教育河南省规划教材

煤 矿 地 质

（第 2 版）

主　编　王志骅　常松岭

副主编　杨　欢　王　靖　郎文霞

应急管理出版社

·北　京·

内 容 提 要

　　本书是"十三五"职业教育国家规划教材、煤炭职业教育"十四五"规划教材、"十四五"职业教育河南省规划教材。教材按照项目式体例进行编写，教材内容以任务为导向进行安排。全书共分为 6 个项目 25 个任务，教材对地质构造、影响煤矿生产的地质因素、煤矿地质工作等做了详细阐述，把地质构造的"识图、制图"作为重要的技能训练内容在工作任务实施部分进行强化。教材编写中充分体现了高职高专教育理实一体化的特色，重点培养对矿井实际工作和实际问题的解决和处理能力。

　　本书适合作为高等职业技术院校和成人教育院校煤矿开采技术、矿井通风与安全、矿井建设及矿山测量等专业教学用书，也可作为有关工程技术人员的培训及参考用书。

第 2 版 前 言

本教材以职业能力为主线，紧扣煤矿类专业人才培养目标，充分考虑煤炭行业从业人员完成岗位任务所需的知识、能力、素质要求，以煤矿地质工作任务及工作过程为依据，以"项目导向、任务驱动"为编写基础，以任务实施贯穿整个教材，对煤矿井下地质构造分析预判及主要地质图件识读、矿井水及矿井瓦斯地质分析、矿井地质观测和描述、矿井储量与三量管理等教学大纲重点内容进行了详细介绍。

本教材主要特色如下：

（1）本教材按照项目导向、任务驱动的特点进行编写，突出对学生实践能力的培养。

（2）遵循"基础理论以'必须、够用'为度"的原则，同时强化基本知识的学习，把煤矿地质学的部分内容进行了整合：在煤矿地质基础知识项目中，除了有常见矿物与岩石的认识与鉴定内容外，还包括地层划分及煤与含煤岩系相关知识。

（3）强化基本技能的训练，体现高职高专教育理实一体化的特色。重点培养矿井实际工作能力和对实际问题的解决、处理能力。在项目二中将地质构造与煤矿主要地质图结合起来编写，旨在解决学生对煤矿井下地质构造与相关地质图纸认识之间脱节的问题。

（4）贯彻理论联系实际的原则。在矿井灾害防治项目中，对矿井瓦斯防治与矿井水害防治进行了分析，在进行理论分析时，引用了大量煤矿生产中的实例和图件，介绍了煤矿新技术、新标准、新仪器等相关内容。

本教材按80学时进行编写。不同专业可以根据各专业课程标准酌情调整学时数。在每个教学项目前列出"学习目标"，以便教师有针对性的讲解，学生有针对性的学习。

本书由平顶山工业职业技术学院王志骅、常松岭任主编，平顶山工业职业技术学院杨欢、神木职业技术学院王靖、鄂尔多斯职业学院郎文霞任副主编，全书由王志骅统稿。具体编写分工为：王志骅编写项目一任务一至任务二，常松岭编写项目二，杨欢编写项目一任务三至任务六及附录，王靖编写项目三，平煤股份十一矿赵喜海编写项目四任务一，国家能源集团神东煤炭集团大柳塔煤矿王蒙编写项目四任务二，郎文霞编写项目五，平顶山工业职业技术学院房耀洲编写项目六。

本书在编写过程中，借鉴和参阅了有关教材、专著、论文等相关资料，特向相关文献作者表示感谢。

由于时间仓促和编者水平有限，书中难免有错误和缺点，恳请读者批评指正。

编　者

2023 年 1 月

第 1 版 前 言

本书以煤炭高职院校制定的非地质专业课程教学大纲为基础,针对职业教育特色、教学模式需要以及职业院校学生的特点和认知能力编写,具有以下几方面的特点:

遵循"基础理论以'必须、够用'为度"的原则,同时强化基本知识的学习,把煤矿地质学的部分内容进行了整合:在煤矿地质基础理论模块中,除了有常见矿物与岩石的认识与鉴定内容外,还包括地层划分及煤与含煤岩系相关知识。

强化基本技能的训练,体现高职高专教育理论实践一体化的特色。重点培养矿井实际工作能力和对实际问题的解决、处理能力。在模块二中将地质构造与煤矿主要地质图结合起来编写,旨在解决学生对煤矿井下地质构造与相关地质图纸认识之间脱节的问题。

贯彻理论联系实际的原则。在矿井灾害防治模块中,对矿井瓦斯防治与矿井水害防治进行了分析,在进行理论分析时,引用了大量煤矿地质实例和图件,介绍了煤矿新技术、新标准、新仪器等相关内容。

本教材按80学时进行编写。不同专业可以根据各专业课程标准酌情调整学时数。在每个教学项目前列出"学习目标",以便教师有针对性地讲解,学生有针对性地学习。

本书由平顶山工业职业技术学院王志骅、常松岭任主编,鄂尔多斯职业学院张磊、郎文霞任副主编,王志骅负责全书的统稿和修改。全书共六个模块,其中模块一和模块四项目二由王志骅编写,模块二和模块四项目一由常松岭编写,模块三由张磊编写,模块五由郎文霞编写,模块六和附录由杨欢编写。

本书在编写过程中,借鉴和参阅了有关教材、专著、论文等资料,特向相关文献作者表示感谢。由于时间仓促和编者水平有限,书中难免有错误和缺点,恳请读者批评指正。

编 者

2017 年 4 月

目　　次

项目一　煤矿地质基础知识

学习目标

本项目由矿物的认识与鉴定、岩浆岩的认识与鉴定、沉积岩的认识与鉴定、变质岩的认识与鉴定、地层划分及煤与含煤岩系六个工作任务组成。通过本项目的学习，应能够肉眼鉴定常见矿物、岩石；了解地层系统和地质年代；熟悉煤及煤系地层。

任务一　矿物的认识与鉴定

技能点
◆ 能肉眼鉴定常见矿物。
知识点
◆ 矿物的概念与物理性质；
◆ 常见造岩矿物。

相关知识

一、矿物的概念及性质

1. 矿物的概念

矿物是地壳中一种或多种元素在各种地质作用下形成的自然产物。它们都具有一定的内部结构和比较固定的化学成分，具有一定的物理性质和形态，是组成地壳岩石的物质基础。

2. 矿物的性质

矿物具有一定的化学成分，其内部的质点常呈某种固定的排列方式，决定了某种矿物常具有特定的外部形态和物理性质。我们可根据矿物的外部形态和物理性质，对矿物进行识别和鉴定。

1）形态

矿物的形态是指矿物的外貌特征，包括单个晶体和集合体的形态。矿物晶体的外形是其内部结构的反映，不同的矿物由于内部结构不同，而具有不同的外形。例如，石英的晶体呈带尖顶的六方柱状，晶面有横向条纹，称为晶面条纹；黄铁矿的晶体呈立方体或五角十二面体，相邻晶面的晶面条纹互相垂直（图1-1）。

矿物集合体的形态常见的有由针状、柱状、纤维状、粒状等单体聚集而成的放射状集

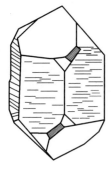
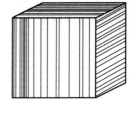

(a) 石英晶体　　　　(b) 黄铁矿晶体

图 1-1　晶体形态

合体和纤维状集合体等。

2）颜色

颜色是矿物对可见光吸收的结果。当矿物对各种波长的可见光普遍而均匀吸收时，随吸收程度的不同，使矿物呈现无色、白色、灰色和黑色等。将光线全部吸收呈黑色，基本不吸收呈白色，而选择性吸收则呈现各种混合色。根据成因的不同，颜色可分为自色、他色和假色3种。

（1）自色。自色是矿物本身固有的颜色，是由矿物内部所含的色素离子及晶体结构引起的。这种颜色比较固定，具有重要的鉴定意义。一般含二价铁（Fe^{2+}）的矿物常呈绿色，如普通角闪石；含三价铁（Fe^{3+}）的矿物常呈褐色或樱红色，如褐铁矿、赤铁矿。

（2）他色。他色是矿物因含有外来带色杂质的机械混入物所染成的颜色。它与矿物的自身颜色无关，随所含杂质的不同而变化，无鉴定意义。例如，水晶是无色透明的，因含不同杂质而呈现紫色、淡红色等。

（3）假色。假色是指由于矿物表面氧化膜或内部裂隙引起光波干涉而产生的颜色，一般不具有鉴定意义。在观察矿物颜色时，一定要敲击出矿物的新鲜表面，恢复其自色来鉴定矿物。

3）条痕

矿物在无釉瓷板上擦划时所留下的粉末颜色，称为条痕。条痕色就是矿物粉末的颜色。它可以消除假色，减弱他色，保存自色，因此对深色矿物的鉴定具有重要意义。例如，赤铁矿的颜色除有红色外，还有钢灰色、铁黑色，但它的条痕总是樱红色；黄铁矿的颜色为黄铜色，而条痕为绿黑色。

4）光泽

光泽是指矿物表面对可见光的反射能力。反射力强，光泽就强。根据矿物的反光强弱，可将光泽分为金属光泽、半金属光泽、金刚光泽和玻璃光泽。

（1）金属光泽反射力很强，光泽最强，像光亮的金属器皿表面的光泽。如方铅矿、黄铁矿、黄铜矿等。

（2）半金属光泽反射力强，光泽强，但比金属光泽弱些。如磁铁矿、赤铁矿等。

（3）金刚光泽反射力较强，类似金刚石那种灿烂的光泽。如金刚石、辰砂等。

（4）玻璃光泽反射力较强，像玻璃表面的光泽。如石英、萤石等。具有玻璃光泽的矿物大部分为透明矿物。

以上4种光泽是指矿物的平坦晶面或节理面上表现的光泽，如果矿物表面不平坦或呈集合体时，常出现油脂光泽、珍珠光泽、丝绢光泽、蜡状光泽、土状光泽等。

在鉴别矿物的光泽时，必须选择新鲜的断面。

5）硬度

矿物硬度是指固体矿物抵抗外力的刻划、压入、研磨的能力。通常把矿物硬度分为

10级，每一级用一种矿物做标准，称为摩氏硬度计，见表1-1。

表1-1 摩氏矿物硬度计

硬 度 等 级	代 表 矿 物	硬 度 等 级	代 表 矿 物
1	滑石	6	正长石
2	石膏	7	石英
3	方解石	8	黄玉
4	萤石	9	刚玉
5	磷灰石	10	金刚石

1级是最低硬度，10级是最高硬度，但是，这并不意味着硬度为10级的矿物比硬度为1级的矿物硬10倍。实际上，金刚石的硬度为石英硬度的1150倍，而石英的硬度为滑石硬度的3500倍。

在测定矿物硬度时，可用标准矿物与未知硬度的矿物互相刻划。例如，某一矿物能被石英刻划、本身又能刻划长石，则此矿物的摩氏硬度介于6~7之间。通常可用小刀、指甲、玻璃及一些常见的工具帮助测定矿物的相对硬度。

6) 解理和断口

矿物在外力的作用下，总是沿一定的方向裂开成光滑平面的性质，称为解理。这个光滑平面称解理面。矿物受力后如果不是沿一定方向裂开，而是破裂成凸凹不平的面，称断口。断口的形状有贝壳状断口、锯齿状断口、参差状断口和平坦状断口等。

根据矿物受力后裂开的难易程度、解理面的大小和平整程度，可将解理分为5级：

(1) 极完全解理。矿物在外力作用下极易沿一定方向裂开成薄片，解理面平整光滑，如云母的解理（图1-2）。

(2) 完全解理。矿物受力后总是沿解理面分裂，解理面明显而光滑，但不成薄片，如方解石的解理（图1-3）。

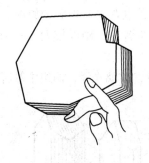

图1-2 云母的极完全解理

图1-3 方解石的完全解理

(3) 中等解理。矿物受力后沿解理面裂开，解理面清楚但很不平滑，易出现断口，如辉石的解理。

图 1-4 石英的贝壳状断口

（4）不完全解理。矿物受力后裂成小块，不易见到解理面，如磷灰石。

（5）极不完全解理。在矿物碎块上只有凸凹不平的断口而无解理，如石英的贝壳状断口（图 1-4）。

7）相对密度

矿物的质量与 4 ℃时同体积的水的质量之比，称为矿物的相对密度。矿物按相对密度可分为轻矿物（相对密度小于 2.5），如石膏；中等相对密度矿物（相对密度为 2.5～4.0），如长石；重矿物（相对密度大于 4.0），如重晶石。

8）其他性质

有些矿物还具有导电性、磁性和弹性等，这些都可作为鉴定矿物的依据。还有的矿物可用不同的化学反应来鉴别，例如，方解石加冷稀盐酸时冒泡，同时发出“咝咝”的响声。

二、常见造岩矿物

自然界中矿物种类繁多，但组成常见岩石的矿物仅 20 余种，这些矿物称为造岩矿物。

1. 石英（SiO_2）

晶体呈六方柱状及锥状，柱面上具有相互平行的横条纹。无色透明的石英称为水晶。石英常为白色，含杂质，可呈乳白、紫、玫瑰、烟黑等色，玻璃光泽，无解理，贝壳状断口，断口为油脂光泽，硬度 7，相对密度 2.5～2.8。常呈粒状或块状集合体。石英是沉积岩中最主要的造岩矿物。

石英是制造玻璃、陶瓷的原料，水晶用于光学仪器、无线电和国防工业。

鉴定特征：六方柱及晶面横纹，典型的玻璃光泽，硬度大，无解理；隐晶质者具明显的油脂光泽。

2. 正长石（$K[AlSi_3O_8]$）

晶体呈短柱状或厚板状（图 1-5）。颜色为肉红色或浅黄色，半透明，玻璃光泽，两组完全节理相交成 90°，故名正长石；硬度 6～6.5。正长石易受风化而转变成高岭石等黏土矿物。正长石可作为陶瓷工业和玻璃工业的原料，也是农业钾肥的原料。

鉴定特征：肉红、黄白等色，短柱状晶体，完全解理，硬度较大（小刀刻不动）。

3. 斜长石（$Na[AlSi_3O_8]-Ca[Al_2Si_2O_8]$）

晶体呈板状（图 1-6）。颜色多为白色、浅灰色，玻璃光泽，两组中等解理相交成 86°，

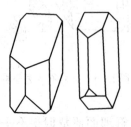

图 1-5 正长石的晶形

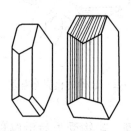

图 1-6 斜长石的晶形

故名斜长石；解理面上常可见到细而相互平行的晶面条纹，硬度6~6.5，相对密度2.60~2.76。易风化成高岭石和绢云母。斜长石可作为陶瓷工业和玻璃工业的原料，也可作为雕刻石料。

鉴定特征：细粒状或板状，白色至灰白色，解理面上具双晶纹，小刀刻不动。

4. 白云母（$KAl_2[AlSi_3O_{10}](OH)_2$）

晶体呈六方板状或片状。集合体为片状、鳞片状。颜色为白色或浅灰、浅黄、浅绿等色，透明或半透明，玻璃光泽，一组极完全解理，解理面上具有珍珠光泽，硬度2~3，相对密度2.76~3.0。薄片具有弹性。细小鳞片状的白云母称绢云母，呈丝绢光泽。白云母不含铁、镁成分，因此比较稳定，是煤系地层岩石中常见的矿物。白云母具有高度的绝缘和耐热性能，是电气工业上很好的绝缘材料，也是耐火材料。

5. 黑云母（$K[Mg,Fe]_3,[AlSi_3O_{10}](OH)_2$）

晶体常呈片状、鳞片状集合体。颜色为黑色、黑绿、黑褐等。相对密度3.02~3.12，其他特征同白云母。黑云母含铁、镁成分多，易风化。在煤系地层岩石中较少见到。

云母类矿物鉴定特征：单向极完全解理，容易被揭开成较大光滑平整薄片，硬度低，有弹性。

6. 辉石（$Ca[Mg,Fe,Al][(Si,Al)_2O_6]$）

晶体呈短柱状，横断面为近八边形（图1-7）。颜色为黑、绿黑、褐黑等，条痕为灰绿色，玻璃光泽，具有两组中等解理，解理角为87°和93°，硬度5~6。

鉴定特征：绿黑色或黑色，接近八边形短柱状，解理接近直交。

7. 角闪石（$Ca_2Na[Mg,Fe,Al]_5[(Si,Al)_4O_{11}]_2[OH]_2$）

晶体一般呈长柱状，横断面为近六边形（图1-8）。颜色为暗绿至黑色，条痕为浅灰绿色，玻璃光泽，具有两组完全解理，交角为56°和124°，硬度5.5~6，相对密度3.1~3.5。

鉴定特征：绿黑色、长柱状（横剖面菱形）晶体，相交成124°的解理，小刀不易刻划。

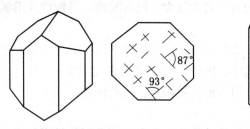

图1-7 辉石的晶形

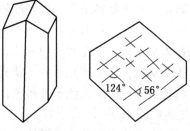

图1-8 角闪石的晶形

8. 橄榄石（$[Mg,Fe]_2[SiO_4]$）

晶体为短柱状，通常呈粒状集合体。颜色为黄绿至深绿色，因其颜色像橄榄绿，所以称为橄榄石。透明，强玻璃光泽，贝壳状断口，硬度6.5~7，相对密度3.3~3.5。

鉴定特征：橄榄绿色，玻璃光泽，硬度高。

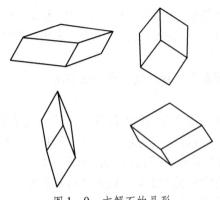

图1-9 方解石的晶形

9. 方解石($CaCO_3$)

晶体呈菱面体（图1-9），集合体呈粒状、块状、鲕状和钟乳状。颜色为乳白色，混有杂质而呈褐色和灰色等，透明至半透明，玻璃光泽，三组完全解理，硬度3，相对密度2.6~2.8。在煤系地层中，经常可见到方解石充填在岩石裂隙中，呈脉状和晶体形状。方解石可作建筑材料和炼铁熔剂。

鉴定特征：锤击成菱形碎块，小刀易刻划，遇稀盐酸起泡。

10. 白云石($CaMg[CO_3]_2$)

晶体多为菱面体，常呈粒状或块状集合体。颜色灰白色，有时微带浅黄、浅褐色或淡红色，玻璃光泽，三组完全解理，硬度3.5~4，相对密度2.8~2.9，性脆。遇冷稀盐酸轻微起泡或不起泡，但其粉末能起泡。

鉴定特征：滴稀盐酸不起泡或微弱起泡，风化面常有白云石粉及纵横交叉的刀砍状溶沟。

11. 石膏($CaSO_4 \cdot 2H_2O$)

晶体呈板状，集合体多为块状、纤维状和粒状。颜色无色或白色，含有杂质可呈灰黄和淡红等色，透明至半透明，玻璃光泽；纤维状集合体为丝绢光泽；一组极完全解理，硬度2，相对密度2~3，薄片具挠性。石膏脱水后硬度较大，为3.0~3.5，故称为硬石膏。石膏主要用于水泥、造纸、医疗、塑像、肥料等方面。

鉴定特征：一组极完全解理，纤维状、粒状；硬度低，指甲可以刻动，遇酸不起泡。

12. 铝土矿($Al_3O_2 \cdot nH_2O$)

铝土矿是以氢氧化铝为主要成分的混合物，多以土状、鲕状、豆状或致密块状产出。颜色为白、灰白、黑灰、灰褐、砖红等色，土状光泽，贝壳状或平坦状断口，硬度1~3，相对密度2.5~3.5，有泥土气味。

鉴定特征：外表似黏土岩，但硬度较高，密度较大，没有黏性、可塑性及滑腻感。

13. 褐铁矿($Fe_2O_3 \cdot nH_2O$)

褐铁矿常呈土状、多孔状、钟乳状、结核状或块状集合体产出。颜色为黄褐色或黑褐色，条痕为黄褐色，半金属光泽或土状光泽，硬度1~5，相对密度2.7~4.3。

鉴定特征：颜色由铁黑色至黄褐色，但条痕色较固定，为黄褐色。

14. 黄铁矿(FeS_2)

晶体常为立方体或五角十二面体，立方体的晶面上具有与棱平行的晶面条纹，且相邻晶面的条纹互相垂直。颜色为浅铜黄色，条痕为绿黑色，金属光泽，参差状断口或贝壳状断口，硬度6~6.5，相对密度4.9~5.2，性脆。此外，还常呈细粒状或球状、瘤状结核和浸染状分布，是煤系地层岩石中及煤层中极为常见的矿物。

鉴定特征：完好晶体，浅黄色，条痕黑色，较大的硬度（小刀刻不动）。

其他非主要矿物的鉴定特征，参见附录。

任务实施

一、鉴定场地

在矿物岩石实训室中，配备可供 2～3 人共同使用的操作台和椅子。

二、实施组织方式

以操作台为单位分组，每组观察、鉴定一套标本，经讨论后完成一份标本鉴定，由指导教师给出评价。

三、鉴定用矿物标本

石英、斜长石、正长石、白云母、黑云母、辉石、普通角闪石、橄榄石、方解石、石膏、铝土矿、褐铁矿、赤铁矿、磁铁矿、菱铁矿、黄铁矿等。

四、观察与描述内容

1. 矿物特性的观察

（1）矿物形态的观察。一定的矿物常表现为一定的晶体或集合体形态，如黄铁矿和黄铜矿的颜色和条痕很相似，但黄铁矿常呈良好的六面体、五角十二面体等晶体，而黄铜矿则常成致密块状，据此则可区分二者。有些矿物是根据其形态特点而命名的，如石榴子石其晶形像石榴子一样，石棉则是纤维状集合体，像丝棉一样。因此应注意观察矿物的形态。晶面条纹的观察：有些晶体的晶面具条纹状，如黄铁矿 3 个方向的晶面条纹彼此垂直，斜长石的晶纹相互平行，石英具横向晶纹。

（2）矿物光学性质的观察。矿物的颜色是矿物对可见光中不同波长的单色光波选择吸收的结果，许多不透明金属矿物和部分非金属矿物常常表现出比较固定的颜色，注意观察描述。观察对比黄铁矿、黄铜矿、赤铁矿等矿物的条痕与颜色之间的关系。矿物的光泽是矿物表面对光的反射能力，拿到标本，对着光线，看其反射光线的性质来确定它属于哪种光泽。矿物的透明度是矿物透过可见光能力的大小。手拿标本，注意观察矿物碎片边缘的透明程度。

（3）矿物力学性质的观察。矿物的解理与断口。解理是矿物受到外力后自然断开的光滑平整的面，既要注意在同一方向上对应侧面解理的一致性，又要观察解理面光滑平整的程度。矿物的解理与断口是互为消长的。矿物的硬度是矿物抵抗外力作用的能力。具体测定方法是（以摩氏硬度计为例）：取摩氏硬度计中一种标准矿物，用其棱角刻划被鉴定矿物上的一个新鲜而较完整的平面，擦去粉末，若在面上留有刻痕，则说明被鉴定矿物的硬度小于选用标准矿物的硬度；反之，若未在面上留下刻痕，则说明被鉴定矿物的硬度大于或等于选用标准矿物的硬度。经过多次刻划比较，直到确定被鉴定矿物的硬度介于两个相邻标准矿物硬度之间或接近二者之一时，即已测知被鉴定矿物的硬度。若被鉴定矿物难于找出平整的面，而标准矿物上有较好的平面时，也可以用被鉴定矿物的棱角去刻划标准矿物的平面。

（4）矿物其他特性的观察。矿物常有磁性、导电性、发光性、放射性、延展性、脆性、弹性和挠性等一些性质，如云母的弹性，蒙脱土的遇水膨胀、崩解性；碳酸盐类的矿物如方解石、白云石，与稀盐酸会产生化学反应，逸出二氧化碳，形成气泡；磁铁矿的磁性、磷铁矿的发光性等。

2. 常见造岩矿物鉴定特征的综合观察

在观察时，必须善于抓住矿物的主要特征，尤其是那些具有鉴定意义的特征。同时还要注意相似矿物的对比分析，如石英、斜长石、方解石、石膏等矿物都是白色或乳白色，但在硬度，解理、晶形、盐酸反应方面却有较大差别。

五、方法和步骤

（1）观察。认真观察实验矿物标本，宏观掌握其主要特征。

（2）描述。把观察到的鉴定特征和实验结果如实填入记录表 1-2。

（3）讨论。通过对实验矿物标本的观察和描述，对照教材中相应矿物的描述进行讨论并找出异同。

（4）总结。区别正长石和斜长石、石英和方解石、辉石和角闪石等易混矿物。

（5）提交鉴定成果（表 1-2）。

表 1-2 鉴定常见矿物记录表

序号	矿物名称	化学式	鉴定特征							
			形态	颜色	条痕	光泽	透明度	硬度	解理或断口	其他
1	石英									
2	斜长石									
3	正长石									
4	白云母									
5	黑云母									
6	辉石									
7	普通角闪石									
8	橄榄石									
9	方解石									
10	石膏									
11	铝土矿									
12	褐铁矿									
13	赤铁矿									
14	磁铁矿									
15	菱铁矿									
16	黄铁矿									

任务一考评见表1-3。

表1-3 任务考评表

考评项目	评分		考评内容
素质目标	20分	6分	遵守纪律情况
		7分	认真听讲情况，积极主动情况
		7分	团结协作情况，组内交流情况
知识目标	40分	20分	熟悉矿物分类及性质
		20分	熟悉常见造岩矿物的肉眼鉴定特征
技能目标	40分	10分	明确任务方案，工具使用正确
		15分	操作程序正确，鉴定方法运用得当
		15分	能独立且正确完成矿物鉴定任务

任务二　岩浆岩的认识与鉴定

技能点
◆ 能肉眼鉴定常见岩浆岩。
知识点
◆ 岩浆岩的特征、分类；
◆ 常见岩浆岩。

相关知识

岩石是矿物的集合体。有的岩石由一种矿物组成，如石灰岩由方解石矿物组成。但大多数岩石由几种矿物组成，如花岗岩由正长石、石英、黑云母等组成。

岩石按成因可分为岩浆岩、沉积岩、变质岩三大类。

岩浆侵入地壳内或喷出地表冷凝形成的岩石称为岩浆岩。岩浆侵入地壳内冷凝形成的岩石称为侵入岩，岩浆喷出地表冷凝形成的岩石称为喷出岩。

根据 SiO_2 含量的多少，岩浆岩又可分为超基性岩、基性岩、中性岩和酸性岩，见表1-4。

一、岩浆岩的一般特征

岩浆岩是岩浆在一定条件下冷凝而形成的，因此，岩浆岩的矿物组成、颜色、结构和构造等特征完全反映了岩浆的化学成分和冷凝时的地质条件。对这些特征进行观察有助于了解岩浆岩的种类及其形成环境。

表 1-4 岩浆岩主要造岩矿物组合及颜色

岩石类型	SiO₂ 含量/%	主 要 矿 物	颜 色
超基性岩	<45	橄榄石、辉石	深
基性岩	45~52	辉石斜长石	↓
中性岩	52~65	角闪石、正长石、斜长石	浅
酸性岩	65~75	石英、正长石、黑云母	

1. 岩浆岩的矿物成分和颜色

岩浆中主要的化学成分是 SiO_2，SiO_2 含量的多少又影响着岩浆岩的性质和特点。

SiO_2 含量的多少，在造岩矿物成分及颜色上可表现出来。岩浆岩中主要的造岩矿物有石英、正长石、斜长石、白云母、黑云母、角闪石、辉石和橄榄石 8 种。前 4 种是浅色矿物，后 4 种是暗色矿物。岩浆岩的颜色取决于浅色矿物和暗色矿物含量比。富含 SiO_2 的酸性岩浆岩中浅色矿物多，暗色矿物最少，因此酸性岩浆岩的颜色最浅；在 SiO_2 含量最少的超基性岩中，浅色矿物极少或没有，甚至全是暗色矿物，因此颜色最深。

2. 岩浆岩的结构

岩浆岩的结构是指岩石中矿物的结晶程度、颗粒大小、形态及晶粒间相互关系特征。

1）按岩石的结晶程度划分

（1）全晶质结构。岩石全部由矿物的晶体组成，多见于深成岩中。

（2）半晶质结构。岩石中既有矿物晶体，又有玻璃质，多见于浅成岩和火山岩中。

（3）玻璃质结构。岩石全部由玻璃质组成，多见于浅成岩和火山岩中。

2）按矿物颗粒的绝对大小划分

（1）显晶质结构。肉眼或放大镜能分辨出矿物颗粒。根据主要颗粒的平均直径大小，可进一步分为伟晶结构（>10 mm）、粗粒结构（5~10 mm）、中粒结构（2~5 mm）、细粒结构（0.2~2 mm）和微粒结构（<0.2 mm）。

（2）隐晶质结构。岩石中矿物晶粒极细小，肉眼见不到矿物颗粒，外观呈致密状，所以又称致密状结构。隐晶质结构是在岩浆冷却较快的条件下形成的，是喷出岩中常见的一种结构。另外，在浅成小侵入体边缘也可见到隐晶质结构。

3）按矿物颗粒的相对大小划分

（1）等粒结构和不等粒结构。等粒结构是指岩石全由矿物晶体组成，晶体颗粒大小一致。等粒结构是在高温、高压条件下，岩浆缓慢冷凝形成的。主要是深成岩所具有的结构，在浅成侵入岩中也可见。不等粒结构，是指岩石中同种主要矿物颗粒大小不等的一种结构。

（2）斑状结构和似斑状结构。岩石中由两种大小截然不同的矿物颗粒组成的一种结构。先结晶的形成斑晶，后结晶的形成基质，如基质为隐晶质或玻璃质，则为斑状结构；如基质为显晶质，则为似斑状结构。

3. 岩浆岩的构造

岩浆岩的构造是指岩浆岩中矿物的排列方式或填充方式所反映出来的外表形态。常见的岩浆岩构造如下：

（1）块状构造。岩石中矿物颗粒的排列不显示方向性而呈均匀分布，称块状构造。这种构造在深成岩中常见。

（2）流纹构造。岩石中不同颜色的矿物、玻璃质和气孔等呈一定方向的流状排列。这是由熔岩流动造成的，这种构造在酸性喷出岩中常见。

（3）气孔状构造。当岩浆喷出地表后，由于压力降低，气体从熔岩中逸出而形成大小不等的圆形孔洞，称气孔状构造。

（4）杏仁状构造。当岩石中的气孔又被后来的次生矿物充填，形成似杏仁状的构造，称杏仁状构造。

二、常见的岩浆岩

1. 酸性岩

（1）花岗岩。花岗岩主要由正长石、石英、黑云母组成，有时含斜长石、角闪石、白云母。全晶质粒状结构，块状构造。呈肉红色、灰白色、淡红色。一般为深成岩。

（2）花岗斑岩。花岗斑岩由正长石、石英、黑云母组成，含少量斜长石、角闪石。全晶质斑状结构，块状构造，由正长石或斜长石构成粗大斑晶，基质常为全晶质细粒结构。呈肉红色、灰红色。为浅成的侵入岩体，岩体较小。

（3）流纹岩。流纹岩主要由透长石、正长石、石英及黑云母组成，有时含少量角闪石。斑状结构，斑晶常为透长石、石英、正长石，基质为隐晶质或玻璃质。具有明显的流纹构造。呈浅黄、浅红、棕、紫色等。多见于酸性喷出岩。

2. 中性岩

（1）闪长岩。闪长岩主要由斜长石、角闪石组成，含少量黑云母及辉石，有时含少量正长石及石英。全晶质粒状结构，块状构造。常为灰色、灰绿色。深色矿物较多时，呈灰黑色。为深成的侵入岩体，岩体较小。

（2）闪长玢岩。闪长玢岩主要由斜长石、角闪石组成，全晶质斑状结构，斑晶常为斜长石，有时角闪石也可出现斑晶。基质为细粒状或致密状。块状构造。灰绿色或灰黑色。为浅成的侵入岩体，岩体较小。

（3）安山岩。安山岩主要由斜长石、角闪石组成，含少量辉石、黑云母等。斑状结构，浅色斑晶为斜长石，暗色斑晶为角闪石、辉石或黑云母。基质是玻璃质或隐晶质。气孔状或杏仁状构造，有时也有块状构造，呈灰、褐、棕、绿及紫红色等。一般为喷出岩。

3. 基性岩

（1）辉长岩。辉长岩主要由斜长石及辉石组成，含少量橄榄石、角闪石。全晶质粗粒至中粒结构，块状构造。呈深灰色及灰黑色。为深成的侵入岩体，岩体较小。

（2）辉绿岩。辉绿岩主要由斜长石和辉石组成，含少量橄榄石、角闪石。斑状结构，块状构造。斑晶多为斜长石、辉石、橄榄石等，基质为隐晶质。呈暗绿色或灰黑色。

（3）玄武岩。玄武岩由斜长石和辉石组成，含少量橄榄石。隐晶质结构或斑状结构，气孔状或杏仁状构造。斑晶为橄榄石、辉石或斜长石，基质由隐晶质或玻璃质组成。杏仁状构造常由方解石、玛瑙等充填气孔而成。呈黑色、褐灰色、棕黑色。

4. 超基性岩

橄榄岩主要由橄榄石组成，其含量在 50% 以上，其次为少量辉石及角闪石。全晶质等粒结构，块状构造。呈暗绿色或黄绿色。为深成的侵入岩体。岩浆岩分类见表 1-5。

表 1-5 岩浆岩分类简表

岩　类	超基性岩	基性岩	中　性　岩		酸性岩
SiO_2 含量	<45%	45%~52%	52%~65%		>65%
颜色	灰色,绿黑色	灰黑色,绿黑色	灰色,灰绿色	肉红色,灰色	肉红色,灰白色
深色矿物	约占95%以上,以橄榄石为主	约占50%,以辉石为主	约占30%,以闪石为主	约占20%,以闪石为主	约占10%,以黑云母为主
浅色矿物	无长石或少量斜长石,无石英	斜长石为主,无石英	斜长石为主,一般不含石英	正长石为主,无或有少量石英	正长石为主,有大量石英

产状		构造	结构	岩石名称				
喷出岩		气孔杏仁流纹	非晶质玻璃状	火山玻璃岩（黑曜岩、浮岩等）				
			隐晶质斑状	金伯利岩	玄武岩	安山岩	粗面岩	流纹岩
浅成岩	未分脉岩	致密块状	微细粒、斑状（全晶质）		辉绿岩	闪长玢岩	正长斑岩	花岗斑岩
	二分脉岩	浅色块状	细晶或伟晶（全晶质）	细晶岩和伟晶岩				
		深色块状	斑状（全晶质）	煌斑岩				
深成岩		致密块状	等粒状（粗、中粒）,似斑状（全晶质）	橄榄岩	辉长岩	闪长岩	正长岩	花岗岩

```
任 务 实 施
```

一、鉴定场地及用具

在矿物岩石实训室中进行鉴定，配备可供 2~3 人共同使用的操作台和椅子。用具有放大镜、地质锤、岩石标本、稀盐酸等。

二、实施组织方式

以操作台为单位分组，每组观察、鉴定一套标本，小组内人员讨论后完成一份标本鉴定表，由指导教师给出评价。

三、鉴定用标本

橄榄岩、辉长岩、玄武岩、闪长岩、安山岩、花岗岩、流纹岩。

四、观察与描述内容

1. 岩浆岩的矿物成分与颜色观察

观察岩浆岩中矿物成分应先观察岩石中有无石英（有石英时，要观察其数量），其次观察有无长石（含有长石时，要尽量区分是正长石还是斜长石），继而观察有无橄榄石存在。此外，尚需注意黑云母，它经常出现在酸性岩中。火成岩常以所含主要矿物成分定名，如辉长岩（主要含辉石和斜长石）、闪长岩（主要含角闪石和斜长石）等。

对于深成岩：一般暗色对应基性、超基性岩；中色对应中性岩；浅色对应酸性岩。

对于浅成岩：由于岩石粒度小，肉眼观察时微晶质和隐晶质岩石的颜色一般较相同成分深成岩的颜色为深。

对于喷出石：一般基性岩类多呈黑、黑绿色；中性岩类呈深灰、暗紫红色；酸性岩类呈浅灰、粉红色。

2. 常见岩浆岩结构的观察

结合标本，从矿物的结晶程度、颗粒大小、颗粒间的相互关系等方面来认识岩浆岩的结构特征。

矿物的结晶程度：全晶质结构对应观察花岗岩；非晶质（玻璃质）结构对应观察浮岩。

矿物颗粒大小：粗粒结构对应观察粗粒花岗岩；中粒结构对应观察中粒辉长岩；细粒结构对应观察细晶岩或细粒闪长岩；隐晶质结构对应观察辉绿岩；伟晶结构对应观察伟晶岩。

矿物颗粒相对大小：等粒结构对应观察花岗岩、闪长岩；斑状结构对应观察正长斑岩、闪长玢岩；似斑状结构对应观察花岗斑岩。

3. 常见岩浆岩典型构造的观察

观察标本的典型构造特征：块状构造对应观察花岗岩、闪长岩、辉长岩；流纹构造对应观察流纹岩；气孔构造对应观察浮岩、粗面岩；杏仁状构造对应观察玄武岩。

五、方法和步骤

（1）观察。认真观察岩石标本，掌握其主要宏观特征。

（2）描述。把观察到的鉴定特征和实验结果如实填入记录表1-6。

（3）讨论。通过对岩石标本的观察和描述，对照教材中相应岩石的描述进行讨论，找出异同。

（4）总结。找出火成岩的矿物成分、结构构造等特征。

（5）提交鉴定成果（表1-6）。

表1-6 认识火成岩记录表

序号	岩石名称	主要组成矿物及其鉴定特征与含量	特征（颜色、结构构造等）
1	橄榄岩		
2	金伯利岩		
3	辉长岩		
4	玄武岩		

表 1-6（续）

序号	岩石名称	主要组成矿物及其鉴定特征与含量	特征（颜色、结构构造等）
5	闪长岩		
6	安山岩		
7	正长岩		
8	粗面岩		
9	花岗岩		
10	正长斑岩		
11	闪长玢岩		
12	辉绿岩		
13	流纹岩		

任务考评

任务二考评见表 1-7。

表 1-7 任务考评表

考评项目	评分		考评内容
素质目标	20 分	6 分	遵守纪律情况
		7 分	认真听讲情况，积极主动情况
		7 分	团结协作情况，组内交流情况
知识目标	40 分	20 分	熟悉岩浆岩的分类及性质
		20 分	熟悉常见岩浆岩的肉眼鉴定特征
技能目标	40 分	10 分	明确任务方案，工具使用正确
		15 分	操作程序正确，鉴定方法运用得当
		15 分	能独立且正确完成岩浆岩鉴定任务

任务三　沉积岩的认识与鉴定

技能点
◆ 能肉眼鉴定煤系地层中的常见沉积岩。

知识点
◆ 沉积岩的特征、分类；
◆ 常见沉积岩。

沉积岩是指暴露在地表的岩石，经过风化、剥蚀及搬运后，在一定地质条件下沉积、固结而成的岩石。沉积岩一般是在外力地质作用下形成的。

沉积岩在地表分布最广，它覆盖的面积约占地表总面积的 75% ，是最常见的一种岩石。

许多矿产资源本身就是沉积岩，如煤、油页岩、盐岩、沉积铁矿、石灰岩等，石油、天然气也生成于沉积岩中，并绝大部分都储集在沉积岩中。

在煤矿区，沉积岩是一种常见的岩石，直接关系到采掘生产。煤矿的井巷工程绝大多数都布置在沉积岩中。所以，识别各种常见沉积岩是煤矿工作者要掌握的一项基本技能。

一、沉积岩的一般特征

1. 沉积岩的层状构造及层理

沉积岩由于成分、颜色、结构的不均一性，而引起岩石呈层状分布的宏观特征，称为层状构造。它是沉积岩最重要的构造特征。层与层之间的界面称层面。相邻两层面间的垂直距离称为岩层厚度。岩层的厚度各不相同，按岩层厚度将岩层分为 4 类：巨厚层状（>1 m），厚层状（0.5~1 m），中厚层状（0.1~0.5 m），薄层状（<0.1 m）。如果我们对某一沉积岩层进行仔细观察，往往可以发现在两个层面之间还有更细微的成层现象，这就是层理。它反映了沉积介质的运动状态。层理包括水平层理、波状层理、斜层理等类型，如图 1-10 所示。

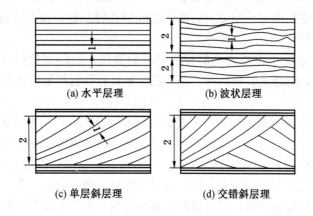

(a) 水平层理 (b) 波状层理

(c) 单层斜层理 (d) 交错斜层理

1—细层；2—层系

图 1-10 沉积岩层的层理类型

（1）水平层理由彼此平行且平行于层面的细层组成。一般形成于平静的或微弱流动的水介质中，如海洋、湖泊的深水地带及潟湖、沼泽地区。

（2）波状层理由许多呈波状起伏的细层理重叠在一起组成。由于波浪的运动，影响到水底还没有固结的沉积物，使其表面呈现波状起伏，形成了波状层理。波状层理常出现于粉砂岩和细砂岩中。

（3）斜层理由一系列与层面斜交的细层组成。其层理的倾斜方向指向水流的下游方向。常见于河流沉积及其他流动水的沉积物中，如碎屑岩、砂岩、粉砂岩中常见。斜层理根据其产状又可分为单向斜层理和交错斜层理两种。

2. 沉积岩的结构

沉积岩的结构是指组成沉积岩的颗粒大小、形状、表面特征及相互间的组合关系。它是识别沉积岩的重要标志。常见的沉积岩结构如下：

（1）碎屑结构。主要构成物为碎屑岩，由碎屑物质与胶结物两部分组成。碎屑物质有矿物碎屑和岩石碎块，胶结物质为泥质的、钙质的、硅质的和铁质的等。胶结物将碎屑颗粒胶结在一起形成岩石。碎屑结构按照碎屑颗粒的大小可分为砾状结构（碎屑颗粒直径大部分大于 2 mm）、砂状结构（碎屑颗粒直径大部分在 0.1 ~ 2 mm）、粉砂状结构（碎屑颗粒在 0.01 ~ 0.1 mm）。

（2）泥质结构。泥质结构是由颗粒直径小于 0.01 mm 的黏土矿物形成的岩石结构，外观呈致密状。

（3）化学结构。化学结构是化学岩所具有的一种结构，如鲕状结构、豆状结构。鲕状结构是指由直径小于 2 mm 的圆球鲕粒经胶结而形成的沉积岩，其结构称为鲕状结构；颗粒直径大于 2 mm 的，则称为豆状结构，如赤铁矿多具有这种结构。

（4）生物结构。生物结构是指由大量的生物遗体组成的沉积岩所具有的结构，岩石中常见到很多保存完好或破碎的贝壳等。如石灰岩常具有明显的生物结构。

3. 颜色

颜色是沉积岩的一个重要特征，在煤矿区常作为识别、对比地层的标志之一。对沉积岩的颜色的研究有助于推断沉积岩形成的环境和沉积物质的来源。

沉积岩的颜色主要取决于组成岩石的矿物成分和胶结物。按颜色成因可分为继承色、原生色和次生色 3 种。

（1）继承色，取决于组成岩石的碎屑颗粒的颜色，而碎屑是母岩的机械风化产物，它的颜色继承了母岩的颜色，所以称为继承色。如长石砂岩常呈肉红色，这是由于正长石颜色影响的缘故。

（2）原生色，取决于自水溶液中沉淀的沉积矿物及成岩作用中生成的矿物的颜色。

（3）次生色，是指沉积岩形成以后，由于遭到风化作用而形成新的次生矿物的颜色，如红色页岩在还原环境下，因其所含的 Fe^{3+} 还原成 Fe^{2+}，而使岩石变为绿色。

原生色的分布与层理方向完全一致，而次生色与层理方向不一致。原生色常可以说明沉积物形成时的自然地理环境。沉积岩在地表风化后，常产生次生颜色，因此在描述岩石颜色时，应该敲击出新鲜断面，观察它的原生颜色。

4. 化石

经过地质作用而保存在地壳中的地史时期的生物遗体、遗迹统称化石。化石可分为植物化石和动物化石两类。含有化石是沉积岩的重要特征之一。不同的沉积环境形成的沉积岩中含有不同的化石。因此，常可用化石来推断沉积岩形成的大致时间和生成环境。

5. 包裹体

包裹体指有棱角或大小混杂的松软岩石的碎块，被包在其他岩石中，这种岩石碎块称为包裹体。包裹体的存在，说明下伏岩层在附近曾经遭受过冲蚀作用。

6. 结核

结核是指与围岩成分有明显区别的某种矿物团块。其形态有球状、椭球状及各种不规则状，内部有同心圆状、放射状等。大小不一，数厘米至数十厘米，最大者达几米。与煤有成因联系的结核主要是黄铁矿结核和菱铁矿结核。

二、常见的沉积岩

按成因和物质成分的不同，沉积岩可分为陆源碎屑岩、火山碎屑岩和内源沉积岩。沉积岩分类见表1-8。

表1-8 沉积岩分类简表

岩类	陆源碎屑岩类			黏土岩类	内源沉积岩（化学岩和生物化学岩）					
岩石结构	碎屑结构			泥质结构	鲕状、豆状、粒状或生物结构					
	砾质结构	砂质结构	粉砂质结构		碳酸盐岩	硅质岩	铁质岩铝质岩锰质岩磷质岩	盐岩	可燃有机岩	
	砾岩	砂岩	粉砂岩	黏土岩						
主要岩石	角砾岩砾岩	粗砂岩中砂岩细砂岩	黄土粉砂岩	黏土泥岩页岩	石灰岩白云岩泥灰岩	燧石岩	铁质岩铝质岩锰质岩磷质岩	盐岩石膏硬石膏	煤石油油页岩	

1. 陆源碎屑岩

陆源碎屑岩是指母岩的机械破碎产物，经过搬运、沉积和固结而成的岩石。其中，陆源碎屑物质占50%以上。根据碎屑物质直径大小将碎屑颗粒分为砾石、砂石、粉砂岩和黏土岩4种。

（1）砾岩。组成岩石的碎屑颗粒直径大于2 mm，其含量达50%以上时，称为砾岩。按颗粒的磨圆度，将砾岩分为角砾岩和砾岩。角砾岩是由带棱角的碎石经胶结成岩；砾岩由圆状的砾石经胶结成岩。在对砾石进行鉴定时，应描述砾岩的颜色、砾石的成分、粒度、磨圆度及分选性，填充的成分及含量。

（2）砂岩。组成岩石的碎屑颗粒直径为0.1~2 mm，其含量达50%以上时，称为砂岩。根据碎屑颗粒直径的大小，将砂岩进一步分为粗砂岩、中砂岩、细砂岩。粗砂岩是指50%以上的颗粒直径为0.5~2 mm；中砂岩是指50%以上的颗粒直径为0.25~0.5 mm；细砂岩是指50%以上的颗粒直径为0.1~0.25 mm。根据砂岩的矿物成分，可分为石英砂岩、长石砂岩和岩屑砂岩。石英砂岩是指石英含量大于90%的砂岩；长石砂岩是指石英含量小于75%，长石多于25%的砂岩；岩屑砂岩是指石英含量大于75%的砂岩。

（3）粉砂岩。由50%以上粒径为0.01~0.1 mm的碎屑物质组成的沉积岩，称为粉砂岩。粉砂岩的颗粒小，肉眼不易分辨它的矿物成分及粒度。观察粉砂岩时，要注意其成分、颜色、层理及化石等。

（4）黏土岩。黏土岩是由50%以上的小于0.01 mm的黏土矿物所组成的沉积岩，在沉积岩中分布最广。常见的有泥岩、页岩、油页岩。

2. 火山碎屑岩

火山碎屑岩指含有50%以上的火山碎屑物质所组成的岩石。这些火山碎屑物质是火山喷出时的产物。从成因和成分上看，火山碎屑岩是介于正常沉积岩和岩浆岩之间的过渡产物。常见的火山碎屑岩有火山角砾岩、集块岩和凝灰岩 3 种。其颜色复杂，常呈绿、紫、灰等色。火山碎屑岩仅分布在古代或近代火山活动的地区。我国的一些煤田，如抚顺、阜新、北票、广西、大同、下花园等地均有分布。

3. 内源沉积岩

内源沉积岩是指由直接来自沉积盆地内部的物质形成的沉积岩，由单纯的化学沉积与生物沉积作用形成，也有机械沉积作用的参与，机械沉积作用对某些类型的内源沉积岩的最终形成起主导作用。从胶体溶液或真溶液中以化学方式沉淀出来的物质形成岩石，称为化学岩。在生物活动直接或间接参与下沉淀而成的岩石，称为生物化学岩。按物质成分不同，可分为石灰石、白云岩、铝质岩、硅质岩、铁质岩和可燃性有机岩 6 种。

（1）石灰岩。主要成分是方解石。纯者呈灰白色，含杂质时可呈灰、黑、淡红、褐、黄等色。一般为隐晶质结构，致密块状构造，硬度小于小刀，遇冷稀盐酸起泡。具鲕状结构的称为鲕状石灰岩；具豆状结构的称为豆状石灰岩；具生物结构，并含有大量生物遗体或碎片化石的，称为生物石灰岩。当泥质达 25% ~ 50% 时，则称为泥灰岩。石灰岩分布较广，约占沉积岩总量的 20%，在地壳中仅次于黏土岩和碎屑岩。

（2）白云岩。主要成分为白云石，含少量方解石及黏土矿物。一般为灰白色、浅黄色，有时为灰黑色，常呈粒状结晶结构。与石灰岩的区别在于：硬度较石灰岩稍大；加冷稀盐酸后不起反应或反应微弱，但其粉末与冷稀盐酸起反应。

（3）铝质岩。富含 Al_2O_3，具有隐晶质结构或鲕状、豆状结构。颜色多为灰白色和白色，如含铁时则呈现红、棕、黄等色。它与黏土的区别是铝质岩的相对密度及硬度较黏土大些。

（4）硅质岩。富含 SiO_2（70% ~ 90%），如燧石岩，大多呈灰黑色，致密坚硬，贝壳状断口，结核状、层状产出，常与碳酸岩共生。

（5）铁质岩。主要矿物有赤铁矿、褐铁矿、黄铁矿及菱铁矿。含铁化合物在 30% 以上的沉积岩，即成为铁矿。

（6）可燃性有机岩。由含碳、氢、氧、氮的有机化合物组成的岩石，称为可燃性有机岩。主要有煤、油页岩、石油及天然气等。

任 务 实 施

一、鉴定场地及用具

在矿物岩石实训室中进行鉴定，配备可供 2 ~ 3 人共同使用的操作台和椅子。用具有放大镜、地质锤、岩石标本、稀盐酸等。

二、实施组织方式

以操作台为单位分组，每组观察、鉴定一套标本，小组内人员讨论后完成一份标本鉴定表，由指导教师给出评价。

三、鉴定用标本

砾岩、砂岩、粉砂岩、黏土岩、泥岩、页岩、石灰岩、白云岩、泥灰岩、燧石岩、铝质岩、锰质岩、岩盐、石膏、硬石膏、煤、油页岩等。

四、观察与描述内容

1. 沉积岩典型结构的认识

泥质结构：观察页岩、黏土岩，注意其致密状的特点。碎屑结构：观察砾岩、角砾岩、砂岩的组成物质的颗粒大小与形状等特征。化学结构及生物化学结构：观察石灰岩（或结晶石灰岩）、白云岩、介壳灰岩（或珊瑚灰岩）、鲕状灰岩、竹叶状灰岩、燧石岩等。

2. 沉积岩典型构造的认识

层理构造：观察页岩、条带状灰岩等标本上的层理，观察具有交错层理的标本。层面构造：观察具有泥裂、波痕构造的标本。化石：观察完整的动、植物化石标本各1~2块。结核：观察鲕状灰岩标本和一块较大型的结核标本。

3. 碎屑岩的胶结类型和胶结物成分的认识

观察砾岩、角砾岩、砂岩（如石英砂岩）的胶结类型和胶结物。对于一块标本而言，可能是一种胶结类型和单一的胶结物，也可能同时存在两种以上胶结类型和一种以上的胶结物，需仔细观察，予以区分。

五、方法和步骤

（1）观察。认真观察沉积岩的岩石标本，掌握其主要宏观特征。

（2）描述。将观察到的岩石鉴定特征和实验结果如实填入记录表1-9。

（3）讨论。通过对沉积岩岩石标本的观察和描述，对照教材中相应岩石的描述进行讨论，找出异同。

（4）总结。找出沉积岩类岩石的矿物成分、结构构造等特征。

（5）提交鉴定成果（表1-9）。

表1-9 认识沉积岩记录表

岩 石 名 称		序号	主要组成矿物	特征（颜色、结构构造等）
碎屑岩类	砾岩	1		
	砂岩	2		
	粉砂岩	3		
	黄土	4		
黏土岩类	黏土岩	5		
	泥岩	6		
	页岩	7		

表 1-9（续）

岩 石 名 称		序号	主要组成矿物	特征（颜色、结构构造等）
化学岩和生物化学岩	石灰岩	8		
	白云岩	9		
	泥灰岩	10		
	燧石岩	11		
	铝质岩	12		
	锰质岩	13		
	岩盐	14		
	石膏	15		
	硬石膏	16		
	煤	17		
	油页岩	19		

任 务 考 评

任务三考评见表 1-10。

表 1-10　任 务 考 评 表

考评项目	评　分		考 评 内 容
素质目标	20 分	6 分	遵守纪律情况
		7 分	认真听讲情况，积极主动情况
		7 分	团结协作情况，组内交流情况
知识目标	40 分	20 分	熟悉沉积岩的分类及性质
		20 分	熟悉常见沉积岩的肉眼鉴定特征
技能目标	40 分	10 分	明确任务方案，工具使用正确
		15 分	操作程序正确，鉴定方法运用得当
		15 分	能独立且正确完成沉积岩鉴定任务

任务四　变质岩的认识与鉴定

技能点
◆ 能肉眼鉴定常见变质岩。
知识点
◆ 变质岩的特征、分类；
◆ 常见变质岩。

原生岩石（已形成的岩浆岩、沉积岩）在高温、高压及外来物质的参与下，改变了结构、构造和化学成分及矿物成分，形成新的岩石，称为变质岩。

一、变质岩的一般特征

1. 变质岩的矿物成分

变质岩中的矿物可分为两类：一类是与岩浆岩、沉积岩共有的矿物，如长石、石英、云母、方解石等；另一类是在变质作用下产生的矿物，如石榴子石、红柱石、滑石、石墨等，这些矿物称为变质矿物，它们是变质岩中所特有的矿物。因此，变质矿物的出现是识别变质岩的重要标志。

2. 变质岩的结构和构造

1）变质岩的结构

岩石在变质过程中往往发生变质结晶作用，因此，变质岩一般均具有结晶结构，与岩浆岩相似。在命名上，为了与岩浆岩的结构相区别，特加"变晶"二字。肉眼常见变质结构有粒状变晶结构、鳞片变晶结构和斑状变晶结构。

2）变质岩的构造

常见的变质岩构造有以下几种：

（1）板状构造。岩石在地应力作用下，产生一组密集平行的破裂面，称为板状构造，又称为劈理构造。它伴有轻微的重结晶，但肉眼不能分辨出颗粒，劈理面常光滑平整。

（2）千枚状构造。岩石中各组分基本已重结晶，并呈定向排列，岩石呈薄片状，矿物颗粒细，肉眼不易分辨，片理面上具丝绢光泽，称为千枚状构造。

（3）片状构造。岩石主要由鳞片状、柱状变晶矿物组成，并作定向排列和分布，一般颗粒稍粗，肉眼能分辨颗粒，具有沿片理面劈开成不平整薄片状的特征。

（4）片麻状构造。岩石中的粒状变晶矿物、鳞片状和柱状变晶矿物相间排列，形成浅色与深色相间的断续条带，称为片麻状构造。

（5）条带状构造。岩石中不同的矿物成分经定向排列，形成浅色和暗色矿物交替相间的条带，称为条带状构造。

（6）块状构造。岩石中的矿物成分和结构均匀分布，矿物无定向排列，称为块状构造。

二、常见的变质岩

1. 片麻岩

片麻岩具有片麻状构造，粒状或斑状变晶结构，晶粒较粗。成分以长石、石英、云母及角闪石为主。它是强烈变质作用的产物。岩石命名时，常在片麻岩前冠以主要矿物的名称，如花岗片麻岩、角闪斜长片麻岩等。

2. 片岩

片岩具有片状构造，其成分主要是片状和柱状矿物，如云母、绿泥石、滑石、角闪石、绿帘石等，变质程度较片麻岩浅，矿物颗粒大小较片麻岩小。岩石命名时，常在片岩前冠以主要矿物的名称，如云母片岩、滑石片岩、绿泥石片岩等。岩石的颜色及特征，取决于岩石的主要矿物。

3. 千枚岩

千枚岩具有千枚状构造，为泥质、粉砂质岩石经轻微变质而成。矿物重结晶程度较差，颗粒更为细小，常由绢云母、绿泥石组成。岩石多呈浅色，有黄褐、灰绿、灰等色。变质程度较片岩浅。

4. 板岩

板岩具板状构造，是由页岩或泥质岩石变质而成。颜色常呈灰色和黑色。变质程度最浅。与页岩的区别是坚硬而不吸水，敲击时发出较清脆的声音。

5. 石英岩

石英岩是由石英砂岩变质而成。矿物成分较单纯，几乎全为石英。颜色常是白色或灰白色，含铁时呈红褐色。常具有粒状结构，块状构造，致密坚硬。

6. 大理岩

大理岩是由碳酸盐类岩石，经重结晶或再结晶作用形成。颜色有纯白、浅灰、浅红等各种颜色。常具有粒状变晶结构，块状构造。我国云南大理有大量分布，故名大理岩。

任 务 实 施

一、鉴定场地及用具

在矿物岩石实训室中进行鉴定，配备可供 2～3 人共同使用的操作台和椅子。用具有放大镜、地质锤、岩石标本、稀盐酸等。

二、实施组织方式

以操作台为单位分组，每组观察、鉴定一套标本，小组内人员讨论后完成一份标本鉴定表，由指导教师给出评价。

三、鉴定用标本

大理岩、石英岩、板岩、千枚岩、片岩、片麻岩。

四、观察与描述内容

（1）颜色。变质岩的颜色比较复杂，它既与原岩有关又与变质矿物成分有关。因此，颜色虽可帮助鉴定矿物成分，但与其他两大类岩石相比，则重要性较差。变质岩的颜色常不均一，应注意观察其总体色调。

（2）结构。区域变质岩的结构主要为变晶结构，仅少数为变余结构。变晶结构在肉眼下很难与结晶质结构相区别。描述变晶结构时同样应注意矿物的结晶程度、颗粒大小、形状等特点。

（3）构造。区域变质岩最特征的构造是由矿物沿一定方向排列而构成的定向构造，即片理。具有片理的构造包括板状、千枚状、片状和片麻状4种构造类型。区域变质岩中亦有块状构造。板状构造，如板岩；千枚状构造，如千枚岩；片状构造，如结晶片岩（云母片岩，滑石片岩、石榴子石片岩，绿泥石片岩等）；片麻状构造，如片麻岩（正、副片麻岩）；块状构造，如石英岩、大理岩。

（4）矿物成分。描述变质岩的成分时，应注意主要矿物、次要矿物和特征变质矿物。一般按矿物含量从多到少的顺序进行描述。

五、方法和步骤

（1）观察。认真观察岩石标本，掌握其主要宏观特征。

（2）描述。把观察到的鉴定特征和实验结果如实填入记录表1-11。

（3）讨论。通过对岩石标本的观察和描述，对照教材中相应岩石的描述进行讨论，找出异同。

（4）总结。找出变质岩的矿物成分、结构构造等特征。

（5）提交鉴定成果（表1-11）。

表1-11 认识变质岩记录表

序号	岩石名称	主要组成矿物及其鉴定特征与含量	特征（颜色、结构构造等）
1	片麻岩		
2	片岩		
3	千枚岩		
4	板岩		
5	石英岩		
6	大理岩		

任务考评

任务四考评见表1-12。

表1-12 任务考评表

考评项目	评分		考评内容
素质目标	20分	6分	遵守纪律情况
		7分	认真听讲情况，积极主动情况
		7分	团结协作情况，组内交流情况
知识目标	40分	20分	熟悉变质岩的分类及性质
		20分	熟悉常见变质岩的肉眼鉴定特征
技能目标	40分	10分	明确任务方案，工具使用正确
		15分	操作程序正确，鉴定方法运用得当
		15分	能独立且正确完成变质岩鉴定任务

任务五　地层划分与地层综合柱状图

技能点

◆ 能识别煤系地层；

◆ 能识读地层综合柱状图。

知识点

◆ 地层单位、地质年代表；

◆ 地层综合柱状图。

相 关 知 识

在实际工作中，了解岩石形成的地质年代、地层单位和地层的分布规律，掌握地质年代和地层单位的概念，以及划分、对比地层的基本方法。

一、地质年代和地层单位的概念

1. 地质年代

为了研究方便，地质学上把地质时期划分为宙、代、纪、世、期、时六个等级的地质年代单位。其中，宙、代、纪和世是国际性地质年代单位，适用于全世界。期和时是区域性的地质年代单位，适用于大区域。

（1）宙是国际通用的最大的第一级地质年代单位。一般根据动物化石出现的情况，将整个地质时期分为动物化石稀少的隐生宙及动物化石大量出现的显生宙。它反映了全球性的无机界与生物界的重大演化阶段，整个地质历史从老到新被分为隐生宙和显生宙，每个宙再分为若干代。

（2）代是国际通用的第二级地质年代单位。整个地质年代分为两个宙五个代。隐生宙分为太古代及元古代；显生宙分为古生代、中生代及新生代，反映了全球性的无机界与生物界的明显演化阶段。每个代的演化时间均在 5000 万年以上。代再分为纪。

（3）纪是国际通用的第三级地质年代单位。它反映了全球性的生物界的明显变化及区域性的无机界演化阶段。每个纪的演化时间在 200 万年以上。每个代和纪都有自己的代表符号。纪可再分为世。

（4）世是国际通用的最小的地质年代单位。它反映了生物界中"科""属"的一定变化。一个纪一般分为 2～3 个世。三分者称早、中、晚，如早寒武世、中寒武世、晚寒武世；二分者称早、晚，如早二叠世、晚二叠世。世可再分为期，期可再分为时。

2. 地层单位

地层是在某个地质时期内形成的岩层，所以地层系统与地质年代单位具有对应关系。在宙的时间内形成的地层称为宇，在代的时间内形成的地层称为界，在纪的时间内形成的地层称为系，在世的时间内形成的地层称为统，在期的时间内形成的地层称为阶，在时的时间内形成的地层称为时带。这种以地层的形成时限作为依据而划分的地层单位称年代地层单位（表1-13）。

表1-13 年代地层单位与地质年代单位的对应关系

年代地层单位	地质年代单位
宇（Eonthem）	宙（Eon）
界（Erathem）	代（Era）
系（System）	纪（Period）
统（Series）	世（Epoch）
阶（Stage）	期（Age）
时带（Substage）	时（Subage）

（1）宇是国际通用的最大的地层单位，指在宙的时间内形成的地层。宇可再分为界。

（2）界是比宇低一级的国际通用年代地层单位，是指在代的时间内形成的地层。如太古界、元古界、古生界、中生界、新生界。界可再分为系。

（3）系是比界低一级的国际通用年代地层单位，是指在一个纪的时间内形成的地层。例如，在石炭纪的时间内形成的地层，称为石炭系；在侏罗纪时间内形成的地层称为侏罗系等。系可再分为统。

（4）统是比系低一级的国际通用年代地层单位，是指在一个世的时间内形成的地层。一个系分为三个统或两个统，统的名称即在系的名称前加上、中、下或上、下，如上寒武统、中寒武统、下寒武统；上二叠统、下二叠统。用符号表示时，则在系的右下方用1、2、3表示。如石炭系下、中、上统符号分别为 C_1、C_2、C_3。统可再分为阶，阶可再分为时带。

3. 地质年代表

中国区域年代地层（地质年代），见表1-14。

二、划分、对比地层的基本方法

地层划分是根据地层的特征和属性，按照地层的原始生成顺序及地层工作的实际需要，把一个地区地层划分成地层单位，建立地层系统。

地层对比是在地层划分的基础上，将不同地区的地层进行比较，论证其地质年代、地层特征和地层层位的对应关系。划分、对比地层的基本方法主要有以下几种。

1. 岩石地层学方法

（1）岩性及岩石组合分析法即利用岩性及岩石组合划分、对比地层的方法。岩性包括组成地层各种岩石的颜色、结构、构造、化石特点等。它是岩石特征中最重要、最基本的内容。岩石组合指一个地质剖面中，自下而上岩性的变化，它反映沉积环境的演变，可作为岩石地层学法划分、对比地层的基本依据。

（2）标志层法即利用标志层划分、对比地层的方法。标志层是地层中厚度不大、岩性稳定、特征明显、容易识别的岩层或矿层。如含煤地层中常见的灰岩、砂砾岩、凝灰岩及煤层等。

表 1-14　中国区域年代地层（地质年代）表

宇(宙)	界(代)	系(纪)	统(世)	Ma
显生宇(宙)PH	新生界(代)Cz	第四系(纪)Q	全新统(世)Qh	0.01
			更新统(世)Qp	2.60
		新近系(纪)N	上新统(世)N_2	5.3
			中新统(世)N_1	23.3
		古近系(纪)E	渐新统(世)E_3	32
			始新统(世)E_2	56.5
			古新统(世)E_1	65
	中生界(代)Mz	白垩系(纪)K	上(晚)白垩统(世)K_2	96
			下(早)白垩统(世)K_1	137
		侏罗系(纪)J	上(晚)侏罗统(世)J_3	
			中侏罗统(世)J_2	
			下(早)侏罗统(世)J_1	205
		三叠系(纪)T	上(晚)三叠统(世)T_3	227
			中三叠统(世)T_2	241
			下(早)三叠统(世)T_1	250
	古生界(代)Pz	二叠系(纪)P	上(晚)二叠统(世)P_3	257
			中二叠统(世)P_2	277
			下(早)二叠统(世)P_1	295
		石炭系(纪)C	上(晚)石炭统(世)C_2	320
			下(早)石炭统(世)C_1	354
		泥盆系(纪)D	上(晚)泥盆统(世)D_3	372
			中泥盆统(世)D_2	386
			下(早)泥盆统(世)D_1	410
		志留系(纪)S	顶(末)志留统(世)S_4	
			上(晚)志留统(世)S_3	
			中志留统(世)S_2	
			下(早)志留统(世)S_1	438

宇(宙)	界(代)	系(纪)	统(世)	Ma
显生宇(宙)PH	古生界(代)Pz	奥陶系(纪)O	上(晚)奥陶统(世)O_3	
			中奥陶统(世)O_2	
			下(早)奥陶统(世)O_1	490
		寒武系(纪)€	上(晚)寒武统(世)$€_3$	500
			中寒武统(世)$€_2$	513
			下(早)寒武统(世)$€_1$	543
元古宇(宙)PT	新元古界(代)Pt_3	震旦系(纪)Z	上(晚)震旦统(世)Z_2	630
			下(早)震旦统(世)Z_1	680
		南华系(纪)Nh	上(晚)南华统(世)Nh_2	
			下(早)南华统(世)Nh_1	800
		青白口系(纪)Qb	上(晚)青白口统(世)Qb_2	900
			下(早)青白口统(世)Qb_1	1000
	中元古界(代)Pt_2	蓟县系(纪)Jx	上(晚)蓟县统(世)Jx_2	1200
			下(早)蓟县统(世)Jx_1	1400
		长城系(纪)Ch	上(晚)长城统(世)Ch_2	1600
			下(早)长城统(世)Ch_1	1800
	古元古界(代)Pt_1	滹沱系(纪)Ht		2300
				2500
太古宇(宙)AR	新太古界(代)Ar_3			2800
	中太古界(代)Ar_2			3200
	古太古界(代)Ar_1			3600
	始太古界(代)Ar_0			

（3）旋回结构法即利用旋回结构划分、对比地层的方法。旋回结构是指在地层垂直剖面上一套岩性或共生相多次有规律的交替。如果划分的地层是海相沉积，由下向上往往出现粒度由粗变细、又由细变粗的交替岩性变化，岩性由砾岩、砂岩、泥岩、灰岩组成。这种变化是由于地壳运动引起的海进和海退环境改变所致。

2. 生物地层学方法

（1）标准化石法。在地史时期，生物界的各门类生物中，那些演化迅速、地质历程短、地理分布广、数量丰富、易于鉴别的古生物遗体化石称为标准化石，如笔石、菊石、牙形石等。利用这些标准化石有效地划分地层，进行广泛的区域地层对比的方法即为标准化石法。

（2）生物组合法。在实际工作中，常采用综合分析地层中所含生物群特征的方法，对地层进行划分对比，这就是生物组合分析法。

3. 地层间接触关系

地层记录了地质历史中地层运动的表现形式，当某地质时期某地的地壳连续发生沉降，于是该区连续接受沉积，形成一套很厚的连续沉积的地层；当某地质时期某地地壳发生整体上升运动，于是该区遭受剥蚀，发生长期沉积中断，因而缺失这一地质时期的地层；有时由于强烈地壳运动，使原来大致成水平状态的地层变得倾斜、直立，甚至倒转。正因为存在上述 3 种情况，因此，不同时代形成的地层间接触关系也分为整合接触、假整合接触和不整合接触。

（1）整合接触。新老两套地层彼此平行接触，并且连续沉积，没有明显的沉积间断，称为整合接触。

（2）假整合（平行不整合）接触。新老两套地层虽然平行一致，但它们之间不是连续沉积，曾有过或长或短的沉积间断，地层有或多或少的缺失，称为假整合（平行不整合）接触。在老地层顶面往往可见到遭受风化剥蚀的痕迹。这表明在老地层形成之后，当地的地壳上升，经受风化剥蚀破坏，后来地壳再度沉降，在老地层剥蚀面上沉积了新地层，新地层底部常可见到底砾岩。

（3）不整合（角度不整合）接触。新老两套地层彼此不平行，有一交角，其间有明显的剥蚀面，称为不整合（角度不整合）接触。这表明老地层形成后，曾经历较强烈的地壳运动，使老地层发生褶皱，并且地壳上升，经受长期剥蚀，后来地壳又再度沉降，在老地层的剥蚀面上沉积了新地层。

上述 3 种接触关系，特别是不整合和假整合，在划分对比地层方面起着十分重要的作用。因为它们反映的地壳运动一定是区域性的，而且由于地壳运动的影响，使地球表面面貌发生巨大变化，如海陆变迁、地形升降、气候变化等，从而也影响到生物的演化。因此，任何不整合面都是地层划分的重要标志。我国东南一带泥盆系和下古生界地层普遍存在地域性的角度不整合接触，代表早古生代后期和泥盆纪初期曾发生一次巨大的地壳运动。这次地壳运动在世界上很多地区都有不同程度的表现，国际上称为加里东运动，在我国称为广西运动（或祁连运动）。它是地史中划时代的重大事件，是地质历史自然分期的重要标志之一，也是地层划分与对比的很好标志。

三、编制地层综合柱状图

在实际工作中，通过阅读地层综合柱状图中的各地层的岩性、岩相特征，可以了解该区域煤系地层的地质年代、厚度、接触关系和岩性组成，岩浆岩侵入层位等。而该图是综合利用区域内各勘探工程和井巷工程揭露和实测资料而编制的。

1. 比例尺、内容和用途

井田地层综合柱状图的比例尺一般为 1∶500 或 1∶1000。主要内容包括地层年代、厚度、接触关系和岩性组成，各煤层、标志层、含水层和有益矿层的层位、厚度、层间距，岩浆岩的侵入层位，以及岩性描述等。

通过该图可直观地了解井田内地层和含煤岩系的岩性组成，煤层的层位、厚度、结构、层间距、顶底板岩性及其变化情况等。综合柱状图是矿井开拓设计的必要基础资料，为巷道的部署和施工提供依据。例如，在布置集中运输大巷时，首先要考虑布置在煤层底板并距主要可采煤层不能太近或太远；其次还应考虑岩石的性质，最好是布置在较坚固稳定且掘进效率较高的厚层、中厚层的砂岩或石灰岩中。这些均须参照综合柱状图确定。

2. 编制方法

1) 绘图的一般步骤

（1）按照煤、岩层对比结果，将井田内各勘探工程和井巷工程揭露和实测剖面测量的属于同一层位的煤层、标志层进行厚度和层间距的统计，列出各层的厚度和层间距的变化范围（最小值、最大值），并计算出平均厚度。

（2）根据层位、平均厚度和层间距，依次绘出各煤层和标志层。

（3）煤层和标志层之间的其他一般岩层的岩性和厚度，按所揭露的大多数情况绘出。

（4）填写地层年代、岩性描述并标注各种数据。

2) 绘图的注意事项

（1）厚度较小的煤层或标志层，因受比例尺限制难以画出时，可在岩性柱状中适当将其厚度放大。

（2）煤层有分岔现象时，可从所在层位的一端开始，向另一端绘成分岔的两层，两层间的夹层要绘制相应的岩性。煤层有尖灭现象时，由其所在层位一端开始向另一端逐渐减薄至消失。

（3）某一标志层由于相变岩性有所改变时，可用"半柱状"表示。例如，某标志层由砾岩变为细砂岩时，柱状中该层位的岩性一半画砾岩而另一半画细砂岩，也可以根据两种岩性在井田内的分布面积（或揭露点数）按比例各画一部分。

（4）当井田内有火成岩侵入时，火成岩应从柱状最底部开始，向上绘至侵入的最高层位止；宽度占柱状的1/5～1/4。如火成岩侵入煤层并部分代替煤层层位时，该层也用"半柱状"表示。

任 务 实 施

一、实训资料

（1）熟悉图1-11所示柱状图中的岩层从老到新、自下而上顺序排列，岩性柱状，地层接触关系，火成岩的侵入部位以及地质年代等情况。

（2）掌握编制综合柱状图的方法。

二、工作任务

（1）阅读本区地层柱状图中各地层的岩性、岩相特征，了解火成岩侵入体的分布和地质年代等。

（2）根据岩性柱状及岩性描述，确定本区含煤层的地质年代。

（3）参照图1-11按1:2000比例尺编制该地区地层综合柱状图（图1-12）。

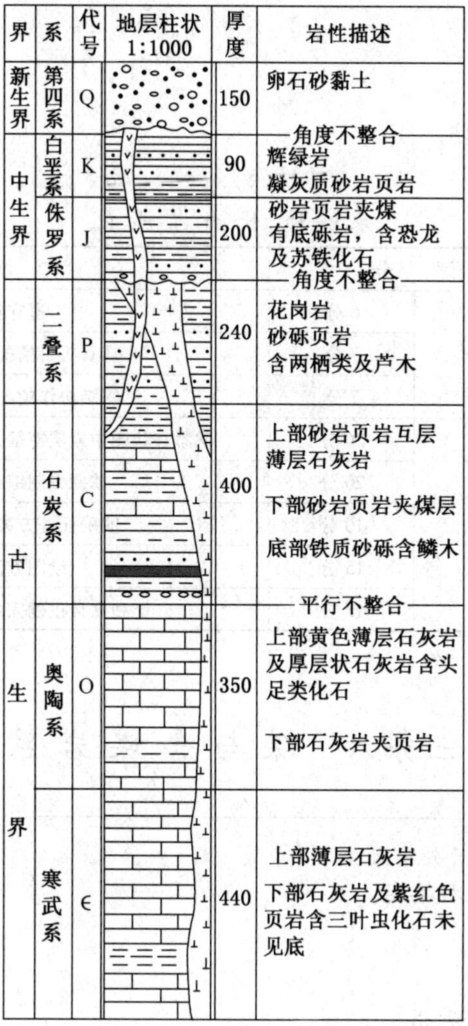

界	系	代号	地层柱状 1:1000	厚度	岩性描述
新生界	第四系	Q		150	卵石砂黏土
中生界	白垩系	K		90	——角度不整合—— 辉绿岩 凝灰质砂岩页岩
	侏罗系	J		200	砂岩页岩夹煤 有底砾岩,含恐龙 及苏铁化石 ——角度不整合——
古生界	二叠系	P		240	花岗岩 砂砾页岩 含两栖类及芦木
	石炭系	C		400	上部砂岩页岩互层 薄层石灰岩 下部砂岩页岩夹煤层 底部铁质砂砾含鳞木 ——平行不整合——
	奥陶系	O		350	上部黄色薄层石灰岩 及厚层状石灰岩含头 足类化石 下部石灰岩夹页岩
	寒武系	Є		440	上部薄层石灰岩 下部石灰岩及紫红色 页岩含三叶虫化石未 见底

图 1-11 某地区地层综合柱状图

地质年代	层号	柱状 1:2000	岩石名称	厚度	累计厚度	岩性描述

图 1-12 某地区地层综合柱状图

任务五考评见表1-15。

表1-15 任务考评表

考评项目	评分		考评内容
素质目标	20分	6分	遵守纪律情况
		7分	认真听讲情况,积极主动情况
		7分	团结协作情况,组内交流情况
知识目标	40分	20分	熟悉柱状图中岩层特征,掌握识别煤系地层的方法
		20分	掌握编制综合柱状图的方法
技能目标	40分	10分	明确任务方案,工具使用正确
		15分	绘图方法运用得当
		15分	能独立且正确完成柱状图的编制任务

任务六 煤与含煤岩系

技能点
◆ 能进行煤岩组分及煤种鉴定。
知识点
◆ 煤的组成和性质;
◆ 煤的工业分类和综合利用;
◆ 含煤岩系和煤田的概念。

相关知识

一、煤的形成

1. 成煤的原始物质

煤是由植物遗体转变而成的。成煤的原始物质——植物,可分为高等植物和低等植物两大类。低等植物包括水生的菌类和藻类低等生物,大量生存在湖泊、积水较深的沼泽和潟湖环境,死亡后与泥沙一起沉积,转化而成的煤称为腐泥煤;高等植物主要生长在沼泽环境中,死亡后遗体能够及时得以向煤转化,所形成的煤称为腐殖煤;由高等植物和低等植物混合形成的煤称为腐殖腐泥煤,这种煤比较少见。成煤的原始物质不同,导致了煤的化学成分和性质差异,以及用途的不同。

2. 煤的形成过程

植物从死亡及其遗体堆积到转变成煤的一系列演变过程，称为成煤作用。成煤作用大致分为泥炭化或腐泥化作用阶段和煤化作用阶段（表1-16）。

表1-16 成煤作用及其各阶段的产物

成　煤　作　用				原始物质及递变产物
成煤过程	第一阶段	泥炭化作用或腐泥化作用		低等植物—腐泥—腐泥煤 高等植物—泥炭—褐煤 褐煤—烟煤—无烟煤
	第二阶段	煤化作用	成岩作用	
			变质作用	

1）泥炭化及腐泥化作用阶段

（1）泥炭化作用阶段。生长在沼泽中的高等植物不断繁殖，其死亡后的遗体堆积在积水沼泽中。植物遗体中的有机组分，如木质素（$C_5OH_{49}O_{11}$）、纤维素（$C_6H_{10}O_5$）、蛋白质等成分，在暴露空气中及处于沼泽水体浅层状况下，由表层喜氧菌和氧的作用，经过氧化分解和水解作用后，一部分完全被分解成气体和水分；一部分被转化成为化学性质活泼的简单化合物；另一部分未遭受分解，特别是稳定组分继续保留下来。随着沼泽覆水程度的增强及植物遗体的不断堆积，使得正在分解的植物遗体逐渐与大气隔绝并处于水体下层，氧化环境逐渐被还原环境所代替，分解作用逐渐减弱。在沼泽水体深部厌氧菌的作用下，分解产物之间和分解产物与植物残体之间又不断发生一系列复杂的生物化学作用，逐渐化合形成新的产物，如腐殖酸、腐殖酸盐、沥青质、硫化氢、二氧化碳、甲烷及氢等。这些产物中，部分不稳定的气体或液体逸出后，剩下的物质沉积下来，形成了泥炭。这种由高等植物转化为泥炭的生物化学作用过程，称为泥炭化作用。

泥炭一般呈黄褐、棕褐或棕黑等色，无光泽，质软且富含水及腐殖酸。晒干后可作燃料、化工原料及肥料等用途。

（2）腐泥化阶段。在湖泊、积水较深的沼泽及潟湖中，藻类及水中的浮游生物等低等植物大量繁殖、死亡、堆积，在缺氧的还原环境中，经过厌氧菌的分解和化学合成作用，植物中的蛋白质和脂肪等成分遭到破坏，逐渐形成一种含水多的富含沥青质的棉絮状胶体物质。这种物质与细小颗粒的泥沙混合后经去水而变得致密，逐渐形成腐泥。这种由低等植物转变成腐泥的生物化学作用过程，称为腐泥化作用。

腐泥常呈黄褐、暗褐、黑灰等色，新鲜腐泥水分含量为70%～90%。形成于大湖泊中的腐泥灰分的含量较高，为20%～60%；森林湖泊中的腐泥，其灰分一般很低。

2）煤化阶段

煤化阶段是成煤的第二阶段。由于地壳沉降运动，使沉积物不断增厚，泥炭或腐泥被埋到地下深处，在地热和上覆沉积物质静压力的作用下，泥炭转变成腐殖煤或腐泥转变为腐泥煤，这种物理化学作用过程称为煤化阶段。根据作用过程阶段和影响因素的不同，煤化阶段可分为成岩作用和变质作用。

（1）成岩作用。泥炭形成之后，由于地壳沉降速度加快，沉积环境改变，转为其他沉积物的堆积，使泥炭或腐泥层被其他沉积物所覆盖。随着覆盖层逐渐加厚，泥炭在以不断增大的压力为主、升高的温度为辅的物理化学作用下，逐渐被压紧，失去水分并放出部分气体，变得致密起来。当生物化学作用减弱以至消失后，泥炭中碳元素含量逐渐增加，氧、氢元素的含量逐渐减少，腐殖酸的含量不断降低直至完全消失，经过一系列的变化，泥炭变为褐煤。这个过程，称为煤的成岩作用。腐泥经过成岩作用转变成腐泥煤。

（2）变质作用。地壳继续下降，褐煤埋藏深度进一步增加，在不断增高的温度和压力影响下，煤中有机质分子重新排列，聚合程度增高，使煤的内部分子结构、物理性质、化学成分和工艺性质进一步发生改变。碳含量逐渐增高，氢、氧含量逐渐降低；煤的水分、挥发分逐渐减少；腐殖酸含量降低并至烟煤阶段完全消失；发热量总体趋势增高，黏结性由低到高再到低，煤的颜色加深，光泽增强，视密度增大。在这个过程中，温度发挥主要作用。随温度高低及作用时间长短的不同，变质程度不同，从而形成不同煤种的煤，这个过程称为煤的变质作用。

在影响煤的变质作用因素中，起主导作用的因素是温度。根据热量的来源和作用方式的不同，可将煤的变质作用分为深成变质作用、岩浆变质作用和动力变质作用3种类型。

深成变质作用。煤系及煤层形成后，由于地壳的沉降运动及沉积盖层的不断加厚，它们被埋到地下深处，煤在地热和上覆岩层静压力作用下发生变质，称为深成变质，又叫地热变质或区域变质。煤质变化在垂直方向上变质程度随深度的增加而增加。在一个煤田中，不同地点的同一煤层由于煤系厚度及上覆岩层厚度均不相同而具有不同的变质程度，这种差异反映在平面上成为煤质的水平带状分布。

岩浆变质作用。由于岩浆侵入煤系中所带热量的影响，使煤发生变质或变质程度升高的作用，称为接触变质作用。一方面，当炽热的岩浆直接接触煤层或邻近煤层时，不仅会使褐煤变成烟煤或无烟煤，甚至在与煤层直接接触处常使煤变为天然焦；另一方面，当地下深处存在大的侵入体时，其散发的热量作用于上部煤层引起煤的变质作用。前者影响的范围较小，又称为接触变质作用；后者影响范围较大，也称为区域岩浆热力变质作用。

动力变质作用。煤系形成以后，由于构造变动，特别是断裂构造所产生的高温和高压，使其附近的煤发生变质作用，称为动力变质作用。这种变质作用对煤质的影响范围较小。

二、煤的化学成分和工艺性质

1. 煤的化学成分

煤是由有机物质和无机物质混合组成的，有机物质为主要成分。煤是由多种元素组成的，主要包括碳（C）、氢（H）、氧（O）和少量氮（N）、硫（S）、磷（P）及一些其他元素等。

（1）碳是煤中有机物质的主要组成元素，也是煤燃烧过程中产生热量的重要元素，每千克纯碳完全燃烧时能放出 34080.6 kJ 的热量。腐泥煤的含碳量一般在70% ~ 80%，腐殖煤中碳元素的含量随变质程度的加深而增加（表1-17）。

表1-17 煤中碳、氢、氧、氮四种元素组成的百分含量　　　　　　　　　　　%

元素名称	腐泥煤	泥灰	褐煤	长焰煤	气煤	肥煤	焦煤	瘦煤	贫煤	无烟煤
C_{daf}	75 ~ 80	50 ~ 60	60 ~ 77	74 ~ 80	79 ~ 85	80 ~ 89	87 ~ 89	87 ~ 91	88 ~ 92	90
H_{daf}	>6	6			5.0 ~ 6.4		4.8 ~ 5.5	4.4 ~ 5.0	2.4 ~ 4.6	
O_{daf}		40 ~ 30	30 ~ 15	16 ~ 9	12 ~ 8	7 ~ 3.7	5.4 ~ 3	4.7 ~ 3.1	2.5 ~ 1	3.7 ~ 1
N_{daf}	0.5 ~ 5.7	0.6 ~ 4.0	0.2 ~ 2.5	0.7 ~ 1.8	1 ~ 1.7	1 ~ 1.6	1 ~ 1.5	0.9 ~ 1.4	0.7 ~ 1.8	0.3 ~ 1.5

（2）氢是煤中有机质的第二个重要成分，也是煤燃烧过程中产生热量的重要元素。每千克氢完全燃烧时能产生143138.3 kJ的热量，约为碳元素的4.2倍。煤中含氢量的多少与成煤原始物质有直接关系。腐泥煤的氢含量比腐殖煤高，随着变质程度的加深，氢含量有逐渐减少的趋势（表1-17）。

（3）氧是煤中有机质的不可燃成分，但它可以助燃。煤中氧的含量变化很大，并随变质程度加深而降低（表1-17）。当煤氧化时，氧含量迅速增高，碳、氢含量明显降低。

（4）氮。煤的有机质中氮的含量较少，一般为0.3%～2.5%，且氮含量随变质程度增高稍有降低（表1-17）。它主要来自成煤植物中的蛋白质，也有一部分是成煤过程中细菌活动的产物。在高温加工时，大部分氮转化为氨及其他含氮化合物，这些化学产品可回收制成硫酸铵、尿素、氨水等。

（5）硫。硫是煤中有害元素。它在煤中的存在形式分为无机硫和有机硫两类，两者总称为全硫（S）。无机硫绝大部分是以黄铁矿（FeS_2）和少量硫酸盐（$CaSO_4 \cdot 2H_2O$）形态存在，其清除的难易程度取决于矿物颗粒的大小和分布状况；有机硫主要来自成煤时植物和微生物中的蛋白质，并与有机质紧密结合，分布均匀，难以清除。煤中硫的含量一般在0.5%～3.0%之间，我国煤中硫含量低的小于0.2%，高的超过了15%。根据全硫含量的多少，将原煤分为特低硫煤、低硫煤、中硫煤、富硫煤、高硫煤5类（表1-18）。一般炼焦用煤的含硫量小于1.0%。分析煤样全硫用$S_{ad,t}$表示；干燥煤样全硫用$S_{d,t}$表示。

表1-18　煤的全硫含量分级　　　　　　　　　　　　　　　　　%

级　别	特低硫煤	低硫煤	中硫煤	富硫煤	高硫煤
干燥煤样全硫 $S_{d,t}$	≤1.0	1.0～1.5	1.5～2.5	2.5～4.0	>4.0

硫对煤的综合利用危害极大。含硫煤在燃烧时与空气中的氧化合生成二氧化硫，它既腐蚀锅炉，又污染空气。炼焦煤中的硫部分转入焦炭，降低了钢铁质量。生产实践证明，焦炭中含硫量每增加1.0%时，将使焦炭消耗量增加18%～24%，溶剂（石灰石等）消耗量增加20%，高炉生产率降低20%。

硫是非常重要的化工原料。我国南方有些煤矿，如广西一些矿井所产的无烟煤含硫量极高，每采8 t煤可收集1 t黄铁矿，这种煤可作为提炼硫黄的原料。

（6）磷也是煤中的有害成分。它在煤中含量极少，一般为0.001%～0.1%，最高不超过1%。干燥煤样磷用P_d表示。磷的含量虽少，但危害极大。在炼焦用煤中，磷进入到焦炭，又进入生铁中，使钢铁产生冷脆性。根据磷的含量多少，将原煤分为特低磷煤、低磷煤、中磷煤和高磷煤4类（表1-19）。炼焦用煤中磷的工业要求规定P_d小于0.01%。

表1-19　煤的磷含量分级　　　　　　　　　　　　　　　　　%

级　别	特低磷煤	低磷煤	中磷煤	富磷煤
干燥煤样磷 P_d	≤0.01	0.01～0.05	0.05～0.15	>0.15

（7）其他元素。煤中尚含有砷、氯等有害元素，以及锗、锂、铍、镓、钒、铀等有益伴生元素。这些有益元素在煤中有时能达到工业品位，可用于电子工业、原子能及宇航等尖端科学技术领域中，也是宝贵的自然资源。

2. 煤的工艺性质

随着国民经济发展和煤炭综合利用的大力开展，需要研究煤的工艺性质，判断它是否符合各种加工工业的要求，从而正确地做出工业评价，选择最合理的利用途径。

（1）发热量。发热量是指单位重量的煤完全燃烧时放出的热量，常用焦耳/克（J/g）、千焦耳/千克（kJ/kg）或兆焦耳/千克（MJ/kg）表示。煤的发热量用弹筒热量计测定。测定方法：将 1 g 煤样放在热量计的弹筒内，充入$(253 \sim 304) \times 10^4$ Pa 压力的氧气，然后点火使煤完全燃烧，煤燃烧放出的热量使弹筒周围的水温升高，依据水温变化计算出煤的发热量。这样测得的发热量，称为弹筒发热量（Q_b）。由于煤在燃烧时，煤中的氮和硫分别转化成硝酸和硫酸，其化学反应是放热反应，所以，测得的发热量值比实际燃烧放出的热量值略高。从弹筒发热量中扣除酸的生成热，称为高位发热量（Q_{gr}）。当煤在炉内燃烧时，煤中的水分及氢燃烧生成的水，均由液态转变成水蒸气逸出，从而吸收一定热量（汽化热），从高位发热量中减去水的汽化热，即为低位发热量（Q_{net}），这是煤在燃烧时基本可以利用的热量。

煤的发热量常用指标有分析基（分析煤样）高位发热量（$Q_{gr,ad}$）、干燥基（无水煤样）高位发热量（$Q_{gr,d}$）、可燃基（无水无灰煤样）高位发热量（$Q_{gr,daf}$）和应用基（应用煤样）低位发热量（$Q_{net,ar}$）。其中，应用基低位发热量是动力用煤的煤质评价指标。

发热量的大小与多种因素有关，如煤中灰分、水分的含量等，但主要取决于煤中碳、氢可燃元素的含量。随变质程度的增高，碳的含量增加，则发热量增大（表 1-20）。有的烟煤因氢元素含量较高，其发热量比无烟煤还高。

表 1-20　不同煤种的发热量

煤　　种	褐　　煤	烟　　煤	无　烟　煤
发热量/(kJ·kg^{-1})	16747 ~ 30982	30982 ~ 37263	32657 ~ 36425

发热量是评价煤炭质量的重要指标，也是研究和确定煤变质程度的重要依据之一。

（2）胶质层厚度。煤样放置密闭的胶质层测定仪中加热到 350 ℃，煤中有机质开始分解、软化，形成胶质体，持续加热至 510 ℃时，重新固结成焦炭，期间连续测得的胶质体最大厚度称为胶质层厚度（Y）。在形成焦炭的过程中，煤的黏结性越强，其胶质层的厚度也越大。因此，胶质层厚度的大小可以反映煤的黏结性的强弱。依据胶质层厚度，将煤的黏结性分为 4 级（表 1-21）。

表 1-21　煤的黏结性按胶质层厚度分级　　　　　　　　　　　　　　　　mm

级　　别	强黏结性煤	中强黏结性煤	弱黏结性煤	不黏结性煤
Y	>20	10 ~ 20	0(成块) ~ 10	0 (粉末)

胶质层厚度是评价煤的工业用途的一个很重要的指标，也是我国煤分类方案的主要指标之一。

三、煤的工业指标及工业分类

1. 煤的工业指标

（1）水分。煤中的水分对煤的质量而言是一种有害物质。煤中都含有水分，水在煤中存在的状态有游离水、化合水和结晶水。其中，化合水和结晶水是存在于煤中矿物质内部的水分，一般工业分析中不做测定。煤中所含的游离水包括外在水分和内在水分两种。外在水分是指在开采、运输、储存、洗选等过程中，附着在煤炭表面的水分；内在水分则是指吸附、凝聚在煤炭毛细孔隙中的水分，温度在 100 ℃ 以上时才能把它们蒸发出来。内在水分的含量与变质程度有关，变质程度低的煤中内在水分含量高，变质程度高的煤中内在水分含量低。在煤的工业分析中，一般用 $M_{ar,t}$ 表示煤样的全水分，它包括外在水分（M_f）和内在水分（M_{inh}）；用 M_{ad} 表示分析煤样水分，实际也就是内在水分。煤样全水分是评价煤炭质量和使用价值的指标，分析煤样水分是评定煤质、判断煤变质程度的指标。

水分含量多，能加速煤的风化、破碎，甚至造成自然发火，同时又增加运输负荷，影响装卸速度。作为燃料用煤，水分可降低煤的发热量。此外，水分还会影响化工等产品的产量与质量。但从煤炭生产过程中安全及劳动环境要求考虑，矿井生产原煤中必然会存在相当数量的水分。在各种煤中，水分含量见表 1–22。

表 1–22　煤 的 含 水 量 分 级　　　　　　　　%

级　　别	高水分煤	中水分煤	低水分煤
水分 $M_{ar,t}$	>15	5 ~ 15	≤5

（2）灰分。煤完全燃烧后剩下的残渣，称为灰分。它的主要成分有氧化铝、氧化钙、氧化硅、氧化镁、氧化铁及稀有元素的氧化物等。因此，灰分是煤中无机矿物质燃烧时剩余的固体残留物。

灰分有内在灰分和外在灰分两种。内在灰分是指存在于成煤原始物质中的无机物，以及由河水带入沼泽中与植物遗体一起沉积的无机矿物质的总和。煤在洗选过程中，很难将内在灰分除掉。外在灰分是指在采煤、运输过程中混入煤中的顶底板岩石碎块，这种灰分通过洗选可以除掉。实际上，作为外在灰分和内在灰分的无机矿物质，在煤的燃烧过程中会相应发生化学反应，留下的残渣是反应后的产物，在数量上也与原矿物质数量不等。因此，有人认为测定的残渣量应称为"灰分产率"。

灰分是评价煤质的重要指标。根据工业用煤要求，分为特低灰煤、低灰煤、中灰煤、富灰煤和高灰煤 5 类（表 1–23）。在煤的工业分析中，评价煤质一般测定干燥煤样灰分，用 A_d 表示。

表 1–23　煤 的 灰 分 分 级　　　　　　　　%

级　　别	特低灰煤	低灰煤	中灰煤	富灰煤	高灰煤
原煤灰分 A_d	≤10	10 ~ 15	15 ~ 25	25 ~ 40	>40

（3）挥发分。在隔绝空气的条件下，将煤样置于 900 ℃ 的温度下加热 7 min，煤中的有机物质和矿物发生热分解，分解出来的气态物质称为挥发分。其组成成分主要有氢、氧、氮、甲烷、乙烷、乙炔、一氧化碳、二氧化碳、硫化氢等。在工业分析测定时，这个组成中包含有无机矿物质的热分解产物，并不全是有机质的挥发分，因此，这个测定值也称为挥发分产率。挥发分一般用可燃基（无水、无灰分煤样）挥发分（V_{daf}）表示。挥发分与成煤原始物质、植物遗体的转化环境及煤的变质程度有密切关系。在一般情况下，腐泥煤的挥发分含量比腐殖煤高。腐殖煤中，煤的变质程度越高，挥发分越低。挥发分是鉴定煤质的重要指标，是煤的工业分类的主要依据，通过它大致可以判断煤的种类和工业用途。煤的挥发分产率分级见表 1-24。

表 1-24　煤的挥发分产率分级　　　　　　　　　　　　　　　　　　　　%

级　别	高挥发分煤	中挥发分煤	低挥发分煤
挥发分 V_{daf}	>35	20~35	<20

（4）焦渣。在测定挥发分过程中，残留在坩埚中的固态物质称为焦渣，它由煤中灰分和有机物质分解后的残余物组成。从焦渣中扣除灰分，即为固定碳。

焦渣的形状和特性是鉴定煤的结焦性能好坏的依据，与煤中有机质性质有关，还与煤的变质程度有关。腐泥煤不具黏结性，焦渣呈粉末状。腐殖煤中，褐煤和无烟煤的焦渣均不黏结，呈粉末状；长焰煤、瘦煤、贫煤属于不黏结或弱黏结性，其焦渣为不黏结的小块，强度低；肥煤、焦煤黏结性好，焦渣呈膨胀或强膨胀熔融黏结，这种煤可作为炼焦用煤。

2. 煤的工业分类

煤分类的目的，是为了确定不同性质煤的工业用途及其经济价值，以便有计划地开采、利用煤炭资源，同时有助于合理选择炼焦用煤的配煤方案。

《中国煤炭分类》（GB/T 5751—2009）（表 1-25）把我国的煤从褐煤到无烟煤共划分为 14 大类和 17 个小类。各类煤均用汉语拼音代号表示，即以煤类名称前两个汉字的拼音第一个字母表示，如无烟煤用 WY 表示。各煤种采用两位阿拉伯数码表示，十位数按煤的 V_{daf} 大小分组，无烟煤为 0，烟煤为 1~4，褐煤为 5。个位数在无烟煤类为 1~3，表示煤化程度；在烟煤类为 1~6，表示黏结性；在褐煤类为 1~2，表示煤化程度。

表 1-25　中国煤炭分类简表

类　别	代号	数　码	分 类 指 标					
			V_{daf}/%	G	Y/mm	b/%	PM/%	$Q_{gr,maf}$/ (MJ·kg^{-1})
无烟煤	WY	01，02，03	≤10.0					
贫煤	PM	11	>10.0~20.0	≤5				
贫瘦煤	PS	12	>10.0~20.0	>5~20				
瘦煤	SM	13，14	>10.0~20.0	>20~65				

表 1 – 25（续）

类 别	代号	数码	$V_{\mathrm{daf}}/\%$	G	Y/mm	$b/\%$	$PM/\%$	$Q_{\mathrm{gr,maf}}/$ $(\mathrm{MJ\cdot kg^{-1}})$
							分 类 指 标	
焦煤	JM	24 15，25	>20.0~28.0 >10.0~28.0	>50~65 >65	≤25.0	≤150		
肥煤	FM	16，26，36	>10.0~37.0	(>85)	>25.0			
1/3 焦煤	1/3JM	35	>28.0~37.0	>65	≤25.0	≤220		
气肥煤	QF	46	>37.0	(>85)	>25.0	>220		
气煤	QM	34 43，44，15	>28.0~37.0 >37.0	>50~65 >35	≤25.0	<220		
1/2 中黏煤	1/2ZN	23，33	>20.0~37.0	>30~50				
弱黏煤	RN	22，32	>20.0~37.0	>5~30				
不黏煤	BN	21，31	>20.0~37.0	≤5				
长焰煤	CY	41，42	>37.0	≤35			>50	
褐煤	HM	51 52	>37.0 >37.0				≤30 >30~50	≤24

注：1. 当 $G > 85$ 时，用 Y 值或 b 值区分肥煤、气肥煤与其他煤类，当 $Y > 25.00$ mm 时，根据 V_{daf} 大小可划分为肥煤或气肥煤；当 $Y \leqslant 25.00$ mm 时，则根据 V_{daf} 的大小可划分为焦煤、1/3 焦煤或气煤。按 b 值划分类别时，当 $V_{\mathrm{daf}} \leqslant 28.0\%$ 时，$b > 150\%$ 的为肥煤；当 $V_{\mathrm{daf}} > 28.0\%$ 时，$b > 220\%$ 的煤肥煤或气肥煤。如按 b 值划分的类别与 Y 值划分的类别有矛盾时，以后者为准。

2. 对 $V_{\mathrm{daf}} > 37.0\%$、$G \leqslant 5$ 的煤，应根据透光率 PM 来区分其为长焰煤或褐煤。

3. $V_{\mathrm{daf}} > 37.0\%$、$PM > 30\% \sim 50\%$ 的煤，再测 $Q_{\mathrm{gr,maf}}$，如其值大于 24 MJ/kg，应划分为长焰煤，否则为褐煤。

分类指标符号中，V_{daf} 为干燥无灰基挥发分；H_{daf} 为干燥无灰基氢含量；$G_{\mathrm{R.I.}}$（简记 G）为煤的黏结性指数；Y 为胶质层厚度；b 为烟煤的奥亚膨胀度，反映煤的黏结性，b 值越大，黏结性越强；PM 为煤样的透光率；$Q_{\mathrm{gr,daf}}$ 为煤的无灰基高位发热量。

四、各类煤的基本特征和主要用途

1. 无烟煤（WY）

变质程度最高的煤。挥发分低，碳含量高，相对密度大，无黏结性，燃点高，燃烧时不冒烟。其中 01 号为年老无烟煤，02 号为典型无烟煤，03 号为年轻无烟煤。无烟煤主要用做民用燃料和制造合成氨的造气原料；低硫、低灰、可磨性好的无烟煤，能做高炉喷吹和烧结铁矿石的燃料，还可用于制造各种碳素材料，如碳电极、活性炭、电石等。

2. 贫煤（PM）

变质程度最高的烟煤，因加热时不产生胶质体而称为贫煤。不黏结或微弱黏结，一般用做动力或民用燃料。

3. 贫瘦煤（PS）

黏结性较弱的高变质、低挥发分烟煤，结焦性比典型瘦煤差；在炼焦配煤中加入一定比例贫瘦煤，能起瘦化剂作用。主要用做发电、民用及锅炉燃料。

4. 瘦煤（SM）

中等变质程度的烟煤，因加热时仅能产生少量胶质体而得名，是低挥发分、中等黏结性炼焦用煤。单独炼焦时，可得到块度大、抗碎强度高的焦炭，但耐磨强度稍差。作为炼焦配煤可提高焦炭块度。

5. 焦煤（JM）

中等变质程度的烟煤，炼焦时能得到强度大、块度大的焦炭，因此称为焦煤。中等至低挥发分，中等及强黏结性。单独炼焦时所出焦炭块度大、裂纹少、抗碎度高，而且耐磨性也很高，但膨胀压力大，推焦困难。

6. 肥煤（FM）

中等变质程度的烟煤，加热时能产生大量的胶质体而称为肥煤。中等及中高挥发分，强黏结性。单独炼焦时所获得的焦炭熔融性好、强度高、耐磨性也高，但横纹较多。它是炼焦配煤中的基础煤。

7. 1/3 焦煤（1/3JM）

1/3 焦煤指介于焦煤、肥煤和气煤之间的过渡煤，具有中高挥发分和强黏结性。

单独炼焦能产出熔融性能良好、强度较高的焦炭。作炼焦配煤使用时，其配比量可在较宽的范围内波动而获得强度较高的焦炭，是良好的炼焦配煤中的基础煤。

8. 气肥煤（QF）

气肥煤是一种挥发分和胶质层厚度值均很高的强黏结性肥煤。炼焦性能介于肥煤和气煤之间，单独炼焦时能产生大量气体及液体化学产品。最适用于高温干馏制造煤气，也可作为炼焦配煤，以提高化学产品产率。

9. 气煤（QM）

低变质程度的烟煤。加热时能产生大量的气体和较多的焦油，因此称为气煤。单独炼焦生成的焦炭抗碎强度和耐磨性较差，易碎且裂纹较多。主要用于高温、干馏制造煤气，也可作为炼焦配煤，增加产气率和化学产品回收率。

10. 1/2 中黏煤（1/2ZN）

低变质程度的烟煤，中等黏结性，中高挥发分。其中，黏结性较强的一部分可用做炼焦配煤，黏结性较差的部分可用于气化或动力用煤，也可少量配比做炼焦使用。

11. 弱黏煤（RN）

黏结性较弱的低至中等变质程度的烟煤，加热时产生胶质体较少，炼焦时有的能结成强度很差的小块焦，有的只有少部分能结成碎屑焦。此种煤多用做气化原料或动力燃料。

12. 不黏煤（BN）

在成煤初期已受到相当程度氧化作用的低至中变质程度的烟煤，加热时基本不产生胶质体。煤的水分大，含氧量偏高（多在10%以上）。此种煤主要用做气化、动力及民用燃料。

13. 长焰煤（CY）

长焰煤是变质程度最低的烟煤，黏结性从无到弱。其中，形成时间短的含有腐殖酸，易风化破碎，变质程度较高的加热时也能产生少量胶质体，生成强度甚差的焦炭，粉焦率很高。通常作为气化、动力用煤，也可用于低温干馏。

14. 褐煤（HM）

分为年轻褐煤和年老褐煤两小类。水分大，相对密度小，不黏结，或多或少地含有腐殖酸；含氧量常高达 15% ~30%，挥发分产率高，化学反应性强；热稳定性差，块煤加热时破碎严重，存放在空气中易风化、破碎成小块或粉末；发热量低。褐煤除用做动力用煤外，还可进行低温干馏和气化，提取褐煤蜡和腐殖酸。

五、煤的综合利用

煤的综合利用是指通过多种途径将煤中的有用物质都充分、合理地利用起来，以提高煤的经济价值。煤作为燃料使用，实际利用的只是其能量中的一部分，而大部分可作为化工原料的成分却白白浪费掉了。不仅如此，有些物质在燃烧中会变成有害气体进入大气中，对空气造成污染。通过煤的综合利用，不但可以利用煤的热量，而且从中取得宝贵的化工、医药、化肥等工业原料，制成工业产品，大大提高煤的经济价值。煤的综合利用价值见表1-26，由表中数据可以充分反映综合利用的意义。

表1-26 煤的综合利用价值

煤作燃料	加工成煤焦油	加工成塑料	加工成染料	制成药品	制成合成纤维
1	10 倍	90 倍	375 倍	750 倍	1500 倍

当前，煤的综合利用途径主要有炼焦（高温干馏）、低温干馏、直接气化和加氢液化等。

炼焦，即高温干馏，是将煤在隔绝空气条件下加热（最终温度达到 1000 ℃），使煤的有机质分解，其中挥发性物质呈气态或蒸气状态逸出，生成焦炉煤气和煤焦油，残留物则形成焦炭。

低温干馏是将煤隔绝空气加热 500~600 ℃，使煤中有机质分解，形成低温焦油、半焦和低温焦炉煤气。

直接汽化是在高温并有氧或含氧化合物发生作用的情况下，使煤的有机质转变为可燃气体。当前使用的汽化法主要有固定层煤气发生炉和沸腾层煤气发生炉。

加氢液化是将煤粉碎，在 350~450 ℃和高压条件下，催化加氢，使煤中有机质破坏并与氢作用，形成低分子的液态物质，进一步加工得到汽油、柴油及其他化工原料。

此外，煤矸石和煤的灰分综合利用的范围也在不断扩大，已成为煤的综合利用组成部分。有些煤灰中有一定数量的稀有元素和放射性元素，可以被提取使用；煤灰可以用做制造水泥的材料或建筑材料。煤矸石除可用做发电燃料外，根据其成分特点还可用于提取陶瓷原料、填料和涂料，制造水泥等建材，生产硅铝炭黑、硫酸、硫酸铝等化工产品。

六、含煤岩系和煤田

（一）含煤岩系的概念及类型

1. 含煤岩系的概念

含煤岩系是指一套含有煤层并且在成因上有联系的沉积岩系，简称为煤系，其同义词有含煤地层、含煤建造。

含煤岩系的最大特征是含有煤层。凡是在沉积作用过程中，只要成煤条件具备，就可以形成煤系。含煤岩系不是区域性的地层单位，其界线不一定与国际地层划分相吻合，有的煤系界线是跨地质时代的。

2. 含煤岩系类型

根据成煤古地理环境，将含煤岩系分为近海型和内陆型两大类。

（1）近海型含煤岩系亦称海陆交替相含煤岩系。这类煤系形成于近海地区，地形简单、平坦、广阔，因此容易发生大范围的海进海退。海进时形成海相地层，海退时形成陆相地层，使得海相、陆相交替出现。煤系分布范围广，横向上岩性、岩相变化不大，煤层层位比较稳定，容易对比。煤系中碎屑沉积物成分比较单一，分选性和磨圆度较好，粒度较细。煤系厚度不大，煤层的厚度也不大，但煤层数目较多，可作为标志层的石灰岩层数也多。煤层结构较为简单，岩石类型不多。煤层中常含黄铁矿结核，因此含硫较高。例如，我国华北的石炭~二叠纪煤系即为近海型煤系（图1-13）。

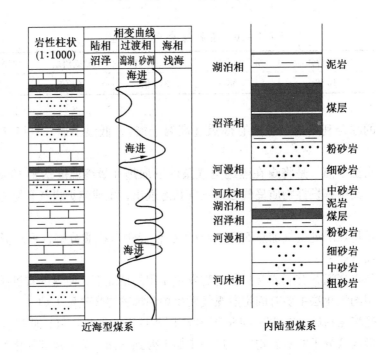

图1-13 煤系类型柱状示意图

（2）内陆型含煤岩系亦称陆相含煤岩系。这类煤系形成于距海较远的地区，往往是在内陆的一些小盆地中发育而成的，所以煤系中没有海相地层，全为陆相地层（图1-13）。由于沉积区较小，地形复杂，因此岩性、岩相在横向上变化较大，煤层不易对比。碎屑物质未经长距离搬运，碎屑颗粒较粗，分选性、磨圆度均较差。煤层数目不多，但单层厚度较大，厚度变化也大，常分叉、尖灭。煤层中岩石类型较多，煤层结构复杂。如我国新疆的侏罗纪煤系即为内陆型煤系。

（二）含煤岩系的组成

在煤系中与煤矿生产关系最为密切的主要是煤层及其顶、底板和标志层。

1. 煤层

煤像其他沉积岩层一样，一般成层状分布。不同的煤层其结构、厚度及稳定性等有所不同。

1）煤层结构

煤层中有无稳定的岩石夹层（夹矸）的情况称为煤层结构。煤层结构一般分为简单结构煤层和复杂结构煤层两种类型（图1-14）。

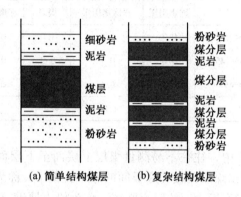

(a) 简单结构煤层　　(b) 复杂结构煤层

图1-14　煤层结构类型

（1）简单结构煤层。煤层中不含稳定的呈层状分布的岩石夹层，但有时也含有呈透镜体或结核状分布的矿物质。一般厚度较小的煤层往往结构简单，说明煤层形成时沼泽中植物遗体堆积是连续的。

（2）复杂结构煤层。煤层中常夹有稳定的呈层状分布的岩石夹层，少者1~2层，多者十几层。这类煤层反映当时地壳沉降时快时慢，导致沼泽的发育遭到破坏，也有可能因气候变化，雨量增多，过量泥沙被搬运到沼泽，从而使沼泽中植物物质的堆积发生间断或多次间断。岩石夹层的岩性最常见的有炭质泥岩、炭质粉砂岩。岩石夹层的厚度一般从几厘米到数十厘米不等。

煤层中如有较多的或较厚的岩石夹层，往往不利于机组采煤，同时也影响煤质，增加煤的含矸率。但有的岩石夹层是优质的制造陶瓷或耐火材料的原料，其经济价值甚至高于煤层本身。

2）煤层厚度

煤层厚度是指煤层上、下层面之间的垂直距离。根据煤层结构的不同，煤层厚度又有总厚度、有益厚度和可采厚度之分。

（1）总厚度是指煤层上、下层面之间的垂直距离，为其间各煤分层厚度和各矸石夹层厚度之和。在图1-15中，总厚度为2.62 m。

（2）有益厚度是指顶板和底板之间各煤分层厚度之和。在图1-15中，有益厚度为1.82 m。

（3）可采厚度是指在当前经济技术条件下，可以开采

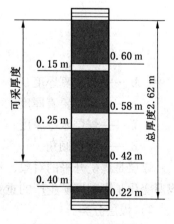

图1-15　煤层厚度

的煤层厚度或煤分层厚度之和。在图 1 - 15 中，可采厚度为 1.6 m。国家主管部门根据有关技术政策，依据煤种、煤层产状、开采方式和地区的不同，规定了煤层可采厚度的下限标准，称为最低可采厚度（表 1 - 27）。

表 1 - 27 煤层最低可采厚度

项　目		一　般　地　区			缺　煤　地　区		
		炼焦用煤	非炼焦用煤	褐煤	炼焦用煤	非炼焦用煤	褐煤
最低可采厚度/m	矿井开采						
	倾角 < 25°	0.7	0.8	1.0	0.6	0.7	0.8
	倾角 25° ~ 45°	0.6	0.7	0.9	0.5	0.6	0.7
	倾角 > 45°	0.5	0.6	0.8	0.4	0.5	0.6
	露天开采	1.0			0.5		

在日常矿井地质工作中，往往不易测量煤层上层面至下层面间的垂直距离（即真厚度），在巷道中只能测量出煤层顶板和底板间的水平距离 L，称为水平厚度。在铅垂钻孔中，可测量出煤层顶板和底板之间的铅直距离，称为铅直厚度（图 1 - 16）。煤层的水平厚度和铅直厚度统称为煤层假厚度。煤层的真厚度需要根据以下公式将煤层的假厚度换算成真厚度，其换算方法如下：

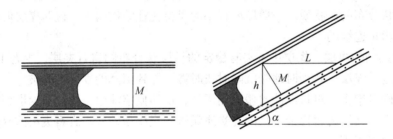

M—真厚度过；h—铅垂厚度；L—水平厚度

图 1 - 16　煤层厚度

$$M = h\cos\alpha \qquad (1 - 1)$$
$$M = L\sin\alpha \qquad (1 - 2)$$

式中　M ——煤层真厚度；

　　　h ——煤层铅直厚度；

　　　L ——煤层水平厚度；

　　　α ——煤层倾角。

煤层是煤矿开采的对象，不同赋存状态的煤层，决定了不同的巷道布置和回采工艺，煤厚变化是影响煤矿生产的重要地质因素之一。

3）煤层分类

（1）按煤层倾角分类见表 1 - 28。

表1-28 按煤层倾角分类 (°)

煤 层	露天开采	地下开采
近水平煤层	<5	<8
缓斜煤层（又称缓倾斜煤层）	5~10	8~25
中斜煤层（又称倾斜煤层）	10~45	25~45
急斜煤层（又称急倾斜煤层）	>45	>45

（2）按煤层厚度分类见表1-29。

表1-29 煤层厚度分类 m

煤 层	露天开采	地下开采
薄煤层	<3.5	<1.3
中厚煤层	3.5~10	1.3~3.5
厚煤层	>10	>3.5

（3）按煤层稳定性分为4类：①煤层厚度变化很小，规律明显，结构简单至较简单，全区可采或基本可采；②较稳定煤层，煤层厚度有一定变化，但规律较明显，结构简单至复杂，全区可采或大部分可采，可采区内煤厚变化不大；③不稳定煤层，煤层厚度变化较大，无明显规律，结构复杂至极复杂；④极不稳定煤层，煤层厚度变化极大，呈透镜状、鸡窝状，一般为不连续分布，很难找出规律，可采块段分布零星；无法进行分层对比，且层组对比也有困难的复煤层。

4）煤层形态

煤层形态是指煤层赋存的空间几何形态。根据煤层在一定范围内连续成层的程度和可采情况，可将煤层形态分为层状、似层状和不规则状三种类型，似层状有藕节状、串珠状、瓜藤状，不规则状有鸡窝状、扁豆状、透镜状，如图1-17所示。

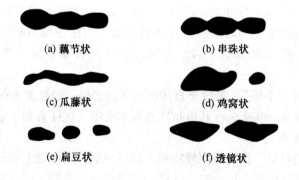

(a) 藕节状　　　　(b) 串珠状

(c) 瓜藤状　　　　(d) 鸡窝状

(e) 扁豆状　　　　(f) 透镜状

图1-17 煤层形态（似层状、不规则状）

（1）层状。煤层在一个井田范围内是连续的，厚度变化不大。

（2）似层状。煤层层位比较稳定，不完全连续或大致连续，煤层厚度变化较大，无一定的规律性。煤层的可采面积大于不可采面积的称为藕节状（图 1-17a）；煤层的可采面积小于不可采面积的称为串珠状（图 1-17b）；煤层不完全连续，且厚度变化大，可采面积小于不可采面积的称为瓜藤状（图 1-17c）。

（3）不规则状。煤层层位不稳定，基本不连续，分叉、尖灭现象较普遍；煤层厚度变化大，无规律可循；煤层可采面积小于不可采面积。根据形态可分为鸡窝状（图 1-17d）、扁豆状（图 1-17e）、透镜状（图 1-17f）等。

2. 煤层的顶板和底板

1）顶板

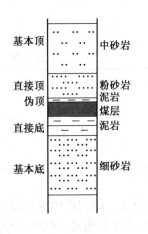

图 1-18 煤层顶底板分类图

顶板是指位于煤层上方一定距离的岩层。根据顶板岩层岩性、厚度以及采煤时顶板变形特征和垮落难易程度，将顶板分为伪顶、直接顶、基本顶 3 种（图 1-18）。

（1）伪顶指直接覆盖在煤层之上的薄层岩层。岩性多为炭质页岩或炭质泥岩，厚度一般为几厘米至几十厘米，极易垮塌，常随采随落，所以大部分混杂在原煤里，增加了煤的含矸率。

（2）直接顶是位于伪顶之上或直接位于煤层之上的岩层。岩性多为粉砂岩或泥岩，厚度为 1~2 m。直接顶不像伪顶那样容易垮塌，但采煤回柱后一般能自行垮落，有的经人工放顶后也比较容易垮落。直接顶垮落后一般都充填在采空区内。

（3）基本顶又称"老顶"，位于直接顶之上或直接位于煤层之上的岩层。岩性多为砂岩或石灰岩，一般厚度较大，强度也大。基本顶一般采煤后长时期内不易自行垮塌，只发生缓慢下沉。

值得注意的是，并不是每层煤层都可以分出上述 3 种顶板。有的煤层可能没有伪顶，有的可能伪顶、直接顶都没有。例如，山东肥城矿区的 8 号煤层之上直接为石灰岩基本顶。

2）底板

底板是指位于煤层下方一定距离的岩层。底板一般分为直接底和基本底两种（图 1-18）。

（1）直接底指煤层之下与煤层直接接触的岩层。它往往是当初沼泽中生长植物的土壤，富含根须化石，所以又称根土岩。岩性以炭质泥岩最常见，厚度不大，常为几十厘米。

（2）基本底又称"老底"，是位于直接底之下的岩层。岩性多为粉砂岩或砂岩，厚度较大。有的煤矿往往将一些永久性巷道布置在基本底中，这样有利于巷道的维护。

3. 煤系中的标志层

煤系中常有一些岩层，其岩性比较特殊，容易识别，层位稳定或分布规律明显，它们与煤层或某些地质界线间距比较固定，这样的岩层称为标志层，可以用作寻找或对比煤层或某些地质界线。例如，华北石炭—二叠纪煤系中常以石灰岩作为标志层；其他可作为标志层的还有砾岩、成分或颜色特殊的砂岩、铝土岩等。

（三）煤田

1. 煤田的概念

煤田是指在同一地史发展过程中形成的含煤岩系，经后期改造所保留下来的、分布比较连续的广大地区。煤田的面积可由数十千米至数千平方千米，储量可由数千万吨至数百亿吨。如山西大同宁武煤田、山东鲁西煤田。煤田内由于后期构造分割的一些单独部分，或面积和储量均较小的煤系分布区，称为煤产地（或煤矿区）。煤田或煤产地又可划分为若干矿田。矿田是煤田内划归一个煤矿开采的部分，地下开采的矿田又称井田。一般一个井田即为一个煤矿。如山东兖州矿区就分为南屯煤矿、东滩煤矿等。

聚煤期又称成煤期，指在地质历史中有煤炭资源形成的地质时期。地史上聚煤盆地的形成受多种因素的综合影响，因而各时期的成煤作用强弱不均衡。在我国成煤作用较强的3个时期是：石炭—二叠纪、三叠—侏罗纪、古近纪—新近纪。

只含有一个聚煤期的煤田称为单纪煤田，含有两个或以上聚煤期的煤田称为双纪煤田或多纪煤田。按煤系的掩盖程度可分为暴露式煤田、半暴露式煤田和掩盖式煤田。

2. 中国煤炭资源概况

截至2009年年底中国的煤炭探明储量为1145亿t，占全球煤炭探明总储量的13.9%，位居世界第三，储采比为38。中国是世界上最大的煤炭生产和消费国，也是少数几个以煤炭资源为主要能源的国家之一，煤炭资源在我国社会经济发展中发挥着举足轻重的作用。中国煤炭资源虽丰富，但勘探程度较低，经济可采储量较少。在目前经勘探证实的储量中，精查储量仅占30%，而且大部分已经开发利用，煤炭后备储量相当紧张。中国人口众多，煤炭资源的人均占有量约为234.4t，而世界人均的煤炭资源占有量为312.7t，美国人均占有量达1045t，远高于中国的人均水平。我国煤炭资源在地理分布上极不均衡，具有东少西多、南少北多的特点，煤炭资源大部分分布在西北地区，其中晋、陕、蒙三省（区）的预测煤炭资源量为2.18万亿t，占全国煤炭资源总量的83.9%，是我国煤炭资源最为集中的地区。

3. 中国煤田聚煤期及聚煤区

中国聚煤期的地质时代由老到新主要是：早古生代的早寒武世；晚古生代的早石炭世、晚石炭世—早二叠世、晚二叠世，中生代的晚三叠世，早、中侏罗世、晚侏罗世—早白垩世和新生代的古近纪和新近纪。其中以晚石炭世—早二叠世，晚二叠世，早、中侏罗世和晚侏罗世—早白垩世4个聚煤期的聚煤作用最强。中国含煤地层遍布全国，包括元古界、早古生界、晚古生界、中生界和新生界，各省(区)都有大小不一、经济价值不等的煤田。

各主要聚煤期所形成的煤炭资源在数量分布上差别较大，其中以侏罗纪成煤最多，占主要聚煤期煤炭资源总量的39.6%，以下依次为石炭—二叠纪（北方）38.0%，白垩纪12.2%，二叠纪（南方）7.5%，古近纪和新近纪2.3%，三叠纪0.4%。

聚煤区是指在地史上有聚煤作用，且其中煤田、含煤区在形成条件上具有一定的共性，其边界与大地构造基本吻合的广大地区。我国划分了东北、西北、华北、西南（滇藏）、华南5个聚煤区。

（1）东北聚煤区，又称东北内蒙古晚侏罗世早白垩世聚煤区。该区位于阴山构造带以北，包括内蒙古东部、黑龙江全部、吉林大部和辽宁北部的广大地区。主要煤田含鸡西、双鸭山、鹤岗、勃利、和龙、延吉、蛟河、扎诺尔、牙克石、白音华、元宝山、北票、阜新、铁法等。

（2）西北聚煤区又称西北早、中侏罗世聚煤区。该区位于贺兰山—六盘山一线以西，昆仑山—秦岭一线以北的广大地区，包括新疆全部、甘肃大部、青海北部、宁夏和内蒙古西部。主要煤田有甘肃的永登、窑街，青海的大通河，新疆的吐鲁番—哈密、乌鲁木齐—伊宁、库苏禾田等。

（3）华北聚煤区又称华北石炭—二叠纪聚煤区，这是我国最重要的聚煤区。其范围为贺兰山构造带以东，秦岭构造带以北，阴山构造带以南的广大地区，包括山西、山东、河南全部、甘肃、宁夏东部、内蒙古、辽宁、吉林南部、陕西、河北大部以及苏北、皖北。主要煤田有山西的沁水、霍西、河东、大同、宁武，山东的淄博、肥城、新汶、枣滕、兖州、济宁，陕西的渭北，内蒙古的准格尔，宁夏的贺兰山—桌子山、韦州，辽宁的本溪、沈南，吉林的通化，河北的开滦、兴隆、井陉、峰峰、邯郸，北京的京西，河南的鹤壁、焦作、平顶山，江苏的徐州—贾汪，安徽的淮南、淮北等。

（4）西南（滇藏）聚煤区又称滇藏中、新生代聚煤区。该区位于昆仑山系以南，龙门山—大雪山—哀牢山一线以西，包括西藏全境、青海南部、川西和滇西地区。该区煤炭资源贫乏，含煤性差。

（5）华南聚煤区又称华南晚二叠世聚煤区。该区位于秦岭、大别山以南，龙门山、大雪山、哀牢山以东，包括贵州、广西、广东、海南、湖南、江西、浙江、福建全部，云南、四川、湖北大部，以及苏皖两省南部，其范围跨越13个省（区）。主要煤田有宣威、富源、六枝、盘县、水城、南桐、中梁山、天府、合山、扶绥、涟邵、彬耒、兴梅、天湖山、龙永、长广、苏南、皖南、萍乐等。

任 务 实 施

一、鉴定场地和用具

在煤岩鉴定实训室中，配备可供2～3人共同使用的操作台和椅子。用具有放大镜、煤岩标本、典型煤种标本等。

二、实施组织方式

以操作台为单位分组，每组观察一套标本，小组成员讨论后完成一份标本鉴定表，由指导教师给出评价。

三、鉴定用的煤岩标本

煤岩组分标本包括镜煤、亮煤、暗煤和丝炭。煤种标本包括褐煤、长焰煤、气煤、肥煤、焦煤、瘦煤、贫煤和无烟煤。

四、要求

仔细观察煤岩组分、各煤种标本，把观察的数据记录下来，并总结各煤岩组分之间的特征和煤种之间的区别。

任务考评

任务六考评见表1-30。

表1-30 任务考评表

考评项目	评分		考评内容
素质目标	20分	6分	遵守纪律情况
		7分	认真听讲情况，积极主动情况
		7分	团结协作情况，组内交流情况
知识目标	40分	20分	熟悉煤的组成和性质、煤的工业分类和综合利用
		20分	熟悉含煤岩系和我国煤田分布
技能目标	40分	10分	明确任务方案，工具使用正确
		15分	操作程序正确，方法运用得当
		15分	能独立且正确完成煤岩组分和煤种鉴定任务

项目二　地质构造与煤矿主要地质图

学 习 目 标

本项目主要学习地质构造的基本知识，掌握岩层产状要素的测定方法，熟悉褶皱、断裂构造的分类，掌握各种地质构造在主要地质图上的表现特点，掌握矿井地质剖面图、水平切面图和煤层底板等高线图的识读与编制方法。

任务一　岩　层　产　状

技能点
◆ 会用罗盘测定岩层产状。
知识点
◆ 岩层的产状要素；
◆ 地质罗盘的使用方法。

相 关 知 识

一、单斜构造的概念

在一定范围内，一系列岩层大致向一个方向倾斜，且倾斜角度变化不大，这种构造形态称为单斜构造。单斜构造仅局限于一定范围内，往往是其他构造形态的一部分，如褶曲的一翼或断层的一盘（图2-1）。

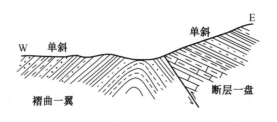

图2-1　构造形态的基本类型

二、岩层的产状要素

岩层的产状是指岩层产出的空间形态，倾斜岩层的产状，可以用岩层层面的走向、倾向、倾角的数值表示，称为岩层的产状要素（图2-2）。

1. 走向

倾斜岩层的层面与水平面的交线称为走向线，走向线两端的延伸方向称为走向。走向表示岩层在水平面上的延伸方向。

2. 倾向

指向岩层倾斜一侧的方向，称为岩层的倾向，或称为真倾向。不与走向线垂直的任何倾斜线，称为视倾斜线，它们在平面上的投影线所指的方向为视倾向。

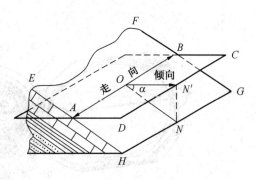

ABCD—水平面；*EFGH*—岩层面；*α*—倾角

图2-2 岩层的产状要素

3. 倾角

岩层的真倾斜线与其在水平面上的投影线之间的夹角，称为岩层的真倾角。视倾斜线与视倾向线的夹角，称为视倾角或伪倾角。真倾角大于所有的伪倾角（图2-3）。实际生产中经常遇到真倾角和伪倾角之间的换算问题，可用查表法，见附录。它们之间的换算公式为

$$\tan\beta = \tan\alpha\cos\omega \qquad (2-1)$$

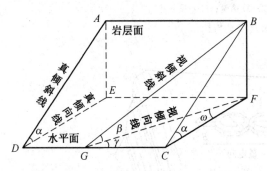

α—真倾角；*β*—视倾角；*ω*—真倾向线与视倾向线之间的夹角

图2-3 岩层真、视倾角关系

式中　β——视倾角；

α——真倾角；

ω——真倾向与视倾向的夹角。

煤层倾角的大小直接影响采煤方法的选择，倾角越大，煤层的开采就越困难。

三、地质罗盘

1. 地质罗盘的构造

在实际工作中，常用地质罗盘测定方向和测量岩层的产状要素。地质罗盘构造如图2-4所示。

（1）底盘。当水准气泡7居中时，底盘处于水平位置，底盘上的直线边就是一条直线。这条水平线与磁北的夹角是磁方位角，即指北针所指的刻度值。

（2）磁针。磁针是罗盘中的主要部件，静止后指示南北方向，即磁南和磁北。磁南和磁北常与地理上的南北有一定的偏角，称为磁偏角。实际使用中，要根据当地磁偏角对罗盘进行校正。

（3）倾斜仪。倾斜仪用来测定岩层的倾角，当底盘上的直线边贴着倾斜岩层层面时，拨动倾斜仪制动器，使倾斜仪上的水准气泡居中，在倾角刻度盘上读取倾角。

2. 地质罗盘测量岩层产状的方法

用地质罗盘测量岩层产状时，可通过地质罗盘的不同放置方法测量岩层产状。如图2-5所示。

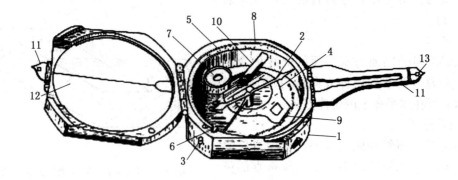

1—底盘；2—磁针；3—罗盘校正螺钉；4—倾斜仪；5—圆盘；6—磁针制动器及倾斜仪制动器；
7—水准气泡；8—方位角刻度盘；9—倾斜角刻度盘；10—倾斜仪水准气泡；
11—折叠式瞄准器；12—玻璃镜；13—观测孔

图 2-4　地质罗盘构造

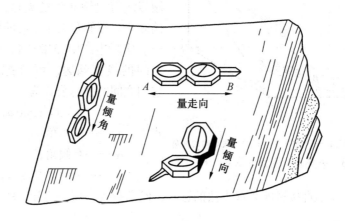

图 2-5　地质罗盘测量岩层产状

3. 岩层产状要素的表示方法

1）走向的表示方法

实际工作中，方向常用象限角和方位角表示。

（1）象限角表示法。以东西、南北线将平面划分为四个象限，任一方向用其相邻的南北线夹角及偏离方向表示。图 2-6 中所示方向记作 S30°E，读作"南偏东 30°"。

（2）方位角表示法。以正北方向为 0° 按顺时针方向旋转，任意一个方向以其对应的值表示，图 2-7 所示方向记作 150° 或 SE150°，读作"150°"或"南东 150°"。

2）岩层产状表示方法

岩层产状要素的记录方式有两种：一种是全面记录走向、倾向和倾角，倾向只记方位，不记数值，如 315°NE∠30° 或 N45°W、NE∠30°，其中左侧为走向，中间是倾向方位，右侧为倾角；另一种是只记录倾向和倾角，如 NE45°∠30° 或 N45°E∠30°，其中左侧为倾向，右侧为倾角。

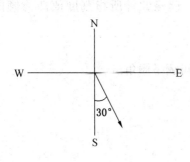

图 2-6　象限角表示法

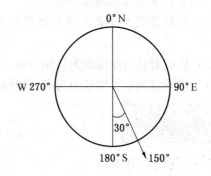

图 2-7　方位角表示法

一、实测场地及用具

在地质实训室中进行实测，配备可供 2~3 人共同使用的操作台和椅子。用具有地质罗盘和地质模型等。

二、实施组织方式

以操作台为单位分组，每组一个罗盘及单斜岩层模型，小组内成员经实测后提交一份测量成果表，由指导教师给出评价。

三、室内模拟测量岩层产状要素方法步骤

1. 缓倾斜或近水平岩层面上测量产状

（1）测走向。将罗盘一条长边底线紧贴岩层面，调节罗盘至水准仪气泡居中，当磁针静止后对应刻度盘上的刻度值即为岩层的两个走向的方位角值。其中，磁北针对应刻度值为折叠式瞄准器一侧的走向，磁南针对应刻度值为相反的另一个走向。

（2）测倾向。把罗盘一条短边底线紧贴岩层面，折叠式瞄准器指向岩层倾斜方向，调节罗盘至水准仪气泡居中，当磁针静止后北针对应刻度盘上的刻度值即为岩层倾向的方位角值。

（3）测倾角。把测走向或倾向时罗盘底面与岩层面的接触线画出，即为岩层走向线。利用罗盘长、短边垂直关系可在岩层面上画出真倾斜线。将罗盘侧立，使长边与真倾斜线重合，手指微微转动倾斜制动器旋扭，观察倾斜仪气泡居中停止转动，所指倾斜刻度盘上度数值即为岩层倾角。

岩层走向和倾向二者只需测量其一。如果只测量走向，必须根据实际岩层倾斜方向换算出岩层倾向。换算的方法是在读出岩层一个走向后，如果由这一走向顺时针旋转 90°即为倾斜方向，在此走向方位角值上加 90°即为倾向；如果由这一走向逆时针旋转 90°为倾斜方向，在此走向方位角值上减 90°即为倾向。

2. 急倾斜岩层面上测量产状

（1）将罗盘镜盖紧贴岩层面调节罗盘至水平，读磁北针所指刻度值即为倾向方位角值。

（2）沿镜盖长边作线即为真倾斜线。

（3）将罗盘侧立，使长边与真倾斜线重合，即可测量倾角。

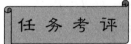

任务一考评见表2-1。

表2-1 任务考评表

考评项目	评分		考评内容
素质目标	20分	6分	遵守纪律情况
		7分	认真听讲情况，积极主动情况
		7分	团结协作情况，组内交流情况
知识目标	40分	20分	熟悉罗盘结构特征、各部分名称
		20分	熟悉岩层产状要素
技能目标	40分	10分	明确任务方案，工具使用正确
		15分	操作程序正确，测定方法运用得当
		15分	能独立且正确完成岩层产状要素实测任务

任务二 褶曲的认识

技能点
◆ 能识别褶曲。
知识点
◆ 褶曲的基本形态、褶曲要素；
◆ 褶曲的分类。

相关知识

一、褶曲的基本形态

在地壳运动的影响下，岩层受地应力作用发生塑性变形，形成波状弯曲，但是没有失去其连续性和完整性，这种构造形态称为褶皱构造。褶皱构造中的一个基本弯曲称为褶曲。

褶曲的形态有不同的分类，但基本形态有背斜和向斜两种（图2-8）。

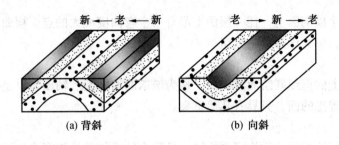

(a) 背斜　　　　(b) 向斜

图2-8　褶曲的基本形态立体

1. 背斜

背斜是岩层向上凸起的弯曲，两翼岩层相背倾斜，中心部位为较老的岩层，向两侧依次对称出现较新岩层的褶曲（图2-8a）。

2. 向斜

向斜是岩层向下凹的弯曲，两翼岩层相向倾斜，中心部位为较新的岩层，向两侧依次对称出现较老岩层的褶曲（图2-8b）。

岩层弯曲方向是表象，岩层新老关系是本质。在确定地层层序正常的情况下，二者是统一的，但在没有确定地层层序的情况下，岩层弯曲方向并不能代表其形态类型。

二、褶曲要素

褶曲要素是指褶曲的基本组成部分及反映基形态特征的几何要素，通过褶曲要素可以表征一个褶曲的空间形态特征（图2-9）。褶曲要素主要包括以下8种。

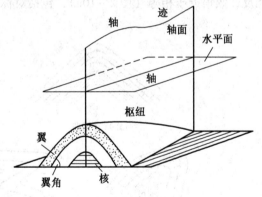

图2-9　褶曲要素

1. 核

核又称核部，指褶曲的中心部分。背斜核部是老岩层，向斜核部是新岩层。

2. 翼

翼又称翼部，指核部两侧的岩层。背斜两翼岩层较核部新，向斜两翼岩层较核部老；相邻的背斜和向斜之间，有一个为二者共有的翼。

3. 翼角

翼角指两翼岩层的倾角。翼角越小，褶曲越宽缓；翼角越大，褶曲越紧闭。

4. 转折端

转折端指褶曲两翼间的过渡弯曲部分。

5. 顶和槽

在褶曲的横剖面上，背斜同一层面上的最高点称为顶，向斜同一层面上的最低点称为槽。一个背斜在同一层面上各顶点的连线叫脊线；一个向斜，同一层面上各槽点的连线叫槽线。

6. 枢纽

在褶曲的每个横剖面上，任一层面上都有一个弯曲度最大的点。褶曲同一层面上弯曲度最大点的连线，称为该褶曲的枢纽。

7. 轴面

由相邻层面上的枢纽联绘而成的面，称为该褶曲的轴面。轴面可以是平面，也可以是曲面，它是一个理想的面，只具有几何意义。

8. 轴和轴迹

轴面和水平面的交线，称为褶曲的轴，又称为轴线。轴是该褶曲轴面的走向线，其长度代表褶曲的延伸长度；它的方向称为轴向，代表褶曲的延展方向。轴面和地面的交线称为轴迹。它受地形的影响，只能大致代表褶曲的延展方向，仅在轴面直立或地面平坦的情况下，才与轴线方向一致。

三、褶曲的分类

褶曲的基本形态只有背斜和向斜，但在自然界中背斜和向斜的具体形态又是多种多样的。为了描述其形态特征，又对褶曲作进一步的分类。通常，根据它们在横剖面、纵剖面及平面上的形态特征进行定性的分类。

1. 褶曲的横剖面形态分类

（1）直立褶曲。直立褶曲又称为对称褶曲。其轴面直立或近于直立，两翼岩层倾向相反，倾角近于相等（图 2-10a），包括对称背斜和对称向斜。

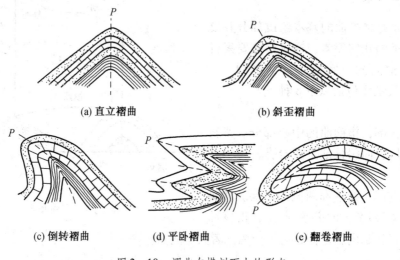

(a) 直立褶曲　　　　(b) 斜歪褶曲

(c) 倒转褶曲　　　(d) 平卧褶曲　　　(e) 翻卷褶曲

图 2-10　褶曲在横剖面上的形态

（2）斜歪褶曲。斜歪褶曲又称为不对称褶曲。其轴面倾斜，两翼岩层倾向相反，倾角不等（图 2-10b），包括斜歪背斜和斜歪向斜。

（3）倒转褶曲。其轴面倾斜，两翼岩层向同一方向倾斜。其中一翼岩层层序正常，一翼岩层层序倒转（图 2-10c）。

（4）平卧褶曲。平卧褶曲实际为轴面水平的倒转褶曲（图 2-10d）。

（5）翻卷褶曲。翻卷褶曲实际为轴面弯曲的平卧褶曲（图 2-10e）。

2. 褶曲的纵剖面形态分类

（1）水平褶曲。枢纽水平或近于水平（图2-11a），两翼岩层走向基本相同。

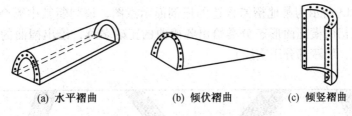

(a) 水平褶曲　　　　(b) 倾伏褶曲　　　　(c) 倾竖褶曲

图2-11　褶曲在纵剖面上的形态

（2）倾伏褶曲。枢纽倾斜的褶曲（图2-11b），两翼岩层走向不同，褶曲向一定方向倾伏至消失。

（3）倾竖褶曲。它的枢纽近于直立（图2-11c）。

3. 褶曲在平面上的形态分类

根据褶曲中同一岩层与水平面交线的纵向长度和横向宽度之比，可将褶曲分为线形褶曲、短轴褶曲、穹隆和构造盆地3种。

（1）线形褶曲。线形褶曲指长度和宽度之比大于10∶1的褶曲，包括线形背斜和线形向斜。

（2）短轴褶曲。短轴褶曲指长度和宽度之比在3∶1~10∶1的褶曲，包括短轴背斜（图2-12a）和短轴向斜（图2-12b）。

（3）穹隆和构造盆地。穹隆和构造盆地是长度和宽度之比小于3∶1的褶曲。背斜叫穹隆（图2-12c），向斜叫构造盆地（图2-12d）。

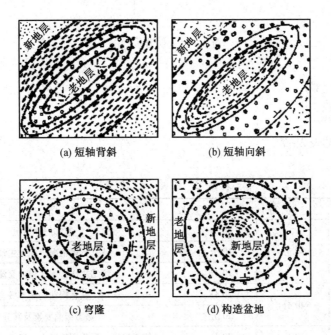

(a) 短轴背斜　　　　　　　　(b) 短轴向斜

(c) 穹隆　　　　　　　　(d) 构造盆地

图2-12　褶曲在平面上的形态

（1）图 2-13 所示为某地褶皱构造的横剖面示意图，请判断其中哪个是向斜？哪个是背斜？并根据褶曲横剖面形态分类给出各褶曲的正确名称，绘出褶曲的完整形态（被剥蚀部分用虚线，埋藏部分用实线）。

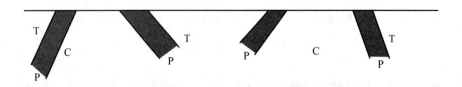

图 2-13　某地褶皱构造的横剖面示意图

（2）图 2-14 所示为剖面示意图，在地表出现了三处同一煤层的露头。根据岩层产状变化，有人判断 A 处是背斜构造，B 处是向斜构造，但在 A 处施工钻孔时未见到煤层。请解释其中的原因，并总结判断背斜、向斜构造的方法。

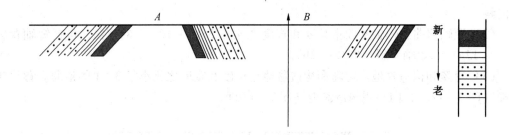

图 2-14　剖面示意图

任务二考评见表 2-2。

表 2-2　任务考评表

考评项目	评　分		考　评　内　容
素质目标	30 分	10 分	遵守纪律情况
		10 分	认真听讲情况，积极主动情况
		10 分	团结协作情况，组内交流情况
知识目标	40 分	20 分	熟悉褶曲的基本概念
		20 分	熟悉褶曲要素及其分类
能力目标	30 分	30 分	能正确绘出褶曲完整形态；能正确判断褶曲类型

任务三　矿井地质剖面图的编制

技能点

◆ 能识读与初步编制矿井地质剖面图。

知识点

◆ 矿井地质剖面图的内容与编图步骤；

◆ 地质剖面图的编制方法。

相 关 知 识

一、矿井地质剖面图的基本内容与编制步骤

用铅直平面沿某个方向将地壳切开，按一定比例和规定的符号、线条将切开断面上的地形线、地物线、地层分界线、地质构造特征等情况投影到垂直切面上而编制成的地质图件称为地质剖面图。地质剖面图反映了各种地质界线和构造形态的空间位置和相互关系，以及它们沿岩层走向或倾向方向上的变化规律，是编制其他地质图件、进行采掘设计和布置矿井地质勘查的基础资料。

1. 矿井地质剖面图的基本内容

沿岩层走向所切的剖面叫纵剖面，沿岩层倾向所切的剖面叫横剖面。由于横剖面对构造形态的反映最清楚，因此在编制地质剖面图时应尽量使其垂直于岩层走向。矿井生产中一般是沿勘探线或主要巷道轴线方向编绘地质剖面图，以反映矿体的构造形态及其与井巷工程之间的关系。地质剖面图主要包括以下内容：

（1）图名、图例、比例尺和剖面方向。

（2）剖面切过的地形、地物、经纬线、水平标高线。

（3）剖面切过的各种井巷工程，包括生产井、小煤窑、主要巷道等。

（4）地层界线、断层、岩浆侵入体、陷落柱。

（5）各类勘查工程，并注明钻孔编号、孔口标高、见煤标高和煤层厚度、终孔深度。

（6）煤层、标志层、含水层及其名称和编号。

（7）井田边界线、采空区边界线、保护煤柱线等。

2. 矿井地质剖面图的编制步骤

1）确定剖面线的位置、方向

根据实际需要，首先要确定剖面线位置、长度和方向，应遵循下述原则：

（1）矿井地质剖面图方位应与原勘探线剖面方位尽可能保持一致，这是为了充分利用原有勘探工程资料，保持矿井地质剖面与资源勘探资料的连续性和继承性。

（2）矿井地质剖面应与拟订的主要石门或上下山位置基本保持一致，这样布置可在石门或上下山设计与施工之前便于沿拟订的剖面方向有针对性地布置补充勘探工程，查明巷道轴线上的地质情况，指导巷道的设计与施工；在石门或上下山施工之后可以利用巷道

资料修改和补充矿井地质剖面图，提高其精度。

（3）矿井地质剖面应尽可能与主要构造线垂直，这是因为垂直构造线的剖面能够较真实反映构造形态。但为了生产上的特殊需要，也可编绘沿煤层走向、伪倾向或褶皱枢纽方向的剖面。

剖面位置和方向一经确定，要精确求出剖面线两端点的坐标，以便将剖面线随时投绘到各种比例尺的平面图上。

2）确定剖面图的比例尺

矿井地质剖面图的比例尺取决于生产需要和地质条件的复杂程度，一般应不小于与之配套的平面图的比例尺。全井田的地质剖面图通常采用的比例尺为1：2000，构造简单且煤层稳定的矿井可采用1：5000的比例尺，构造复杂且煤层不稳定的矿井可采用1：1000的比例尺。

3）收集、整理编图资料

编绘地质剖面图时应全面收集剖面线上及其邻近的钻孔柱状图、剖面切过井巷的实测剖面图、地形地质图、各煤层底板等高线图、采掘工程平面图、开采水平地质切面图，以及钻孔、煤层、构造、水文地质等台账。为便于使用上述编图资料，应按剖面分别汇总，整理成实际资料一览表。对影响编图质量的一切实际资料（如钻孔和巷道的见煤位置和标高、剖面线的位置和方向等），要进行仔细校核，做到不错不漏。

4）设计图面和绘制水平高程线

正式绘图前应根据图的比例尺、剖面长度、剖面最高点与最低点的高差选裁图纸，设计图面，绘制高程线。水平高程线在地质剖面图上为一组等间距平行线，其间距的大小视比例尺和等高距而定。在绘制水平高程线时要求精确，并在每条线的两端注明标高数值，且同一矿区或矿井地质剖面图的高程线要统一。由于高程线对地质剖面图的高程起控制作用，因此绘制精度要求较高。

5）绘制剖面地形线

剖面地形线一般是地质剖面所切地表实际高程点的连线。根据不小于地质剖面图比例尺的地形图，沿剖面线方向绘制地形剖面图。为了便于开采设计和煤柱留设，工业广场和重要地物应按统一的编图要求投绘在地形剖面图上。剖面线上的钻孔要以实测孔口标高为准。

6）投放工程点

为了使平面和剖面相互对应，投绘各种资料之前应以剖面线所切的某条经纬线或准线为基准，先将其投影到地质剖面图上，然后以其为基准，将剖面所切过的工程点全部投放到剖面相应位置上。对于不在剖面线上但又邻近剖面线的钻孔（距剖面线垂距小于15 m），为了增加编图资料，可按两种方法投绘：一种是垂直投绘法，即在平面图上过钻孔中心点向剖面线作垂线，其垂足就是所投绘的钻孔位置；另一种是走向投绘法，即在平面图上根据钻孔附近的煤（岩）层产状，过钻孔中心点作平行煤（岩）层走向的直线，该直线与剖面线的交点即为被投绘的钻孔位置。由于垂直投绘法对岩层标高歪曲较大，因此在有准确岩层产状的情况下一般应采用走向投绘法。经投绘的钻孔其开孔标高常与地形剖面不一致，应按实际孔口标高用虚线表示在地质剖面图上，以便与剖面线上钻孔相区别。

7）投绘巷道剖面

剖面线所切过的井巷工程应按其在剖面线上的位置和标高投绘到地质剖面图上。当剖面切过的巷道部位未注明标高时，可根据附近测点标高进行内插估算，或从巷道实测地质剖面图上量出。

地质剖面图原则上只绘制剖面切过的巷道，如果因生产和设计需要，也可把剖面线附近的巷道投影在剖面图上。一般采用垂直投影方法，首先将平面图上待投巷道中的各个测点向剖面线作垂线，求得与剖面线的交点，然后把这些交点按其位置和标高投绘到地质剖面图上，用虚线连接起来，便是该巷道在地质剖面图上的投影。

8）投绘煤（岩）层和构造点

剖面线所切的煤（岩）层和构造点可根据钻孔柱状和实测资料按照其位置、标高、倾向和倾角（真倾角或伪倾角）直接填绘在地质剖面图上。当需要利用剖面线附近的构造和煤（岩）层资料时，可采用走向延展法和辅助剖面法投绘。

（1）走向延展法是将平面图上的煤层和断层按其走向延长求出走向延长线与剖面线的交点，并把交点按照位置和标高投绘到地质剖面图中。

（2）辅助剖面法是通过绘制与剖面线方向相交的辅助剖面图，从图上求出剖面线与辅助剖面线交点处的煤层底板标高，并把交点投绘到地质剖面图中。

9）分析连线

通过分析、对比确定各工程控制的岩层层位，根据剖面所处的构造形态部位确定地层倾向，把各工程中相同的层位点用圆滑曲线连接起来。连线的顺序是：

（1）连接基岩界面线。在基岩之上有第四纪覆盖的地区，根据各工程中所揭露的第四纪分界点将其连接起来，并向两端延伸。

（2）确定断层线。找到地质剖面图上勘查工程所揭露的断层点，结合断层在平面上的特征连出断层线。

（3）连接地层及标志层。先连断层同一盘上或褶曲同一翼上、有两个以上控制点的相同层位，再按层间距连接或推出其他的岩层层位。

10）清绘、审核

绘出图签、图名、比例尺、剖面方向、工程编号、标志层编号、地层代号及断层编号等。地质剖面图编制完成后，除编制人员自审外，还应有专人进行审核，并签署姓名和日期。

二、矿井地质剖面图的编制方法

1. 根据水平地质切面图作地质剖面图

由于勘探工程通常沿勘探线剖面布置，剖面上的实际地质资料较多，因此一般编图程序是先编制地质剖面图，然后根据地质剖面图编制水平地质切面图。但生产矿井由于沿开采水平集中布置大量生产巷道，开采水平地质切面图上实际地质资料丰富，因此编图时也可先编制水平地质切面图，然后根据水平地质切面图编制地质剖面图（主要是局部剖面图），或者用以校核和修正地质剖面图。

图 2－15 所示为根据 ±0 和 －50 m 两个水平地质切面图编制 I－I′剖面图的实例，具体做法如下：

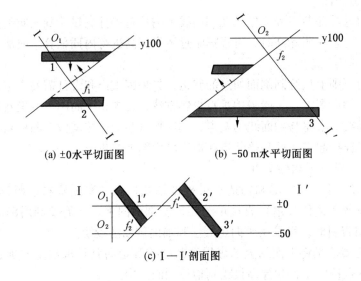

(a) ±0水平切面图　　　　(b) −50 m水平切面图

(c) Ⅰ—Ⅰ′剖面图

图2−15　根据两个水平切面图作剖面图

（1）绘制剖面线。在各水平地质切面图上绘制Ⅰ—Ⅰ′剖面线。同一剖面线在各水平地质切面图上的位量应严格重合。

（2）绘制水平高程线和经纬线。在地质剖面图上按比例尺绘制±0和−50 m水平高程线。剖面线与同一经纬线的交点 O_1 和 O_2 在地质剖面图上处于同一铅直线上，该铅直线就是向地质剖面图上投绘资料的对应线。

（3）投绘煤层和构造点。将每一张水平地质切面图上煤层、断层与剖面线的交点，按照它们到对应线的方向和距离，分别投绘到地质剖面图中相应的水平高程线上，如±0水平地质切面图上的1、2和 f_1 点，投绘到地质剖面图中±0水平线上为1′、2′和 f_1' 点；−50 m水平地质切面图上的3和 f_2 点，投绘到地质剖面图中−50 m水平线上为3′和 f_2' 点。

（4）连接断层和煤层。在地质剖面图中首先连接断层，然后按照断层两盘连接煤层。将同一断层的 f_1' 和 f_2' 点连接起来就是地质剖面图上的断层线。把断层下盘同一煤层的2′和3′点连接，并将其延长至断层，即为地质剖面图上的断层下盘煤层。在地质剖面图上，由于断层上盘煤层仅有±0水平上的一个控制点1′，说明上盘煤层尚未延至−50 m水平就被断层错断，因此只能采用推测的方法，即过1′点作下盘煤层的平行线，或者过1′点按煤层倾向和视倾角绘出断层上盘煤层。

2. 根据煤层底板等高线图作地质剖面图

地质剖面图是编制其他综合图件的基础，一般先编地质剖面图，然后根据地质剖面图编煤层底板等高线图。但生产矿井由于煤层的大量采掘，煤层底板等高线图上积累了丰富的实际资料，因此可根据煤层底板等高线图编制、校核和修改地质剖面图，特别是沿重要设计巷道方向编制的局部地质剖面图。图2−16所示为根据煤层底板等高线图编制Ⅰ—Ⅰ′剖面图的实例。具体做法如下所述：

（1）投绘煤层和断层点。平面图上剖面线与煤层底板等高线的交点因其平面位置和标高都已确定，故可直接投绘到地质剖面图中，如将平面图上的 3、8 点投绘到地质剖面图中为 3′、8′点。若剖面线在平面图上未切到煤层底板等高线时，首先应采用走向延展法求出煤层底板等高线与剖面线的交点，然后将交点按照其平面位置和标高投绘到地质剖面图中，如将平面图上的 2、4、5、6、7 点投绘到地质剖面图中为 2′、4′、5′、6′、7′点。平面图上剖面线与断煤交线的交点因其平面位置已知而标高待定，故首先应按照其平面位置，在地质剖面图中投绘出所在的铅直线，然后求出各铅直线与对应断层盘煤层底板交点的高程值，即可绘出地质剖面图中的各断煤交点，如平面图上的 a、b、c、d、e、f 点投绘到地质剖面图中为 a′、b′、c′、d′、e′、f′点。

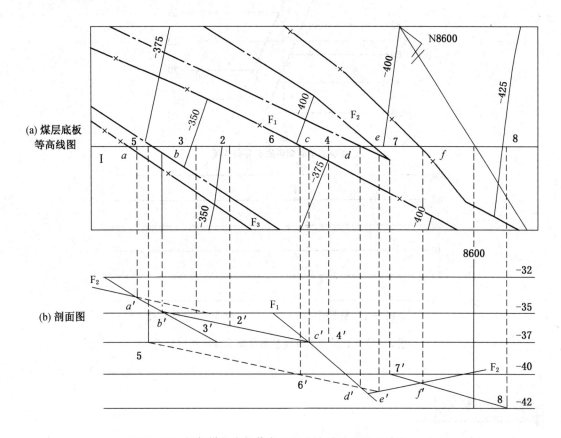

图 2-16　根据煤层底板等高线图作地质剖面图（单位：m）

（2）连接煤层和断层。首先分析煤层被断层切割成几块，然后逐块连接煤层和断层。连接 7′、8′点，7′8′线与铅直线 ff' 交于 f' 点，则 $f'8'$ 线为 F_2 断层下盘煤层。连接 5′、6′点，5′6′线的延长线与铅直线 ee' 和 dd' 分别交于 e' 和 d' 点，则 $e'd'$ 线为 F_1 和 F_2 两断层之间的煤层。连接 3′、4′点，3′4′线及其延长线与铅直线 bb' 和 cc' 分别交于 b' 和 c' 点，则 $b'c'$ 线为 F_1 和 F_3 两断层之间的煤层。过 2′点作 $b'c'$ 线的平行线，与铅直线 aa' 交于 a' 点，则 2′a' 线向西的延长线为 F_3 断层下盘煤层。a' 和 b' 相连为 F3 断层，c' 和 d' 相连为 F_1 断层，e' 和 f 相连为 F_2 断层。

图 2-17a 所示为一反映断层的煤层底板等高线图,试沿Ⅰ—Ⅰ′和Ⅱ—Ⅱ′方向各切一剖面（图 2-17b 和图 2-17c）,并在剖面图上画出铅直断距和水平断距(注意:不同方向的剖面中可能会出现断层效应。例如,平面图中为正断层,而剖面图中表现为逆断层)。

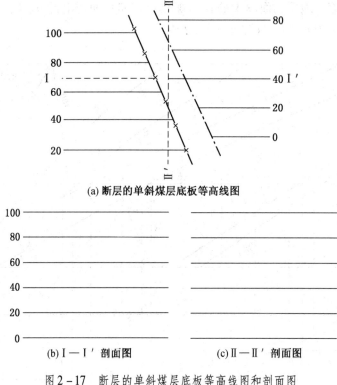

(a) 断层的单斜煤层底板等高线图

(b)Ⅰ—Ⅰ′剖面图   (c)Ⅱ—Ⅱ′剖面图

图 2-17 断层的单斜煤层底板等高线图和剖面图

任务三考评见表 2-3。

表 2-3 任务考评表

考评项目	评 分		考 评 内 容
素质目标	30 分	10 分	遵守纪律情况
		10 分	认真听讲情况,积极主动情况
		10 分	团结协作情况,组内交流情况
知识目标	40 分	20 分	了解矿井地质剖面图的作图方法
		20 分	熟悉矿井地质剖面图的编制步骤
能力目标	30 分	30 分	能够根据所给资料正确绘制矿井地质剖面图

任务四　煤层底板等高线图的识读与编制

技能点
◆ 能识读和编绘煤层底板等高线图。
知识点
◆ 煤层底板等高线图的概念、编制方法；
◆ 各种地质现象在煤层底板等高线图上的表现。

相 关 知 识

一、煤层底板等高线图的概念

不同高程的水平面与煤层底板的交线称为煤层底板等高线，将煤层底板等高线用标高投影的方法投影到水平面上，按照一定比例尺绘出的图称为煤层底板等高线图。它是反映某一煤层空间形态特征的图件。

煤层底板等高线图是进行井田、采区和回采工作面设计，制订生产计划，指导工程施工以及安排指挥采掘生产的重要依据。

二、煤层底板等高线图的内容

煤层底板等高线图一般采用的比例尺为 1∶10000 或 1∶5000。井型较小的矿井及反映一个采区或一个回采工作面的煤层底板等高线图，一般采用 1∶2000 的比例尺。图件中主要包括以下内容：

1. 地形地物

地面河流、铁路、主要地物（如工业广场、村庄、高压线路等）及地形等高线等。

2. 地质界线

煤层露头线、火成岩侵入界线、陷落柱界线、古河床冲刷煤层界线、煤层底板等高线、断层与煤层的交线及断层的编号等。

3. 井巷工程

穿过编图煤层的全部井上井下钻孔、勘探线及编号、生产矿井的巷道、老窑及采空区范围、井筒的位置、井下回采工作面范围及编号、回采进度界线等。

4. 其他

经纬线、井田边界线、见煤钻孔小柱状等，其中包括见煤点煤层底板标高和煤层厚度及夹矸厚度（均以真厚度表示）、煤质主要指标、储量分级线、块段界线及编号、储量计算块段表（包括块段内平均倾角、平均厚度、储量级别及储量）等。

三、各种地质现象在煤层底板等高线图上的表现

1. 单斜构造在煤层底板等高线图上的表现

在较大范围内，单斜构造往往是褶曲构造的一部分。单斜构造在图上一般反映为一组直线，如果煤层走向与倾角不变，等高线大致平行而均匀（平距大致相等）；如果倾角有变化，则等高线疏密不均，且煤层倾角越大等高线越密（平距越小）；如果走向发生变化，则等高线成为一组曲线（图2－18）；如果煤层产状发生倒转，煤层底板表现为不同标高的等高线交叉（图2－19）。

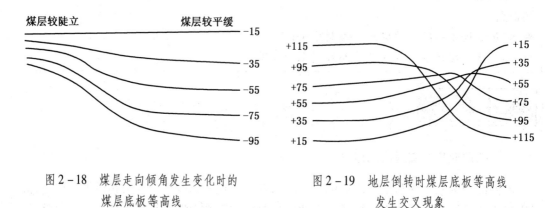

图2－18　煤层走向倾角发生变化时的　　　　图2－19　地层倒转时煤层底板等高线
　　　　　　煤层底板等高线　　　　　　　　　　　　　　　　发生交叉现象

2. 褶曲构造在煤层底板等高线图上的表现

（1）向斜构造。向斜构造在煤层底板等高线上呈现一组半封闭的曲线。向斜两翼等高线对应出现，靠近向斜轴的煤层底板等高线标高相对较低；远离向斜轴的相对较高（图2－20）。

（2）背斜构造。煤层底板等高线与向斜类似，但煤层底板等高线的标高靠近背斜轴的较高，远离背斜轴的较低（图2－21）。

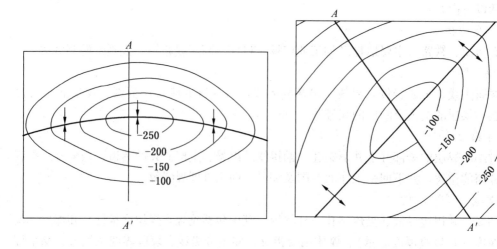

图2－20　向斜在煤层底板等高线图上的表现　　　图2－21　背斜在煤层底板等高线图上的表现

3. 倾伏褶曲在煤层底板等高线图上的表现

倾伏褶曲在煤层底板等高线图上表现为一组不封闭曲线，当褶曲出现倾伏时，等高线的转折点的连线为褶曲的枢纽线，因此，可以通过等高线的特征识别背斜或向斜。等高线凸向标高数值小的方向时为背斜构造；等高线凸向标高数值大的方向时为向斜构造（图2-22）。

4. 断层在煤层底板等高线图上的表现

岩层受力后发生断裂且断裂面两侧的岩层发生明显的位移所形成的构造形态称为断层。煤层受地质构造的影响发生断裂时，断层把煤层切断并使其发生位移，其底板不再是连续的面，等高线

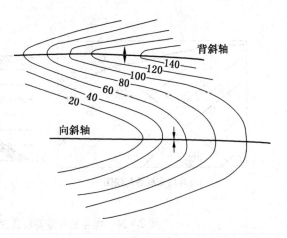

图2-22 倾伏褶曲在煤层底板等高线图上的表现

在断层处中断而不连续。上盘煤层与断层面的交线称为上盘断煤交线，在煤层底板等高线图上用"—·—·—"（点划线符号）表示；下盘煤层与断层面的交线称为下盘断煤交线，用"—×—×—"（叉划线符号）表示。

正断层煤层底板等高线的特征，是底板等高线遇断面交线中断，中断部分等高线缺失表示为无煤层区（图2-23a）。

逆断层煤层底板等高线的特征，是底板等高线在断面交线处交叉通过，交叉重叠部分表示煤层上下重复（图2-23b）。

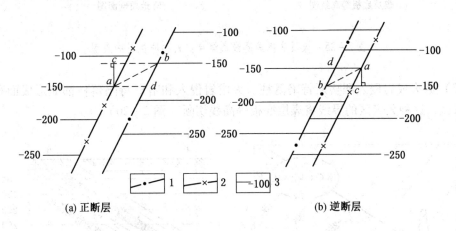

(a) 正断层　　　　　　　　　　　　(b) 逆断层

1—断层上盘与煤层的交面线；2—断层下盘与煤层的交面线；3—煤层底板等高线

图2-23 断层在煤层底板等高线图上的表现

5. 其他地质现象在煤层底板等高线图上的表现

（1）遇露头线与采空区。在地面或基岩露头线以外，煤层因侵蚀而不存在，因此，煤层底板等高线遇露头线发生中断。底板等高线遇到采空区时，因采空区无煤可采，同样也发生中断（图2-24）。

（2）煤层尖灭和被冲蚀。当煤层发生尖灭，尖灭线以外煤层不存在，煤层底板等高线中断；当煤层被冲蚀，冲蚀区被碎屑岩所代替，煤层底板等高线中断（图2-25）。

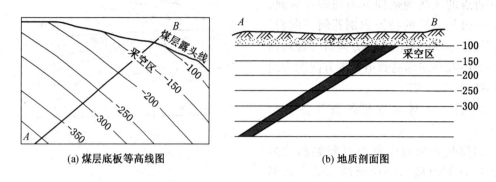

(a) 煤层底板等高线图　　　　　　　(b) 地质剖面图

图2-24　煤层底板等高线遇露头线和采空区时的表现

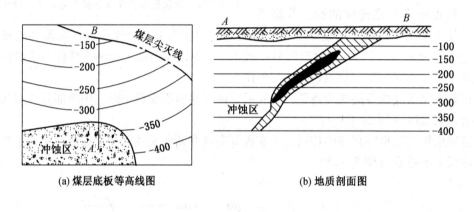

(a) 煤层底板等高线图　　　　　　　(b) 地质剖面图

图2-25　煤层底板等高线遇煤层尖灭和冲蚀时的表现

（3）遇火成岩侵入和喀斯特陷落柱。火成岩侵入和喀斯特陷落柱都能形成面积较大的无煤区，这种无煤区的界线将煤层底板等高线切断（图2-26）。

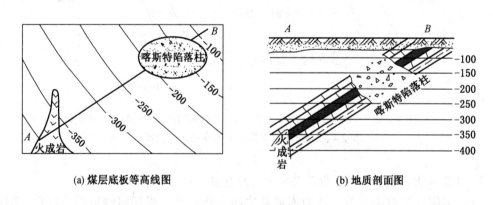

(a) 煤层底板等高线图　　　　　　　(b) 地质剖面图

图2-26　煤层底板等高线遇火成岩体和喀斯特陷落柱时的表现

在煤矿生产过程中，为了更明确地反映煤层基本形态，有时在采空区、火成岩侵入、冲蚀和喀斯特陷落柱等引起煤层缺失的地段，用虚线表示煤层等高线。

四、煤层底板等高线图的编制方法

煤层底板等高线图是分煤层编制的。一般矿井,编制煤层底板等高线图;但在沿煤层顶板掘进的中厚煤层和厚煤层的矿井,为了便于分析构造,则编制煤层顶板等高线图;若煤层厚度变化大、顶底板不协调、产状又不稳定的厚煤层地区,也可同时编制煤层顶板等高线图和底板等高线图。

生产矿井编制煤层底板等高线图是以分煤层采掘工程平面图为底图编制的,具体编制方法与步骤如下:

1. 实际资料的整理、填绘

编制煤层底板等高线图首先要把编图资料进行整理,把各种实际资料填绘在采掘工程平面底图上。

(1)钻孔资料的投绘。首先将穿过该煤层的所有地面钻孔经过孔斜校正以后,按坐标投绘在底图上,并且在钻孔附近注明孔号、孔口标高、煤厚和煤层底板标高。井下钻孔也应准确地填绘在底图上。填绘方法有两种:一种是根据简单的三角关系用计算的办法求出井下斜孔见煤层底板点的位置和标高;另一种是作图法,首先根据钻孔的位置、方向、倾斜角和见煤深度绘制沿钻孔方向的辅助剖面图,从该图上求出煤层的底板标高,然后按钻孔方位再投到平面图上。

(2)煤层底板高程的换算和填绘。井下巷道是根据一系列的测量点来控制的,每个测量点都测有高程,这些高程一般是巷顶的(也有的是巷底的)标高,并非煤层底板标高,所以必须根据绘图需要换算成煤层底板高程点。对于褶曲轴、煤层产状变化部位和断层两盘,则更需要有足够数量的煤层底板高程点。一般是在巷道实测地质剖面图上利用巷道中各测点的标高和巷道穿过煤层的部位来推算。

(3)井下实见构造的填绘。实测的断层和褶曲轴的位置也要填到图上。断层一般不能直接按走向方位填绘,应按断煤交线的方向填绘。

(4)煤厚资料的填绘。除钻孔见煤厚度需填绘在钻孔附近外,巷道中实测煤厚点也应选择有代表性地填绘在实测部位。填写煤厚资料时可用小柱状或数字表示。

2. 煤层底板等高线的绘制

(1)分析煤层标高点的分布特点。在已填绘实际资料的底图上分析煤层各标高点在平面图上的分布特点,并找出最大值和最小值,结合巷道分布情况分析层面变化趋势,粗略判断出编图范围内的构造轮廓,标出褶曲轴、枢纽、脊线、槽线的大致方向及位置;绘图区中如有断层,应先绘出断层交面线。

(2)连三角网。先根据标高点分布情况判断构造形态,然后将同一构造单元上相邻点相连,就形成许多三角网。煤层形态在大面积内虽然是曲面,但每个小三角网则可近似地作为平面看待。连线时要尽量垂直煤层走向,即在距离短、高差较大的方向上连线,避免将褶曲不同翼上的点相连,或断层不同盘上的点相连,以免歪曲构造形态,失去煤层构造形态的真实性。

(3)用内插法求等高点。根据煤层底板等高线图的比例尺,按所需要的等高线距,在三角网各边上用内插法找出相应的高程点。

(4)绘等高线。以平滑的曲线连接相同高程点,连接时应从最高(或最低)线开始

向外依次连接，连接完成后即为煤层底板等高线图（图2－27）。

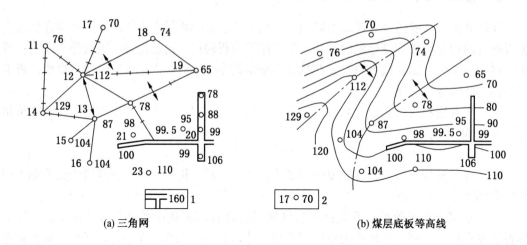

1—巷道实见煤层底板标高；2—钻孔编号和煤层底板标高

图2－27　内插法绘制煤层底板等高线（单位：m）

（5）检查核对、修饰清绘。上述工作完成后，要从原始资料着手对所编的图件进行全面审核，如果发现问题要及时修改。要除去图面上一些不必要的数字、符号及作图时画的辅助线，在等高线的一定位置上标明其高程值。

一、编绘单斜煤层底板等高线图

1. 实训资料

图2－28所示为鹰岩地区地形地质图，区内已打有1、2、4、7、9、10号等6个钻孔和5号井筒，有一个煤层露头点（观测点6），并有3、8号两个钻孔尚未施工。获得的地质资料见表2－4，煤层厚度稳定不变。

表2－4　鹰岩地区钻孔和观测点资料一览表

钻孔编号	观测点编号	孔口和观测点标高/m	煤层埋藏深度/m	煤层铅直厚度/m	煤层底板标高/m	不整合面标高/m
1						150
2				120		130
3						
4			95	5		
5			35	5		
6			煤层露头			

表 2 - 4（续）

钻孔编号	观测点编号	孔口和观测点标高/m	煤层埋藏深度/m	煤层铅直厚度/m	煤层底板标高/m	不整合面标高/m
7			20	5		
8						
9			55	5		
10			55	5		

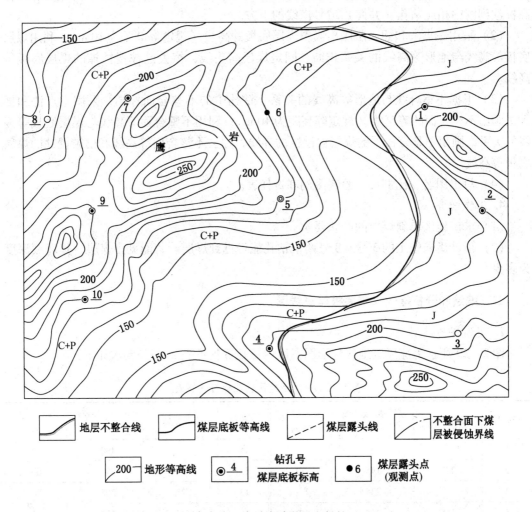

图 2 - 28　鹰岩地区地形地质图（比例尺 1:5000）

2. 目的要求

（1）学会采用三点法求单斜煤层底板的产状要素。

（2）熟悉在地形等高线图上，根据钻孔见煤深度（煤层顶板埋藏深度）、煤层铅直厚度，求钻孔中的煤层底板标高；并会利用钻孔或井巷工程揭露的煤层底板标高和单斜煤层底板产状编绘煤层底板等高线。

（3）懂得利用单斜煤层底板等高线与地形等高线的关系圈绘煤层露头线，根据单斜煤层底板等高线与上覆下伏不整合单斜岩层底面（不整合面）等高线的关系圈绘煤层被侵蚀的界线，画出一幅完整的单斜煤层底板等高线图。

（4）了解在煤层底板等高线图上求不同地点的煤层底板埋藏深度和产状的方法。

3. 编图步骤

（1）根据图中钻孔、观测点的位置与地形等高线的关系，确定钻孔孔口（井筒）和观测点的标高；根据钻孔（井筒）孔口、煤层的埋藏深度和铅直厚度，计算每个钻孔的煤层底标高。把所有的计算结果都填入表 2-4 中，并把每个钻孔（井筒）的煤层底板标高标注到图中相应钻孔（井筒）编号横线的下方。

（2）采用三点法和插入法画出倾斜煤层底板等高线（规定等高距为 10 m）；利用煤层底板等高线与地形等高线的关系推断、圈定煤层露头线，擦去已被侵蚀掉的煤层底板等高线。

（3）根据不整合线与地形等高线的关系、钻孔中的不整合面标高，采用三点法和插入法画出不整合面的等高线（规定等高距为 10 m）；利用不整合面等高线与煤层底板等高线的关系，画出不整合面下的煤层被侵蚀的界线，擦去不整合面等高线和已被侵蚀的煤层底板等高线。

（4）写出图名、比例尺，绘制图例和责任表。

4. 工作任务

（1）求该地区单斜煤层的产状要素。

（2）预计尚未施工的 3 号、8 号两个钻孔能否见到煤层。若能见到煤层，其埋藏深度为多少？

二、编绘和分析褶皱煤层底板等高线图

1. 实训资料

图 2-29 所示为凉风垭地区地形图，区内钻孔资料见表 2-5。要求如下：

表 2-5　凉风垭地区钻孔资料一览表　　　　　　　　　　　　　　　　　　　　　m

钻孔号	孔口标高	煤层底板埋藏深度	煤层底板标高	钻孔号	孔口标高	煤层底板埋藏深度	煤层底板标高
1		180		11		190	
2	275	195	80	12	293	233	60
3		235		13	275	205	70
4	345	305	40	14	287	227	60
5	330	270		15		220	
6		210		16	310	220	90
7	270	170	100	17	300	200	100
8	1260	190	70	18	310	240	70
9	200	70		19	300	205	96
10	270	170	100	20		196	

70

表 2-5（续）　　　　　　　　　　m

钻孔号	孔口标高	煤层底板埋藏深度	煤层底板标高	钻孔号	孔口标高	煤层底板埋藏深度	煤层底板标高
21		220		26	280	200	80
22		190		27	270	207	63
23		198		28	245	175	70
24		195		29		155	
25	300	220	80	30		230	

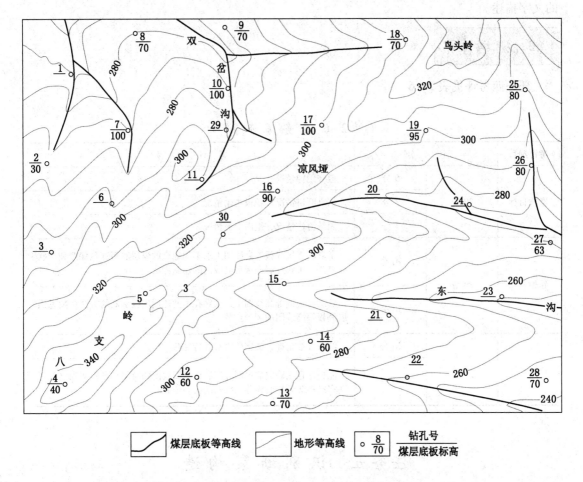

图 2-29　凉风垭地区地形图（煤层底板等高线图）(比例尺 1:1000)

（1）掌握根据钻孔和井巷工程资料，编绘褶皱煤层底板等高线图的内容、步骤和方法。

（2）学会在褶皱煤层底板等高线图上分析煤层产状和褶曲构造的形态。

2. 工作任务

1）编绘凉风垭地区煤层底板等高线图（等高距为 10 m）步骤

（1）在表2-5中尚未注出孔口标高和煤层底板标高的钻孔，可根据钻孔在地面的位置和钻孔煤层底板埋藏深度，换算出钻孔的孔口标高和煤层底板标高，并把钻孔的煤层底板标高标注在凉风垭地区地形图的相应孔位上。

（2）分析钻孔煤层底板标高的最高点、最低点和变化规律。在需要内插等高线点的相邻两个钻孔间用直线连接，并用等高线网标出内插等高线点的位置。

（3）用细实线连接煤层底板等高线，并注明标高，擦掉钻孔间的连线。

（4）写上图名、比例尺，绘制图例和责任表。

2）分析凉风垭地区煤层底板等高线图

在绘好的凉风垭地区煤层底板等高线图上，分析煤层褶皱构造的形态特征，并作简要的文字描述。

任务四考评见表2-6。

表2-6 任务考评表

考评项目	评分	考评内容	
素质目标	20分	6分	遵守纪律情况
		7分	认真听讲情况，积极主动情况
		7分	团结协作情况，组内交流情况
知识目标	40分	20分	了解在煤层底板等高线图上求不同地点的煤层底板埋藏深度和产状的方法；了解煤层底板等高线图的作图方法
		20分	熟悉在地形等高线图上，求钻孔中的煤层底板标高的方法；熟悉煤层底板等高线图的编制步骤
技能目标	40分	20分	绘图方法正确；文字分析有独特见解
		20分	能独立且正确完成单斜煤层底板等高线图的绘制任务；能独立且正确完成褶皱煤层底板等高线图的绘制任务

任务五　识别断裂构造

技能点

◆ 会判断断层的性质和测算断层的落差。

知识点

◆ 节理的概念及其分类；

◆ 断层的概念及其分类。

岩层受力后产生变形，当应力达到或超过岩石强度时，岩石的连续性和完整性遭到破坏，产生了破裂或沿破裂面发生位移，形成了断裂构造。

根据断裂构造沿着断裂面两侧岩块有无明显的相对位移，可将断裂构造分为节理和断层两种类型。

一、节理

节理又称裂隙，是指破裂面两侧岩石没有发生明显相对位移的断裂构造。

1. 节理的分类

1）根据节理的成因分类

（1）原生节理。岩石在成岩过程中形成的节理，称为原生节理。例如，沉积岩在成岩过程中，由于压紧或脱水致使体积收缩产生的节理、岩浆岩冷凝过程中形成的节理等。

（2）次生节理。岩石形成后生成的节理，称为次生节理。根据力的来源及作用性质，次生节理又可分为非构造节理和构造节理两种。非构造节理由外力、重力等作用形成，如风化、滑坡、爆破等。一般分布面积不大，且不规则。构造节理是内力地质作用所形成的节理。构造节理的形成与分布有一定的规律，与地质构造有密切的关系。分布范围广，延伸较长较深。

2）根据节理形成的力学性质分类

（1）张节理。张节理是由构造运动产生的张应力作用形成的节理。节理面参差不齐、粗糙、不平直，延伸距离短，沿走向倾向很快尖灭。常出现在背斜的顶部、向斜的槽部，是地下水的良好通道。

（2）剪节理。剪节理是由构造运动产生的剪应力作用形成的节理。节理面平直光滑，产状稳定，沿走向、倾向延伸较远。剪节理常成组出现，间距较小，常见两组交叉，组成"X"形共轭剪节理系。发育在砾石中的剪节理常直切砾石而过。

3）根据节理的产状分类

（1）走向节理。节理走向与岩层走向一致或大致平行。

（2）倾向节理。节理走向与岩层走向垂直或近于垂直。

（3）斜交节理。节理走向与岩层走向斜交。

2. 节理对煤矿生产的影响与相应的处理措施

（1）节理与钻眼、爆破的关系。岩石节理发育时，炮眼不能沿主要节理发育方向布置，以免卡钎子或钎子折断伤人；沿节理发育方向布置的炮眼在爆破时，容易沿节理面漏气，致使爆破效果降低，因此，炮眼尽可能垂直节理面布置；在节理发育的煤层中布置炮眼时，炮眼间距可适当加大。

（2）利用节理提高回采效率。在回采高变质的无烟煤及低变质的长焰煤时，工作面推进方向与主要节理倾向一致，煤容易沿明显的节理面脱落，提高工作效率。

（3）节理对采煤工作面支护和顶板控制的影响。煤层顶板岩层节理发育时，工作面支架宜采用棚子支护，密度要加大。棚子的顶梁不能平行主要节理的方向布置，防止顶板沿节理冒落，保证安全生产。在采用长壁采煤法遇煤层顶板节理发育时，放顶距离应小些。当煤层倾角小于15°时，回柱放顶方向要根据顶板岩石主要节理发育方向布置，应使顶板岩石顺节理面以不大的块度冒落，确保回柱放顶工作的安全。

（4）节理对掘进、回采工作面布置的影响。布置掘进巷道或回采工作面时，最好与主要节理方向成锐角或垂直布置，防止发生支柱损坏和冒顶片帮事故的发生。在掘进过程中，如果主要节理走向与巷道掘进方向平行，岩石的主要压力将集中在支柱上，容易造成支柱损坏和顶板冒落；若回采工作面平行主要节理方向布置，不仅容易冒顶，还容易发生片帮事故，影响安全生产。

高瓦斯矿井或瓦斯突出的矿井，回采巷道与主要节理发育方向垂直或斜交，煤层瓦斯可以沿裂隙向巷道散发，减少回采面瓦斯涌出量。

（5）节理对矿井水的影响。节理破碎带是地下水的良好通道和储存场所。在节理破碎带发育的地段，常会增大工作面的涌水量，在涌水量大的矿井应引起重视。

二、断层

断层是破裂面两侧岩层发生明显相对位移的断裂构造。断层的存在破坏了煤层的连续完整性，给煤矿生产带来很大的影响，因此，对断层的研究处理有着极其重要的意义。

1. 断层要素

（1）断层面。岩层受力破裂后，两侧岩层沿破裂面发生相对位移，此破裂面称为断层面。

断层的产状同样用走向、倾向和倾角表示。断块的位移在许多情况下，并不是沿一个简单的面发生，而是沿着一个变动带发生，这个带称为断层破碎带或断裂带。断层规模越大，断层破碎带宽度也越大。

（2）断盘。位于断层面两侧的岩块称为断盘。位于断层面上方的称为上盘，位于断层面下方的称为下盘。若断层面是直立的，就不分上下盘，这时可按方位表示。

根据两盘相对的升降关系，可分为上升盘和下降盘，相对上升的岩块称为上升盘；相对下降的岩块称为下降盘。

（3）断层线。断层线是指断层面在地表的出露线，也就是断层面与地面的交线，它反映了断层的延伸方向。断层线有时呈曲线，有时呈直线。它取决于断层的形状及地表的起伏情况。

（4）交面线。断层面与岩层的交线称为交面线。断层面与煤层底板面的交线称为煤层交面线，或称为断煤交线。两盘同一煤层底板面与断层面的交面线有两条，上盘煤层底板面与断层面的交线称为上盘断煤交线；下盘煤层底板面与断层面的交线称为下盘断煤交线。

2. 断距

断距是指断层两盘沿断层面（或断层破碎带）发生相对位移量的大小或断裂前的同一面在断裂并发生相对位移后的空间距离。在煤矿生产中，主要需要了解发生位移后的两盘同一层面间的距离关系，表示这种距离关系的常用断距主要有地层断距 ho、铅直地层断距 hg、水平地层断距 hf 和落差等（图 2-30）。

（1）铅直地层断距（hg）。过两盘同一层面或其延伸面作一铅垂线，相交所得二交点间的距离称为铅直地层断距。铅直地层断距在任何剖面上都可以显示出来。

（2）水平地层断距（hf）。过两盘同一层面或其延伸面作一水平面，相交所得二交线间的距离称为水平地层断距。它是位于两盘同一层面上的两条同标高的走向线间的距离，在垂直岩层走向的剖面上作一条水平线，穿过两盘同一层面界线的两个交点间的距离即为水平地层断距。

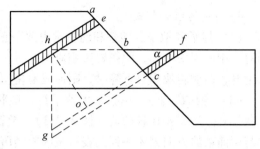

图 2-30　在与岩层走向垂直的剖面上，地层断距 ho 铅直地层断距 hg 和水平地层断距 hf 示意图

（3）落差。落差是指在垂直或斜交岩层走向的剖面上，断层两盘同一层面与断层面的两个交点的高程差。它是一个随剖面方向不同、其值也不相等的变量。一般情况下，将垂直断层走向剖面上的落差称为落差。根据落差大小，可以将断层规模划分为大（落差大于 50 m）、中（落差为 20~50 m）、小（落差小于 20 m）3 种类型。不同规模的断层对矿井开拓、开采的影响不同，处理方法也不同。

3. 断层的分类

1）根据断层两盘相对位移的方向分类

（1）正断层。岩层断裂后，其上盘相对下降，下盘相对上升的断层，称为正断层（图 2-31a）。

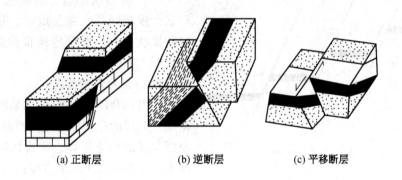

(a) 正断层　　　(b) 逆断层　　　(c) 平移断层

图 2-31　根据断层两盘相对运动方向分类

（2）逆断层。岩层断裂后，其上盘相对上升，下盘相对下降的断层，称为逆断层（图 2-31b）。逆断层中根据断层面的倾角大小可分为冲断层（倾角大于 45°）、逆掩断层（倾角在 25°~45°）、辗掩断层（倾角小于 25°）。

（3）平移断层。两盘沿近断层面发生水平移动的断层，称为平移断层（图 2-31c）。断层面一般较平直，倾角较陡，甚至直立。

2）根据断层走向与岩层走向关系分类

（1）走向断层。断层走向与岩层走向基本平行的断层，称为走向断层。

（2）倾向断层。断层走向与岩层走向基本垂直的断层，称为倾向断层。

（3）斜交断层。断层走向与岩层走向斜交的断层，称为斜交断层。

4. 断层的组合形式

（1）地堑和地垒。地堑和地垒常由两条正断层组成（图 2-32）。当两条正断层倾向相对，中间岩块下降，两侧岩块相对上升时，形成地堑；当两条正断层倾向相背，中间岩块上升，两侧岩块相对下降时，则形成地垒。

（2）叠瓦状构造。由数条大致平行、产状大致相同的逆断层组成，断裂的岩块呈叠瓦状排列，形成叠瓦状构造（图 2-33）。叠瓦状构造常出现在褶皱较剧烈的地区，断层线与褶曲轴的方向大体一致，表示该区曾经历过较强的水平挤压运动。

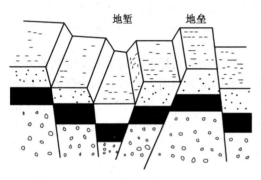

图 2-32　地垒和地堑

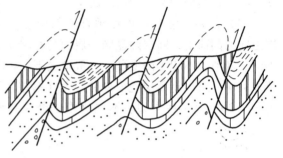

图 2-33　叠瓦状构造

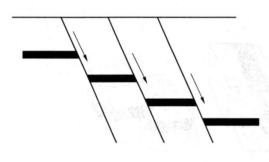

图 2-34　阶梯状构造

（3）阶梯状构造。由数条大致平行、产状大致相同的正断层组成，断裂的岩块呈阶梯状排列，形成阶梯状构造（图 2-34）。

5. 断层的识别标志

识别和判断断层的存在是断层研究的基础。断层的存在标志是判断断层的根据。断层存在的标志很多，有直接标志和间接标志，主要有以下几个方面：

1）岩（煤）层不连续

在野外或井下发现岩（煤）层突然中断或错开，使不同时代或不同岩性岩层直接接触，这种地质现象通常由断层造成，可作为判断断层存在的标志。

2）岩（煤）层重复出现或缺失

在地面横穿岩（煤）层露头线方向观察时，若发现某些岩（煤）层出现重复或缺失现象，则表明有断层存在。岩层的重复与缺失主要取决于断层面的产状、岩的产状和断层的性质。

3）地貌上的标志

由于断层的影响，在地貌上往往有一些特殊的特征。如错开的山脊、断层三角面、水系突然以折线改变流向等。

4）断层面的构造特征

在断层两盘相对运动的过程中，由于摩擦和牵引作用，常在断层面留下一些变形痕迹。这些特征既可以作为判断断层存在的重要标志，也可用来判断断层的性质。

（1）断层擦痕与阶步。断层两盘相对运动过程中由于摩擦而形成的相互平行、细密的条纹状浅沟称为擦痕，其中一端粗而深，另一端细而浅。由粗向细的方向指向对盘的相对运动方向。阶步是断层面上出现的与擦痕方向垂直的小陡坎，它一般面向对盘的运动方向。

（2）构造岩。构造岩指在断层带内的岩石，它是由断层破碎原来岩层的岩石后重新形成的岩石，某一煤、岩层的断层角砾和断层泥只能分布在它们曾经错动位移的那一段距离内，且离它们越远，粒度越细，数量越少。因此，根据它们的分布与原岩的相对位置，就可以判定断层两盘相对位移的方向。

（3）牵引现象。牵引褶皱断层两侧的岩（煤）层，由于受到断层两盘相对错动的摩擦拖曳，常发生明显的弯曲，这种弯曲称为牵引褶皱或拖拉褶皱。牵引弯曲的凸起方向指示本盘的运动方向，而牵引褶曲的翼部岩层与断层的锐交角尖端则指向对盘的运动方向。

6. 寻找断失翼煤层的方法

当巷道掘进中遇到断层后，需要查明断层的性质、规模。按矿井设计部门的要求，设计巷道掘进的方向。

（1）岩（煤）层层位对比法。在煤层巷道遇见断层时，观察与煤层接触岩层的岩性特征，分析其在含煤地层中的层位，判断对盘煤层的断失方向和地层断距。使用这种方法的前提条件是与煤层接触的岩层必须是含煤地层中有独特标志而可以确认的岩层，如果是没有典型特征且在地层中有多层存在的岩层，则无法利用其进行判断。需要将巷道再掘进一段后，根据新揭露的岩层综合分析。

（2）小断层类比法。大断层附近常伴生一系列小断层，小断层的性质和大断层的性质相同，这样可推断主要断层的性质。

（3）对比分析法。将掘进巷道揭露的断层填绘在相关的图件上，对比已生产采区、巷道揭露的断层，看是否为已揭露过的某条断层的延展部分。如果两者产状相同，又能连接，则可能是该断层的延展部分，煤层的断失方向也就可以确定。

（4）生产勘探法。在利用其他方法难以判明断层性质的情况下，可以采用井下钻探或巷探的方法。布置钻探或巷探前，应对断层仔细研究和分析，避免盲目施工造成人力、物力的浪费。

任 务 实 施

（1）图 2-35 所示为实测剖面，试根据现场收集的资料，分析图中有哪些地质构造，各属于什么类型。

（2）图 2-36 所示为某矿煤层底板等高线图，比例为 1：2000，煤层平均厚度为 5.5 m，试完成下列作业内容：①判断 F_1、F_2、F_3 各断层的性质；②用规定符号在图上绘出各向斜轴线或背斜轴线；③分别求出 A、B、C 处断层落差。

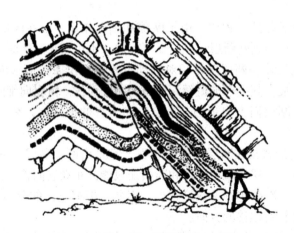

图 2-35 实测剖面

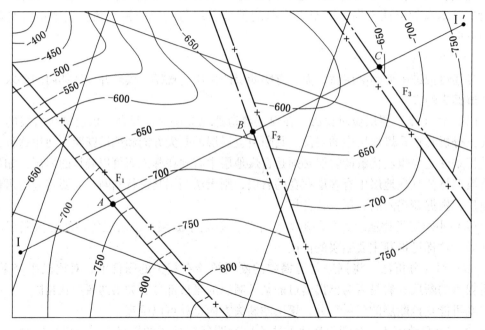

图 2-36 某矿煤层底板等高线图（单位：m）

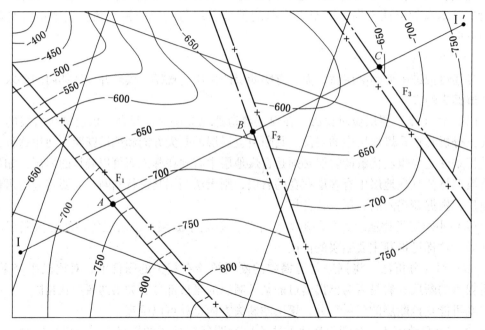

任务五考评见表 2-7。

表 2-7 任 务 考 评 表

考评项目	评 分		考 评 内 容
素质目标	30 分	10 分	遵守纪律情况
		10 分	认真听讲情况，积极主动情况
		10 分	团结协作情况，组内交流情况

表2-7（续）

考评项目	评分		考评内容
知识目标	40分	20分	了解煤层底板等高线图上判断断层性质的方法
		20分	熟悉煤层底板等高线图上测算断层落差的方法
技能目标	30分	30分	能正确判断断层性质；正确标识构造符号

任务六 水平切面图的识读及编制

技能点

◆ 会识读水平切面图；

◆ 能利用各种资料编制水平切面图。

知识点

◆ 水平切面图的概念、内容及编制方法；

◆ 常见地质构造在水平切面图上的表现特征。

相 关 知 识

一、水平切面图的概念

反映某一水平面上地质情况和井巷工程分布的图件，称为水平切面图（图2-37），是按井巷设计和生产的需要沿某一开采水平（或某一标高）编制的地质平面图。

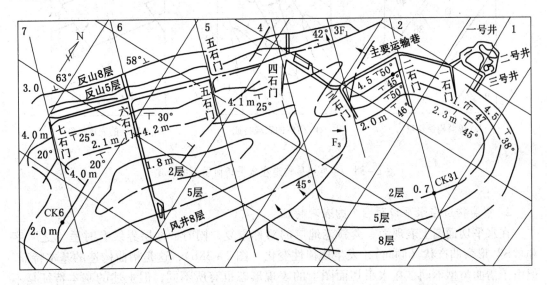

图2-37 某矿-225 m水平切面图

二、水平切面图的内容

1. 地质界线

水平切面图上反映该水平所切过的各煤层、标志层、含水层、地质界线、煤层厚度、产状等。

2. 构造线及其他地质体迹线

水平切面图上反映该水平切过的断层、褶曲轴的迹线、岩浆岩侵入体形态、岩溶塌陷区陷落柱的界线等。

3. 井巷及勘探工程

水平切面图上要反映该水平所切过的及其附近的所有井巷工程，包括位于该水平的井底车场、运输大巷、石门、煤巷、井筒等。

4. 其他

其他主要包括经纬线、指北线、地质勘探线、井田边界线及煤柱线等。

三、各种地质构造形态在水平切面图上的表现特征

1. 单斜构造在水平切面图上的表现特征

一个地区、一套地层向同一方向倾斜的形态，称为单斜构造。它在某一水平切面图上的形态表现为一套地层或地质体，煤层（矿层）呈走向近于一致或平行的形态展布，且大致向一个方向倾斜的特点（图2-38a）。

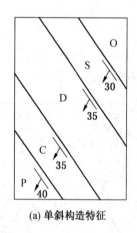 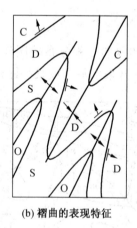 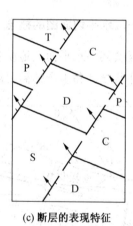

(a) 单斜构造特征　　　(b) 褶曲的表现特征　　　(c) 断层的表现特征

图2-38　各类地质构造在水平切面图上的表现

2. 褶曲构造在水平切面图上的表现特征

在水平切面图上表现为一套新老地层的对称重复，同时，地层界线有时呈"之"字和"S"形弯曲产状（倾向），发生规律性变化（图2-38b），这是褶曲构造的基本特征。但由于褶曲类型不同，在水平切面图上的表现形态也有所不同，但上述的基本特征是不变的。

3. 断层构造在水平切面图上的表现特征

在水平切面图上呈一条断层线出现。断层展布的形态因其走向变化而变化，断层迹线的方向代表了断层的走向。各种地质体、地层、煤层界线，遇断层出现了不连续，层位产生了重复与缺失的现象（图2-38c）。

综上所述，上面3类构造形态及其他地质现象在水平切面图上的表现与在地形平坦时的地形地质图上的表现形态是相似的。因此，其他地质现象的表现形态从略。

四、水平切面图的识读与编制

1. 水平切面图的识读

某矿-250 m水平切面图如图2-39所示，从中可获取以下地质信息：

（1）煤层的赋存及稳定性情况。该矿区共发育了7层煤，煤层走向呈NE40°~50°展布，倾向南东，为急倾斜煤层，煤层厚度中间厚（Ⅲ、Ⅳ线），两端薄，有时变化较大，但仍属于较稳定的煤层。

（2）构造形态。该矿区为一个不完整、不对称的向斜。该煤系的上段发育了次一级褶皱。

（3）飞来峰与断层构造。该区Ⅲ线以东发育飞来峰构造，底部的下二叠统的茅口灰岩由北东方向推复过来，盖压在13 a（安源煤系）之上，茅口灰岩P_{1M}被逆断层所圈闭。

在该区南东翼发育了F_2、F_1逆断层，切割破坏了向斜的南东翼，使下部茅口灰岩P_{1M}与煤系中上段相连。

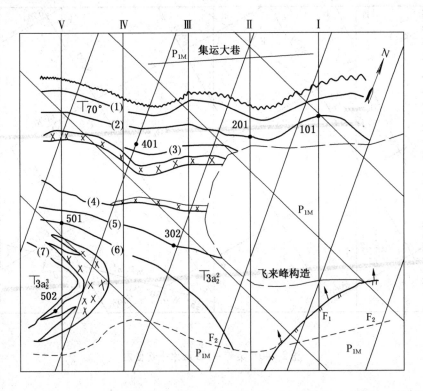

图2-39　某矿-250 m水平切面图

（4）火成岩侵入。该区有三层基性火成岩，顺层侵入煤（岩）层中。岩性分别为辉绿岩、玄武岩，呈岩床产出。

2. 水平切面图的编制

1）用地质剖面图编制水平切面图

（1）定图件比例尺。一般水平切面图的比例尺应小于地质剖面图的比例尺，煤矿生产过程中最常用的比例尺是 1∶5000 或 1∶10000，对于构造较复杂的小型井田有时采用 1∶2000 的图件。

（2）确定编图水平高程。根据设计的水平标高，在地质剖面图上绘制水平高程。有两种情况：一是根据开采水平巷道的实际坡角或设计坡角，推算出各个剖面所在位置的开采水平标高，并把推算出来的标高用水平标高线绘在该剖面图上；二是根据开采水平，用固定标高绘水平高程线。

（3）投绘地质点。将水平高程线与剖面图上的各煤层、标志层及断层等交点，以经纬线为准线，按比例尺投绘到水平切面图相应的剖面线上去。

（4）对比连线。先把相邻剖面线上的相同构造线连接起来，然后把断层同一盘的相同层位的煤层、标志层和含水层等连接起来。连图时还要充分考虑实测的产状资料。如图 2-40 中 c'、h' 连接为 F_7 断层，e'、k' 连接起来为 F 断层。Ⅲ—Ⅲ剖面线附近的 B_4 煤层是根据 j' 点位置结合 -315 m 水平 F 上盘 B_4 煤层产状绘制出来的。

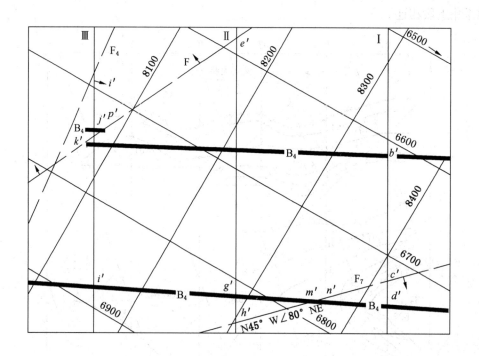

图 2-40 某矿 -315 m 水平切面图

2）根据本水平各条巷道实见的地质资料编制水平切面图

（1）根据矿井生产过程中收集到的各种实际资料编绘，资料包括煤层的名称、位置、产状、厚度；断层的名称、位置、产状、性质、落差，褶曲的名称、位置、两翼产状、轴向等；地层分界线、标志层、含水层的名称、位置、产状、厚度。并将上述资料逐点填绘在各条巷道中，通过分析对比，将同名的煤层、断层、褶曲轴连接起来，将同一层位的地层分界线连起来（图 2-41）。

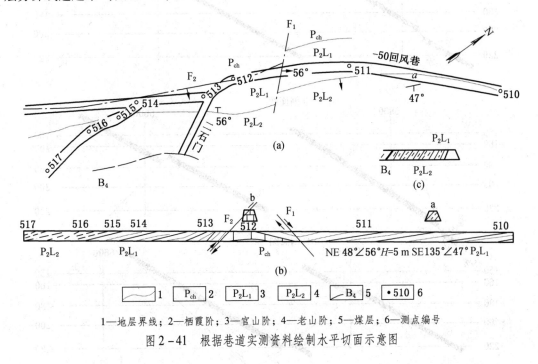

图 2-41 根据巷道实测资料绘制水平切面示意图

（2）在进行煤层、地质界线、构造线连线中若遇中间或边缘地区缺少资料，没有见煤或标志层、断层等，则应参照邻近的勘探线剖面图或上水平的资料进行综合分析，合理推定在本水平中所处的位置，然后连接起来。

（3）在连接线的过程中，既要看到实见点的位置，也要考虑到煤岩层、断层的产状，特别是走向。对断层两盘错动距离、方向，应按实际情况处理。在水平切面图上，煤岩层、断层的展布方向，就是它们的走向。

（4）凡穿过本水平的钻孔，都要投放到水平切面图上来，填绘的资料以反映钻孔与本水平交切点的层位或构造为准。

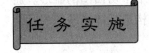

一、实训资料

图 2-42 所示为某矿 3 个地质剖面图。

二、编图步骤

（1）分别在图 2-42 Ⅰ、Ⅱ、Ⅲ剖面图中绘出切面图的水平高程线（即 -215 m 高程线）。

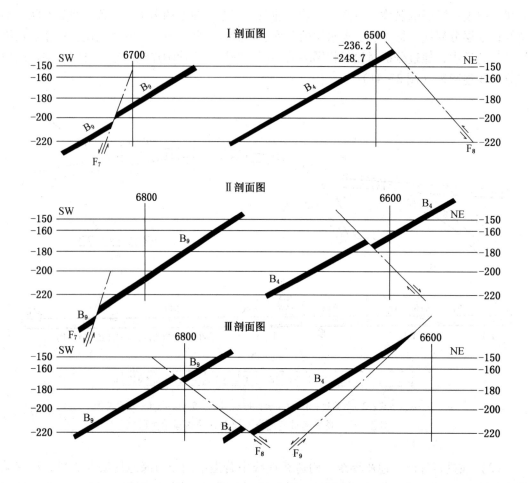

图 2-42 某矿 Ⅰ、Ⅱ、Ⅲ 剖面图（单位：m）

（2）以剖面图上的经线或纬线与该水平高程线的交点为基准点。按与基准点的水平距离将各剖面图上该水平高程线与各煤层、断层等交点一一投绘到预作的水平切面图的相应剖面线上。

（3）在图上，先把各剖面线上的同一断层点依次相连，绘出断层；然后再将不同剖面线上的断层同一盘的相同层位的煤层点用圆滑线相连，即编绘出水平切面图的雏形。连线时，当断层与剖面线有一个交点时，应根据实测的或按井田地质构造规律推断的产状绘出一段断层线。清理图件后即完成某矿-215 m 水平切面图。

三、实训要求

在图 2-43 上绘制 -215 m 水平切面图，并分析该矿 -215 m 水平的地质构造特征。

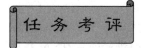

任务六考评见表 2-8。

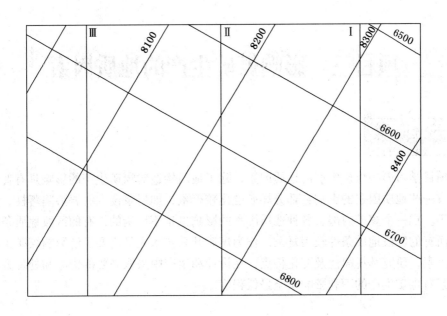

图 2-43 某矿 -215 m 水平切面图

表 2-8 任务考评表

考评项目	评 分		考 评 内 容
素质目标	30 分	10 分	遵守纪律情况
		10 分	认真听讲情况，积极主动情况
		10 分	团结协作情况，组内交流情况
知识目标	40 分	20 分	了解水平切面图的作图方法
		20 分	熟悉水平切面图的编制步骤
能力目标	30 分	30 分	能正确绘制某矿 -215 m 水平切面图

项目三　影响煤矿生产的地质因素

学习目标

　　本项目学习影响煤矿生产的地质因素，除了地质构造对煤矿生产的影响具有普遍性之外，还有一些地质因素的影响在部分煤矿也比较严重，如岩浆侵入、岩溶陷落柱、煤层厚度变化等。在一个煤矿内部，各种地质因素的影响也是不均衡的，有的区段地质条件较为简单，而有的区段地质条件较为复杂，作为煤矿开采技术人员需要了解影响煤矿生产的各种地质因素，研究其规律性及变化特点，在设计和生产中采取必要的措施和处理方法，把地质因素对煤矿生产的不利影响减至最低程度。

任务一　地质构造因素

技能点
◆ 能正确分析、判断采掘中的地质构造，并能选择合理的处理方法。
知识点
◆ 褶皱和断层的研判特征；
◆ 生产中对地质构造的处理方法。

相关知识

一、褶曲对煤矿生产的影响

　　褶曲对煤矿生产的影响可从两个方面考虑。一方面，按褶曲的规模分为大、中、小型3类，一般认为幅度在几十米以内，长度在1 km以内的褶曲属于中、小型褶曲；另一方面，从煤矿生产角度按褶曲两翼夹角大小，即褶曲两翼紧闭程度把褶曲分为四类：平缓褶曲（两翼夹角大于120°）、开阔褶曲（两翼夹角70°~120°）、中常褶曲（两翼夹角30°~70°）和紧闭褶曲（两翼夹角小于30°）。

　　1. 大型褶曲

　　大型褶曲应在勘探阶段已经查明，它的规模、方向和位置影响到井田的划分和矿井开拓方式及开拓系统的部署，是矿井设计考虑的主要问题。

　　2. 中、小型褶曲

　　中型褶曲对整个矿井的开拓部署影响不大，但与采区的布置关系密切，影响到采区的大小和采区巷道的布置。

小型褶曲是指在回采面准备过程中，在巷道中揭露的幅度仅几米到十几米，长度为几米到几十米的褶曲。它影响煤平巷的掘进方向，从而影响工作面长度，给机械化回采、顶板控制带来一定困难。小型褶曲还往往引起煤层厚度发生变化，使生产条件复杂化。小型褶曲特别发育时，甚至会使煤层变为不可采。

3. 紧闭褶曲

如果褶曲两翼紧闭，两翼夹角较小，褶曲轴部地应力就较大，且往往呈次一级构造发育，通常作为开采边界考虑。

二、褶曲在煤矿生产中的识别与描述

1. 褶曲的判断

岩层产状的规则变化和岩层层序的对称重复是识别褶曲的两大标志。如在石门巷道中岩层倾向相背或相向倾斜，或在煤层平巷中由于煤层走向的急剧变化而使平巷弯曲（图3-1），表明有褶曲存在。在构造简单、岩层标志明显的地区，根据褶曲核部和两翼的岩层层序，不难判断背斜或向斜。但在地质构造复杂地区，要特别注意层位对比和岩层顶底面的鉴定，不要把倒转褶曲、等斜褶曲误认为单斜，由此而漏掉褶曲的存在。

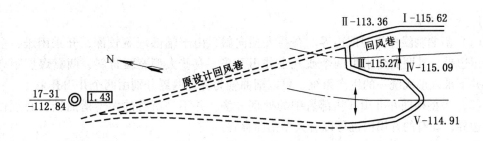

Ⅰ～Ⅴ—煤层底板标高点

图3-1　煤层平巷掘进中确定褶曲存在

在褶曲发育的矿区，褶曲轴的位置与采区划分和巷道布置关系密切。查明褶曲轴位置、延展方向、轴的长度、轴的倾斜和起伏情况、标高值等是矿井地质工作的一项重要任务。判断褶曲轴的方法如下：

（1）根据上部资料推断。对下部新开拓的煤层，可利用上部已查明的资料下延推断褶曲轴的位置和方向。但在不对称褶曲中，不同煤层的褶曲轴在平面上的投影是不重合的，必须考虑轴面产状，结合煤层间距来推断轴的位置。在不协调褶曲中，上下层的褶曲形态可能有相当大的差别，应考虑各煤层顶底板岩石力学性质及褶曲各部位的应力状态，分析上下层褶曲的不协调变化，然后再根据这种变化规律去推断下部煤层褶曲轴位置。

（2）根据区域构造线方向推测。在新区资料较少的情况下，可由个别点褶曲轴资料，结合区域构造轴的方向来推断褶曲轴的方向。

2. 褶曲的描述

对于已经确认的褶曲构造，应观测描述以下内容：

（1）对在巷道中能看到全貌的小褶曲，应系统观测褶曲轴位置、方向、产状。对中

型褶曲，在一条巷道中不能观测到全貌时，应准确鉴定观测点处的煤岩层层位及其顶底面顺序、岩层产状，然后把观测资料投绘到平面图或剖面图上，在图上综合分析，确定褶曲轴。

（2）褶曲两翼的岩层产状，褶曲宽度和幅度，褶曲的延展变化及向深部的延伸趋势。

（3）褶曲与断层、节理、煤层厚度变化的关系。在能看到煤层及顶底板的巷道中，要观察褶曲不同部位煤层厚度和结构的变化，煤层和顶底板中的滑动面，断层与节理发育情况等。这对了解褶曲与断层的相互关系，评价煤层顶板稳定性，研究煤层厚度的变化规律都是重要资料。

3. 褶曲的探测手段

根据观测资料判断褶曲轴常带有推断性，这种推断一般不能作为指导生产的依据，因此有必要进行探测。

对褶曲的探测，首先应尽可能地利用已揭露的各种资料，初步判断其类型、要素、分布范围。当有些部位的构造形态不太清楚时，最好采用将来能用于生产的探巷加以查明。对复杂构造或控制很少的褶曲，则应在井下邻近巷道用钻探方法查明。

三、褶曲的处理

1. 大型褶曲

（1）褶曲轴线作为井田边界。有些大型向斜，由于轴部埋藏较深，开采困难，多作为井田边界，其两翼分别由两个或几个井田开采。有些大型宽缓背斜，两翼煤层距离较远，井下难以形成统一的生产系统，可以褶曲轴为界，两翼分别由两个井田开采。

（2）大型褶曲在井田开拓部署中的处理方法。并不是所有的大型褶曲轴都必须作为井田边界，在有的井田内也可以有大型褶曲存在。

若在井田内有大型背斜构造，开拓系统中常把总回风道布置在背斜轴部附近，两翼煤层均可利用。有些位于向斜构造的矿井，常把运输巷道布置在向斜轴部附近，用一条运输巷解决向斜两翼的运输问题。

如果利用立井或斜井开拓，井筒位置最好不要布置在向斜轴部附近，因为这种井筒布置须留较大的保护井筒煤柱，损失煤炭资源。

大型向斜轴部的煤层顶板压力常有增大现象，必须加强支护，否则极易发生垮塌事故。在高沼气矿井中，若岩层透气性差，背斜轴部常是瓦斯突出危险区，应给予足够的重视。

2. 中型褶曲

中型褶曲对整个井田的开拓部署影响不大，但与采区的布置关系密切。一般对中型褶曲有以下3种处理方法：

（1）以褶曲轴线作为采区中心布置采区上山或下山。对开阔的平缓褶曲，以向斜轴作为采区中心，向两翼布置回采工作面，采区走向长可达1000 m以上（图3-2）。

（2）以褶曲轴作为采区边界。在较紧闭的褶曲轴部，次一级构造往往发育，因此常以褶曲轴作为采区边界（图3-3）。

（3）工作面直接推过褶曲轴。当褶曲较宽缓，而规模不太大时，可布置单翼采区，工作面直接推过褶曲轴部（图3-4）。

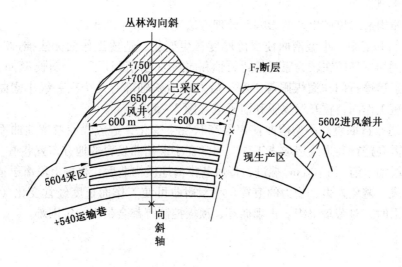

图 3-2 以向斜轴作为采区中心布置采区上山

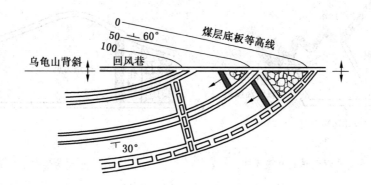

图 3-3 以中型紧闭褶曲作为采区边界

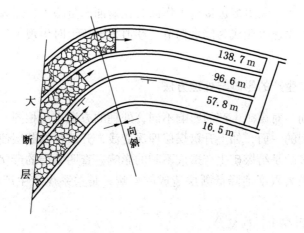

图 3-4 工作面直接推过向斜轴部

3. 小型褶曲

小型褶曲构造对煤矿生产的影响及处理方法主要有以下两种情况：

（1）重新开切眼。小型褶曲使煤层厚度产生变化，造成工作面无法推过时，需要重新开切眼。例如，某矿在较为紧闭的背斜轴和向斜轴之间设计了一个斜长85 m的工作面，并按设计开了运输石门、溜煤眼等工程，后发现向斜轴部有几个次一级小褶曲而无法开采，只好缩短工作面，重开溜煤眼和溜子道（图3-5）。

（2）巷道改造取直。小型褶曲使煤层产状发生变化，造成煤巷弯弯曲曲而不能满足运输要求，需要进行巷道改造取直工作。通常在小型褶曲发育的地方布置巷道，采用下段风巷超前上段溜子道（约100 m）掘进，待风巷摸清地质构造后，再掘上段溜子道，做到溜子道一次掘成，避免人力、物力的浪费。小型褶曲可使工作面长度经常变化（图3-6），采用机械回采时，对劳动组织、正规循环、顶板控制等都会带来一定困难。

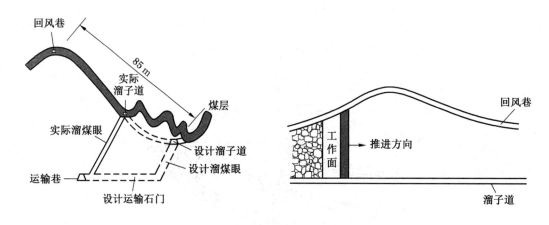

图3-5　重新开掘溜煤眼和溜子道　　　　图3-6　小褶曲影响工作面长度

褶曲构造对煤矿安全生产同样会造成一定影响。在褶曲构造的转折端，煤层顶板常较破碎，裂隙发育，压力增大，容易发生冒顶、片帮事故，给顶板维护带来困难；背斜转折端的煤层瓦斯含量较大，巷道掘进接近工作面时瓦斯涌出量增大，通风管理不善容易发生瓦斯事故；向斜转折端还可能成为储水构造，巷道掘进接近时出现工作面涌水现象，给正常生产造成影响。

四、断层对煤矿生产的影响与处理方法

断层的规模不同，对煤矿生产的影响不同，处理的方法也不相同。断层的存在，对煤层开采可能形成有利的一面，如上升盘煤层埋深变浅，开放性的断层使煤层瓦斯得以部分释放等。但是，更多的是给煤矿生产造成不利的影响。查明断层的产状、规模，采取合理的方法处理断层，最大限度地降低断层造成的影响，是关系煤矿生产效益和安全的重要工作。

1. 断层影响井田和采区的划分

断层破坏了煤层的连续完整性，大、中型断层的存在使一个井田或一个采区开采断层两盘煤层造成困难。矿山规划部门需要根据断层和资源情况，合理划分井田；矿井开采设计需要根据断层情况合理进行采区划分。

2. 断层影响开拓系统布置

井田内存在落差较大的断层时，需要根据断层造成的两盘煤层错动情况，选择合理的开拓方式，以保证生产、辅助系统的技术合理性，满足矿井生产的经济技术和安全要求。

3. 断层造成巷道掘进的无效进尺和采掘接续紧张

掘进巷道遇断层时，因断层存在使巷道被迫施工岩巷过断层，并可能因断层判断处理失误，造成施工巷道报废现象，造成掘进巷道的无效进尺。因岩巷施工一般比煤巷施工速度慢，再加上如果出现废巷现象，容易造成矿井采掘接续紧张。

4. 断层造成煤炭资源储量损失

在较大的断层两侧，需要留设保护煤柱，造成可采储量减少。甚至在断层密集发育的局部地带，可能造成煤层不可采区，使大量资源损失。

5. 断层使矿井生产成本增加

掘进巷道过断层、掘进巷道无效进尺等无疑将增加原煤生产成本，而机械化采煤工作面因断层出现造成的停产、工作面设备搬家等给矿井造成的损失更大。

6. 断层对煤矿安全产生影响

断层面附近煤层及顶板破碎，容易发生冒顶、片帮事故；导水断层容易将含水层中的地下水与煤层连通，给矿井生产造成水害；在煤层瓦斯含量较大的矿井，断层带可能造成瓦斯聚集，有一些封闭断层容易造成两盘煤层瓦斯含量有较大的差异，通风管理不善容易发生矿井瓦斯事故等。

五、煤矿设计和生产中对断层的处理方法

1. 开拓设计阶段对断层的处理

1）以断层作为确定井田边界的依据

井田内存在大断层时，增加大量的开拓工程，给掘进、运输和巷道维护带来很多困难。此外，水文地质条件复杂的矿区，过大断层容易造成透水的危险。因此，在井田划分时，大型断层是井田划分的主要依据之一。一般在满足矿井井型对应资源储量要求的前提下，大、中型矿井以落差大于 100 m 的断层作为井田边界，小型矿井以落差大于 50 m 的断层作为井田边界。然后，断层两侧各留 30 m 的隔离煤柱，再划出矿井的技术边界。

2）根据断层选择井田开拓方式

（1）井田的开拓方式。选择井田开拓方式，应当考虑断层的影响。对于缓倾斜煤层，一般多用斜井开拓。当煤层被断层破坏后且产状变化较大时，常采用立井、主要石门开拓（图 3-7）。

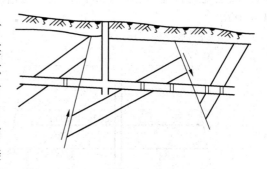

（2）井筒位置的选择。立井或斜井井筒及井底车场的位置应避开断层带，对施工避不开的断层，要采取必要的安全技术措施。

图 3-7 立井开拓示意图

（3）运输大巷的布置。运输大巷一般要求布置在比较坚硬的岩层中，且巷道保持平直。在有断层错动的地方，煤、岩层可能位移较远，甚至会和对盘含水层相接触，在此情况下需要改变巷道的方向。如淮南谢二矿（图3-8），在施工第三水平 AB 组运输大巷且接近中央石门时，要通过一条落差较大的 F_{13} 断层，并与其下盘的太原组石灰岩含水层相遇。为了防止水患，距灰岩30 m处，巷道向北改变方向，穿过断层后再沿原层位掘进，与中央石门贯通。从而解决了巷道的改向，缩短了中央石门的长度。

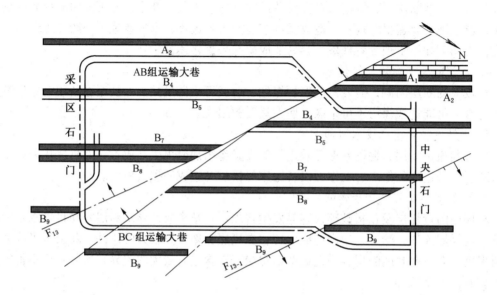

图3-8　淮南谢二矿第三水平运输大巷遇断层处转弯情况

3）以断层作为划分水平、采区、工作面的依据

（1）以断层作为划分水平的依据。井田范围内存在走向断层时，若断层落差大，且被断层分割的长度大于三个区段，煤炭储量又能满足一个水平的服务年限，就可以走向断层作为水平的界线。

（2）以断层作为划分采区的依据。当井田内倾向和斜交断层比较发育，且断层之间的煤层走向长度为800~1000 m时，尽量以断层作为采区边界（图3-9）。若断层之间的煤层走向长度不够一个采区，且断层落差小于20 m，可采用石门过断层的方案（图3-10）。

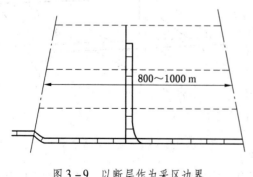

图3-9　以断层作为采区边界

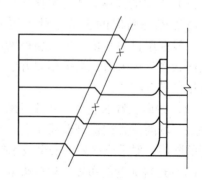

图3-10　以石门过断层将断层划在采区内

（3）以断层作为划分工作面的依据。采区内有走向断层，当断层落差大于煤层厚度或采高，且沿走向较长时，常以断层为界，分成两个工作面回采（图3-11）；采区内有斜交断层时，如果断层落差在工作面内变小并尖灭，而断层又造成了工作面倾斜长度大的变化，可先布置两个工作面回采，至断层尖灭后再用一个工作面回采（图3-12）。

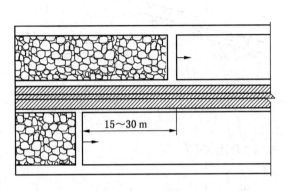

图3-11 双翼工作面布置

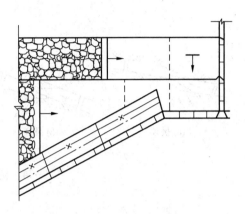

图3-12 双工作面布置

2. 煤层巷道掘进遇断层的处理

1）掘进水平巷道遇倾向断层或斜交断层的处理

根据矿井对巷道的要求及煤层产状情况，可分为斜穿煤层顶板、底板掘进和顺断层面掘进过断层两种掘进方式。

巷道坡度不变，改变巷道方向过断层，即当煤层有一定倾角时，通过改变掘进巷方向，施工一段过断层岩巷后破顶板（或底板）进入对盘煤层，然后顺煤层走向继续掘进（图3-13a）。

如果断层带的岩石压力不大，且又无瓦斯、水威胁，可考虑沿断层面掘进，并进入对盘煤层（图3-13b）。这样做的优点是岩石巷道掘进距离短，缺点是煤层水平断失方向必须与巷道掘进方向（煤层走向）关系适当，并且在顺断层面的岩巷掘进施工时必须制定特殊的施工安全技术措施，防止冒顶事故发生。

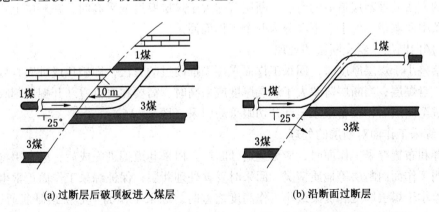

(a) 过断层后破顶板进入煤层　　　　　　　　(b) 沿断面过断层

图3-13 煤层巷道过断层的处理

2）掘进倾斜巷道遇倾向或斜交断层的处理

断层落差较小时，可根据断失盘是上升盘或下降盘，采取挑顶、卧底或挑顶卧底相结合的方式通过断层（图3-14）；断层落差较大时，为了少掘岩巷和防止丢煤，可采用石门、反眼或立眼等方式进入另一盘煤层（图3-15）。

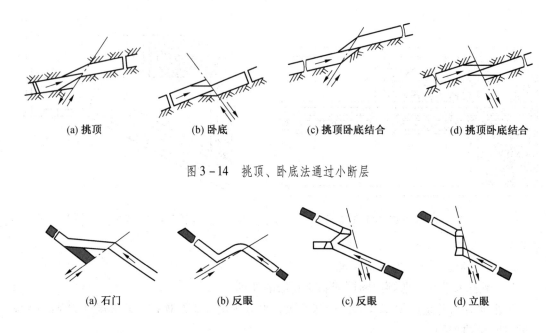

| (a) 挑顶 | (b) 卧底 | (c) 挑顶卧底结合 | (d) 挑顶卧底结合 |

图3-14　挑顶、卧底法通过小断层

| (a) 石门 | (b) 反眼 | (c) 反眼 | (d) 立眼 |

图3-15　石门、反眼、立眼联络断层两盘煤层

3. 回采阶段断层的处理

1）走向断层的处理

根据断层落差对回采影响情况不同，可采用不同方法处理断层。当断层落差小于煤层厚度时，回采工作面可强行通过断层；当断层面倾向与回采工作面运输方向一致时，对断层造成的台阶可采用破顶的方法处理；当断层面倾向与回采工作面运输方向相反时，可采用卧底的方法处理断层造成的台阶。断层落差大于煤层厚度或采高时，在断层上、下盘各增加一条中间顺槽，使上、下盘分为两个工作面回采。

2）倾向断层、斜交断层的处理

当落差小于煤层厚度时，回采工作面采用平推硬过的方法，即破顶或卧底直接回采到断层另一盘煤层；当断层落差大于煤层厚度或采高时，需要在对盘重新开掘切割眼，当工作面推进至断层后，设备搬家至新开切眼重新回采（图3-16）。

3）综采工作面对断层的处理

选择和布置综采工作面时，应尽量避开断层。回采巷道掘进完成后，应利用物探技术手段查明工作面内断层等地质情况，回采时妥善处理断层，保证综采工作面正常生产。当断层落差小于煤层厚度和支架最小工作高度之差时，综采工作面不必挑顶卧底通过断层；当断层落差小于煤层厚度，且煤层顶底板岩石的普氏系数小于4时，采煤机滚筒切割顶底板岩石穿过断层；当断层落差小于煤层厚度且顶底板岩石坚固，采用钻眼爆破卧底或挑顶

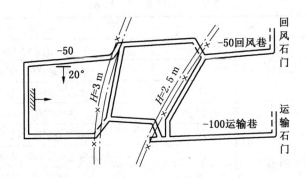

图 3-16 采煤工作面过断层重新开切眼示意图

通过断层。

当围岩不稳定时，采用辅助支架或化学方法加固顶板通过断层；当断层落差较大且大于煤层厚度时，需预先掘出跳面开切眼，综采面全部或部分搬家通过断层。

任务实施

图 3-17 所示为一煤层底板等高线图（局部），水平煤巷沿 -50 m 高程掘进时遇见断层，试分析：

（1）该断层为正断层还是逆断层，巷道掘进位置是在煤层的上盘还是在下盘？

（2）若巷道保持水平掘进，过断层后巷道的位置是在煤层顶板还是在煤层底板中？

（3）巷道遇见断层后若保持水平过断层，则进入另一盘煤层中时巷道方向如何选择？

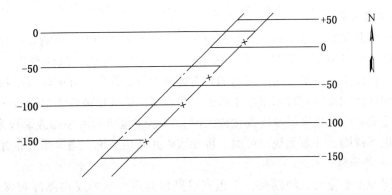

图 3-17 煤层底板等高线图（局部）（单位：m）

任务考评

任务一考评见表 3-1。

95

表 3-1 任务考评表

考评项目	评分		考评内容
素质目标	20 分	6 分	遵守纪律情况
		7 分	认真听讲情况，积极主动情况
		7 分	团结协作情况，组内交流情况
知识目标	40 分	20 分	褶皱和断层的研判特征
		20 分	地质构造在掘进和回采中的处理办法
技能目标	40 分	20 分	地质构造分析正确，处理方法选取得当
		20 分	能独立且正确完成任务

任务二 煤厚变化因素

技能点
◆ 能初步掌握煤层厚度变化对生产的影响及其处理方法。
知识点
◆ 引起煤层厚度变化的原因分析；
◆ 煤层厚度变化对生产的影响及其处理方法。

相 关 知 识

一、煤层厚度变化对煤矿生产的影响

1. 影响采掘部署

厚煤层分层开采时，由于局部地段出现底凸变薄或河流冲蚀，影响煤层分层回采的层数和采高的确定以及分层巷道的布置。对于煤厚局部变薄地段，只能改作一次回采；反之，单层开采的煤层，由于煤层厚度增加，需要改为分层开采。开采薄煤层和中厚煤层的矿井，局部地段出现煤厚变薄以至小于最低可采厚度，造成该地段不能进行回采，使整个采区的布局受到影响。当煤层厚度变化极大时，即厚煤包与不可采煤或薄煤带间隔出现，且煤层形状很不规则，分布无规律可循，将导致矿井开拓系统、通风系统布置困难。

2. 影响生产计划

由于煤层厚度变化大，经勘探，工程点或采掘巷道控制的煤层厚度和煤炭储量不可靠，致使回采计划不能落实，采掘工作被动，甚至因为回采面煤量不足或掘进巷道施工半煤岩巷、岩巷进尺效率低而造成采、掘平衡失调。

例如，某矿 C_{13} 煤层的一个工作面，根据巷道揭露的煤层厚度均在 6 m 以上，计划分两个分层回采（图 3-18a），由于采上分层时未探清煤层厚度，当掘下分层切割眼时才发现煤层局部变薄为 0.4 m。后退 15 m 另开切眼，煤层仍不可采。再后退 40 m，巷道穿过变薄带至上风巷，证实工作面中部为一大面积变薄带。结果被迫改变计划，整个下分层只

采出两小块煤层，使该工作面原定生产计划严重受到影响（图3-18b）。

综合机械化采煤对煤层厚度稳定程度的要求更高。如果煤层变薄至小于液压支架的最小高度时，需要增加破顶或破底工序，影响生产效率，甚至会因煤层变薄使工作面中断生产。我国南方一些煤矿的煤层极不稳定，厚度变化极大，掘进中经常出现厚煤层很快变成煤线。很难布置出一个较完整的工作面，只能边掘边探，边探边掘，生产效率低下。

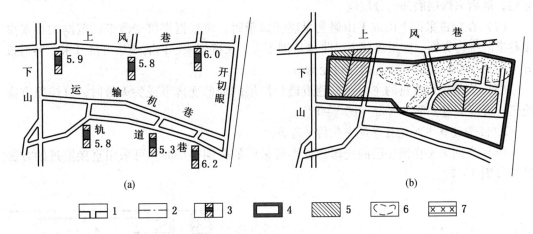

1—巷道；2—边界线；3—煤层小柱状；4—上分层回采范围；5—下分层回采范围；6—薄煤带；7—报废巷道

图3-18 某矿未探清煤层厚度而影响生产计划

3. 巷道掘进率增高，采出率降低

煤层厚度变化大的矿井，为了探测煤层厚度而布置一些专门探巷，增加巷道掘进率。例如，某矿井由于煤层厚度变化原因判断失误，把沼泽基底凸起造成煤层中断处误认为是断层，造成废巷现象。在开采煤层厚度变化大的地段时，常常因为工作面出现煤层变薄，虽然煤层厚度大于最低可采厚度，却低于所使用机组可采高度，造成回采工作面的煤量损失，降低了煤层的采出率。

4. 降低矿井或采区的服务年限

由于煤层厚度变化大，井田内出现大面积不可采的地段时，造成煤炭储量的减少，从而降低了矿井或采区的服务年限。

二、煤矿生产过程中对煤层厚度变化的处理

处理原则：煤层厚度变化大或厚煤层分层开采的矿井，为了正确指导煤矿的采掘工作，应组织成立专业探测煤层厚度队伍，随着采掘巷道施工和工作面回采，及时探测煤层厚度，调查煤层厚度的变化范围及规模。通过对煤层厚度的探测，解决采区或采面的布置、采煤方法的选择、厚煤层的分层回采、薄煤带的处理，以及"三量"的圈定等。必要时，还需要进行煤层厚度变化的预测工作，在此基础上，合理布置采掘工作。煤层厚度较为稳定的一般矿井，在掘进中遇煤层厚度变薄甚至中断时，应根据其特征判断造成变化的原因，然后确定处理方法。

煤矿生产中对煤层厚度变化处理的目的，主要是减少煤层厚度变化对生产的不利影响，防止煤炭资源丢失，为煤矿生产创造良好的条件，提高煤矿的经济效益。

1. 掘进过程中对煤层厚度变化的处理方法

（1）在掘进过程中遇到煤层分叉、尖灭现象时，要根据具体情况，确定巷道的掘进方案。如果已知分叉煤层的上分层稳定可采，而下分层变薄至尖灭，则巷道应紧靠煤层顶板掘进，避免巷道误入下分层而造成废巷；如果分叉煤层的下分层稳定可采，则应紧靠煤层底板掘进；如果所有的分叉煤层都达到煤层最低可采厚度，这时应先采上分层，再采下分层，最后采煤层底部的分层煤。

（2）在掘进采区上山或下山遇到煤层变薄带时，应根据煤层变薄带的范围大小来决定巷道的掘进方案。如果煤层变薄带的范围不大，又确知采区内有煤层可供开采，巷道最好采用挑顶或卧底的方法直接穿过变薄带。

（3）当沿煤层掘进的主要运输巷道遇到煤层的局部变薄带或尖灭带时，可按原方案施工，直接穿过变薄尖灭带（图3-19）。

2. 回采过程中对煤层厚度变化的处理方法

（1）当回采工作面煤层的变薄带或不可采区的范围很小时，可采用直接推过的方法处理（图3-20）。

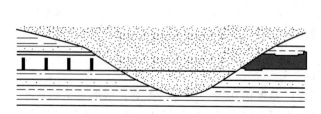

图3-19 巷道按原计划掘进穿过重蚀无煤带   图3-20 工作面直接推过变薄带

（2）当回采工作面煤层变薄带的范围较大时，采用另开巷道绕过煤层变薄带的方法（图3-21）；如果回采工作面遇大面积的煤层变薄带或无煤带时，应先布置探巷（可结合井下钻探进行），探明无煤区的范围后再补掘巷道，将工作面分成几块进行回采。如图3-22所示，先回采1、2工作面，然后合并成一个工作面3进行回采。

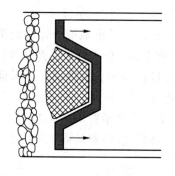

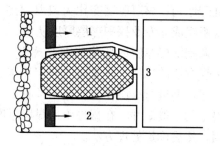

图3-21 工作面绕过薄煤带开采   图3-22 工作面分块回采

如果在采区或工作面布置前已了解煤层变薄带或尖灭带的分布地段，可将变薄带或尖灭带作为采区或工作面边界来处理，尽量避免综采工作面布置出现煤厚变薄带或无煤带的现象。

知 识 链 接

引起煤层厚度变化的原因很多，归纳起来可分为原生变化和后生变化两大类。

一、原生变化

原生变化是指在构成煤层顶板岩层的沉积物堆积之前，由于泥炭层受各种地质作用的影响而导致煤层形态和厚度的变化。主要包括以下 3 种因素：

1. 地壳不均衡沉降

在泥炭堆积过程中，成煤区（沼泽）基底的沉降速度可能会表现出不同位置的差异性：有些地段沉降速度与泥炭堆积速度大致均衡，且在较长的一段时间一直维持着这种平衡状态，从而形成比较厚的煤层；有些地段沉降速度与泥炭堆积速度均衡维持的时间相对较短，即在均衡维持时间长的地段继续保持沼泽环境接受泥炭堆积时，它们已演变成水体过深或过浅的环境而接受泥沙等沉积，使最终形成的煤层比沉降均衡维持时间长的地段厚度薄；有些地段沉降具有"间歇性"，即有时沉降速度与泥炭堆积速度平衡，接受泥炭堆积，而有时不平衡，泥炭堆积中断并被其他沉积物堆积所替代，出现煤层分叉、尖灭现象，形成马尾状煤层。这种现象在沼泽基底存在活动性断层时表现尤为突出（图 3-23、图 3-24）。地壳不均衡沉降引起的煤层厚度变化，常具有以下特征：

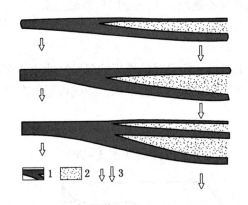
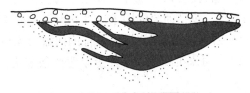

1—煤层；2—泥沙物质；3—沉降速度变化

图 3-23 地壳不均衡沉降导致煤层厚度变化　　　　图 3-24 马尾状煤层

（1）煤层厚度变化具有明显的方向性，向着盆地沉降幅度大的方向，煤层变薄，层数增多，分叉、尖灭现象明显。

（2）煤层厚度变化在平面上具有明显的分带性，由盆地边缘到中心，或由中心向边缘，依次为厚煤带、分叉带及尖灭带。

（3）煤层顶板、底板均不平坦，岩性、岩相变化较大。

2. 泥炭沼泽基底不平

在泥炭堆积初期，由于沼泽基底起伏不平，堆积首先在低洼地段进行，形成彼此分隔的泥炭层，堆积达到其间凸起基底部分高度后，再堆积的泥炭才能连成一片。因此，在形成煤层后，原沼泽基底凸起的位置煤层厚度变薄，甚至可能形成局部无煤区段（图3-25）。

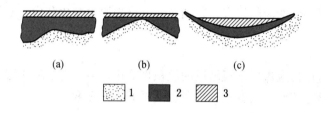

(a)   (b)   (c)

1   2   3

1—煤层底板；2—煤层；3—煤层顶板

图3-25   沼泽基底不平引起煤层厚度变化

这种情况在煤矿生产中比较多见。需要特别注意的是，煤层形成后，由于构造运动可能造成煤层与底板间的层间滑动，并在凸起的底板面上留下擦痕、摩擦镜面等，而被误认为是断层，出现判断错误。

由于沼泽基底不平引起的煤层厚度变化具有以下特点：

（1）煤层底板起伏不平，顶板面比较平整。

（2）煤层变薄以至尖灭的方向指向基底凸起的位置。

（3）煤分层或矸石夹层被基底凸起地段隔开而不连续，上下分层呈超覆关系。

（4）煤层层理与顶板平行，而与底板不平行。

3. 煤层同生冲蚀

煤层同生冲蚀是指在泥炭堆积过程中，由于河流、海浪对已堆积的泥炭层冲蚀并在被冲蚀的位置代之以相应碎屑或化学沉积，之后再接受顶板沉积物堆积，造成煤层厚度和形态的变化。包括河流的同生冲蚀和海浪的同生冲蚀。

河流同生冲蚀是沼泽中发育的河流对泥炭层冲蚀的结果。其特点如下：

（1）河流沉积物在平面上呈弯曲条带状，在剖面上呈透镜状（图3-26）。

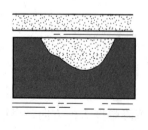 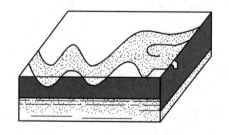

(a) 河流同生冲蚀剖面图   (b) 河流同生冲蚀立体图

图3-26   河流同生冲蚀

（2）河流同生冲蚀带附近煤层厚度变薄、夹石层数增多、灰分增高，但一般冲蚀面积和深度不大，个别情况可见煤层被冲蚀中断的现象。

（3）河流沉积物一般为碎屑岩，且与煤层有共同的顶板。

海浪同生冲蚀是滨海沼泽中堆积的泥炭层，被海水上涨淹没后遭受海浪冲蚀的结果。其特点是煤层顶板面凸凹不平（图3-27），具有大小不等的凹坑和沟槽（一般深0.4~0.6 m）；煤层顶板常为石灰岩。有时海水冲蚀范围较大，冲蚀严重，煤层在一定范围内几乎完全消失，煤层顶板可以是粗碎屑岩。

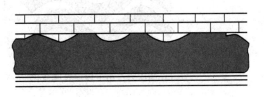

图3-27　海水同生冲蚀引起煤层厚度变化

二、后生变化

后生变化是指泥炭层被沉积物覆盖以后或整个煤系形成以后，由于内、外力地质作用引起煤层形态和厚度的变化。其主要有河流后生冲蚀、构造变动、岩浆侵入等引起的煤层厚度变化。

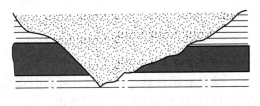

图3-28　河流后生冲蚀

1. 河流后生冲蚀引起的煤层厚度变化

当煤层顶板形成以后，一定地质时期地面发育的古河流向下切割冲蚀，将煤层上部沉积物或岩层切割冲蚀，继续进行下去，可以将煤层甚至底板进一步冲蚀，使煤层厚度变薄或中断（图3-28）。河流后生冲蚀对煤层的破坏程度可以达到较大的规模，以至形成宽几十至几百米，长达数千米至数十千米的薄煤带或无煤带。在有些煤田，河流后生冲蚀是造成煤层厚度变化、影响矿井生产的主要地质因素。

河流后生冲蚀引起煤层厚度变化具有以下特点：

（1）河流后生冲蚀在平面上沿古河流展布方向呈带状分布，可形成大面积薄煤带或无煤带。由于古河流的弯曲或分支、合流，使无煤带或薄煤带呈多种形态。

（2）不仅煤层受到冲蚀，煤层的正常顶板也遭到冲蚀破坏，出现河床相砾岩、砂岩等，其底部常含有砾石、煤屑、泥质包裹体等。

（3）冲蚀带附近煤层光泽暗淡，灰分增高，煤质变差。

2. 构造变动引起的煤层厚度变化

煤层形成之后，由于强烈的构造变动，使被限制在坚硬的顶底板岩层之间呈塑性的煤从压力大的地方向压力小的地方发生塑性流动，造成煤层局部变薄、增厚、尖灭等变化。构造变动引起的煤层厚度变化在褶皱构造中表现比较明显。由水平挤压形成的褶皱，一般在转折端煤层增厚，在两翼煤层变薄（图3-29a）；由垂直压力形成的背斜，在转折端煤层变薄，向两翼增厚（图3-29b）。

断裂构造对煤层厚度的影响一般没有褶皱构造明显，主要表现为断层面附近的一些正断层造成煤层厚度变薄（图3-30a），一些逆断层造成煤层厚度增厚（图3-30b）。

(a) 侧压力作用下煤层厚度变化　　　　　(b) 垂直压力作用下煤层厚度变化

图 3-29　褶皱引起煤层厚度变化

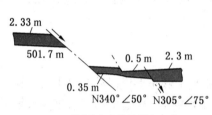

(a) 正断层造成煤层厚度变化　　　　　(b) 逆断层造成煤层厚度变化

图 3-30　断层引起煤层厚度变化

构造变动引起煤层厚度变化具有以下特点：

（1）煤层增厚或变薄处，煤层结构遭到破坏，煤变成鳞片状、碎粒状，矸石与煤混杂，灰分增高；顶底板多不完整，裂隙发育，有时煤层穿插在顶底板岩层裂隙中。

（2）煤层变厚和变薄带在平面上相间出现，呈条带状延伸，并与主要构造线方向一致。

3. 岩浆侵入引起的煤层厚度变化

由于煤层无论力学性质还是化学性质，相对围岩都是比较薄弱的部分，因此，岩浆容易侵入到煤层中。

岩浆侵入煤层，其产状主要为岩墙和岩床。岩墙斜交或垂直穿过煤层，对煤层厚度变化影响不大，仅使其两侧一定范围煤质发生变化；岩床呈层状、似层状、透镜状等顺煤层侵入，对煤层形态、厚度、结构和煤质等产生严重影响，有时大部甚至全部被吞蚀或变成天然焦，从而失去工业价值。

结合煤矿实例以河流冲刷引起的煤层厚度变化特征为例，分析河流冲刷的特征及采掘中的处理方法，并写出分析报告。

任 务 考 评

任务二考评见表 3-2。

表3-2 任务考评表

考评项目	评分		考评内容
素质目标	20分	6分	遵守纪律情况
		7分	认真听讲情况，积极主动情况
		7分	团结协作情况，组内交流情况
知识目标	40分	20分	熟悉煤层厚度变化原因
		20分	熟悉煤厚变化的探测和处理方法
技能目标	40分	40分	能对河流冲刷产生的煤厚变化进行分析并有独到见解

任务三　岩浆侵入体因素

技能点
◆ 能正确分析与初步处理生产中出现的岩浆侵入体。
知识点
◆ 岩浆侵入体的类型及对煤矿生产的影响；
◆ 岩浆侵入体的判断标志、探测和处理方法。

相 关 知 识

一、岩浆侵入煤层的一般特征

1. 岩浆侵入体的产状

煤矿常见的岩浆侵入体的产状，主要有岩墙和岩床两种。

1）岩墙

岩墙是岩浆以断层或裂隙作为通道侵入穿插在煤岩层之中的，与岩层层理近于垂直或斜交的侵入体。岩墙在平面上呈条带状分布，宽度数十厘米至数十米，常见的2~3 m，长度不一，由数十米至数千米。岩墙成组出现时，其方向大致相同，并与主要断裂线的走向一致。例如，山东淄博奎山矿有3条岩墙，其方向相同，宽度为5~10 m（图3-31）。

2）岩床

岩床是指岩浆沿层面侵入的层状侵入体，可沿煤层顶板或底板侵入，也可沿煤层中间侵入或吞蚀整个煤层的大部。按岩床的形态，可分为层状、似层状、串珠状和树枝状等，一般厚度较小，分布面积较大，对煤层破坏严重。

2. 岩浆侵入煤层的活动特征

1）侵入岩体的分区

根据岩浆侵入体的形态和对煤层的破坏程度，大致可分为上冲区、扩散区和波及区。

（1）上冲区。指岩浆通道及附近区。该区岩浆活动剧烈，岩浆侵入体呈层状、似层状，煤层全部被吞蚀，偶见少量混杂着大量岩浆物质的天然焦，其燃烧性很差，失去工业价值。

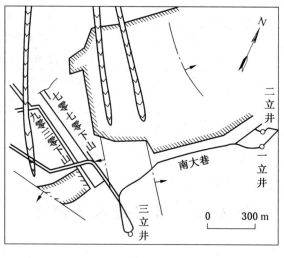

1—岩墙；2—断层；3—采空区边界；4—巷道；5—井筒

图 3-31　淄博奎山矿岩墙分布

（2）扩散区。指离开侵入中心向外扩散的地区。岩浆侵入体的形态多呈串珠状或树枝状。该区岩浆吞蚀煤层变质作用的差异很大，在岩浆扩散较弱的地段有时仍残留可采煤层。

（3）波及区。指扩散区的外围受岩浆高压热气波及的地区。该区偶尔有少量的岩体，或仅有天然焦存在而无岩体。

2）岩浆侵入煤层引起变质作用

岩浆侵入煤层时，由于岩浆成分、侵入规模、产状和侵入位置的不同，引起的煤层变质程度也各不相同。

（1）岩墙对煤层的影响较小，只是使岩墙两侧数米内煤层变质，影响宽度很少超过10 m。沿煤层侵入的岩床，对煤层的影响范围较大。

（2）岩浆侵入煤层的位置不同，影响也不相同。侵入体上部煤层的变质带较宽；侵入体下部煤层的变质带较窄。岩浆侵入煤层中部时，其上下的煤层均发生变质，对煤层的影响较大。

（3）侵入体的大小、厚度直接影响煤的变质程度。侵入体越大，煤层的变质也就越深，影响范围也越大。

（4）岩浆性质不同，对煤层的影响也有差异。一般认为，基性岩浆黏度小、易流动，因此分布面积较大，对煤层的破坏也较严重。

二、岩浆侵入体对煤矿生产的影响

1. 减少矿井的服务年限

由于岩浆的侵入，吞蚀了煤层，使矿井的煤炭储量减少，从而影响到矿井的服务年限。例如，辽宁阜新平安矿某区原有储量152万t，由于岩浆侵入破坏，只剩200 t，其余的煤已被岩浆岩吞蚀或变成天然焦。

2. 降低甚至失去煤炭的工业价值

由于岩浆侵入煤层，使煤质变差、灰分增高、挥发分显著降低、黏结性遭到破坏，使原来的优质工业用煤降为一般民用煤，甚至变成天然焦，降低甚至失去工业价值。

3. 增加原煤生产成本

使原来连续完整的煤层被切割成若干块段，出现不可采区或煤层厚度变薄带，给采面布置、回采及巷道掘进造成很大困难，增加原煤生产成本，降低矿井生产效益。

三、煤矿生产中对岩浆侵入体的处理

井田煤系中若有岩浆侵入体存在，应查明侵入体的位置、形态，在此基础上合理布置矿井的开拓、开采系统。岩浆侵入严重的矿井，必须加强对侵入体的观察和探测工作，为矿井生产提供准确的地质资料。对于在采掘生产中揭露的小岩体，可根据具体情况确定方法。

1. 对岩墙的处理

（1）主要巷道掘进遇到岩墙后，一般可按原计划直接穿过。

（2）岩墙沿垂直或斜交煤层走向分布时，工作面回采至岩墙后，在岩墙另一侧重开切眼继续回采（图3–32）。

（3）当岩墙沿煤层走向分布且延长较长时，可以岩墙为界将工作面分成上、下两段，采用两个小采面进行回采（图3–33）。

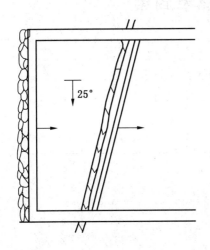

图3–32 巷道遇岩墙重开切眼

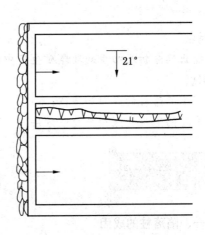

图3–33 工作面分段回采

2. 对岩床的处理

对于岩床，要求用巷道或钻孔圈定岩体边界范围，然后决定回采方案。如果是大面积岩浆侵入体分布区，则采区、采面布置要设法避开。对煤层破坏不严重的串珠状侵入体，工作面可以直接推过，但需增加采面处理岩浆岩工序。

任务实施

某矿岩浆侵入煤层在井下采掘工作面上经常出现，如何判断岩浆岩的类型？采掘工作中如何根据不同的产状采取相应处理措施？要求写出分析报告。

任务考评

任务三考评见表3-3。

表3-3 任务考评表

考评项目	评分		考评内容
素质目标	20分	6分	遵守纪律情况
		7分	认真听讲情况，积极主动情况
		7分	团结协作情况，组内交流情况
知识目标	40分	20分	熟悉岩浆侵入体的类型及其对煤层的影响
		20分	熟悉岩浆侵入体的判断标志、探测和处理方法
技能目标	40分	40分	能正确分析岩浆侵入体特征，并能提出合理的处理措施

任务四　岩溶陷落柱因素

技能点

◆ 能正确分析及初步处理煤矿生产中的岩溶陷落柱。

知识点

◆ 岩溶陷落柱的成因和特征；

◆ 岩溶陷落柱的探测与处理方法。

相 关 知 识

一、陷落柱的成因

1. 陷落柱的概念

矿井岩溶陷落柱，是埋藏在地下的可溶性岩层和矿层（如石灰岩、白云岩、泥灰岩及石膏等），在地下水的物理化学作用下形成大量的岩溶洞穴，在上覆岩层的重力作用下产生的塌陷现象，因塌陷体的剖面形状似一柱状，故称为陷落柱。陷落柱的发育程度，各地不尽相同。有的地区特别发育，有的地区却很少见。为了摸清陷落柱的分布规律，必须对其形成条件和形成过程进行认真的研究。

2. 岩溶发育的地质条件

岩溶是形成陷落柱的基本条件，因此，研究陷落柱的成因时，首先要研究岩溶发育的地质条件。岩溶发育必须具备4个条件：

（1）有可溶性岩（矿）层。

（2）有地下水的良好通道（如裂隙等）。

（3）有丰富饱和的侵蚀性水质。

（4）有地下水的排泄口，以便加强地下水的交替作用。

岩石的溶解度越大，透水性越好，水的侵蚀能力越强，水的交替作用越剧烈，则岩溶越发育。

岩溶的发育主要是受侵蚀基准面的控制，因为一个地区的侵蚀基准面控制着该地区的地下水流动和水的交替状况。在侵蚀基准面以下，地下水无法排泄，其运动非常缓慢，岩溶发育程度就很差，最有利于岩溶发育的部位是地下水面以下的饱和水带内。处于饱和水带内的地下水，向当地的侵蚀基准面（河或湖）方向做水平运动，形成水平连通的溶洞，溶洞内水的交替强烈，故岩溶极为发育。

3. 陷落柱的形成过程

（1）重力作用过程。岩溶形成以后，破坏了原来岩（矿）层的稳定性，岩溶上覆的岩（矿）层因受重力作用而塌落，直到形成自然平衡拱后，塌落现象才告终止，上覆的岩（矿）层得到暂时的稳定。

（2）物理化学作用过程。陷落柱形成与物理化学因素的作用分不开，例如，岩层内某些矿物的重结晶，硬石膏的水化作用（$CaSO_4 + 2H_2O—CaSO_4 \cdot 2H_2O$），使硬石膏体积增大30%以上；有机物质的分解产物的化学作用，如释放大量的 H_2O、CO_2、CH_4 等物质，使岩层内部成分发生物理化学作用，岩层破坏和垮落。

如果地质和水文条件无变化，地下水仍然继续对正常层位的岩（矿）层和塌下来的岩（矿）层进行化学溶蚀、机械的破坏和搬运作用，就会使原来的岩溶进一步扩大。随着岩溶的扩大，处于暂时稳定状态的岩（矿）层再次失去平衡而塌落下来，增大了塌陷高度。

（3）真空抽吸作用过程。在某些情况下，由于地下水的排泄、局部的地壳升降，使溶腔盖层底面由承压转为无压，甚至负压。在溶洞内地下水面不断下降，产生强烈的抽吸作用，上面盖层向下陷落。

上述几个过程反复持续进行，使溶洞的盖层遭到破坏，失去平衡，产生垮落，形成塌陷数米、数十米乃至数百米的陷落柱。

综上所述，陷落柱是在一定的地质背景下，由于地下水活动、重力作用、物理化学等因素综合作用的产物。

二、陷落柱的特征

1. 陷落柱的基本形态

陷落柱的形态是指其外表形状。根据柱体切面方向的不同，常将其分为平面形状和剖面形状。

（1）陷落柱的平面形状。习惯上把陷落柱体与地表面或岩层层面切割成的形状称为陷落柱的平面形状。根据煤矿揭露的大量陷落柱来看，其平面形状多呈椭圆形、似圆形，有时也有长条形（图3-34）。为了研究方便，通常在平面上人为地画出长轴和短轴。

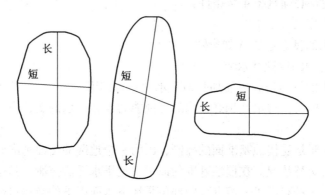

图3-34　陷落柱的平面形状

陷落柱的平面面积大者可达数万或数十万平方米，小者仅十余平方米。在多数情况下，大、小陷落柱混杂分布。在一个不太大的区域内，陷落柱的平面形状基本上是一致的，因为岩溶的形成多受构造的控制，故陷落柱的长轴方向常与该地区的主要构造线方向一致，因此，多具有一定的规律性。

（2）陷落柱的剖面形状。陷落柱的剖面形状根据其所穿透岩层的岩性而异。在坚硬和裂隙发育的岩层中，其形状多呈上小下大的柱状，柱面（即柱体面与围岩的接触面）与水平面夹角在60°~80°之间（图3-35）。在华北区的石炭二叠纪煤系中，多为此种形状的陷落柱。

在含水层较多的松散岩层中或未经胶结的冲积层中，陷落柱的剖面形状多呈上大下小的漏斗状，陷落柱面与水平面的夹角一般较小，为40°~50°（图3-36），在华东地区的一些煤田中多见到此种形状的陷落柱。

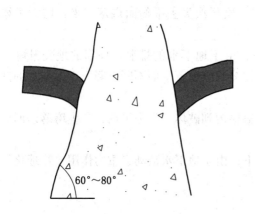

图3-35　坚硬岩层中陷落柱剖面

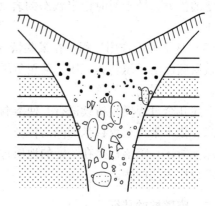

图3-36　松散岩层中陷落柱剖面

（3）陷落柱的高度。从岩溶的底面至塌陷顶的距离称为陷落柱高度。有的陷落柱塌陷至地表，其高度达数百米，也有仅塌陷数米至数十米。陷落柱的塌陷高度与岩溶的体积、地下水的排泄条件、岩石的物理性质及裂隙发育程度有关。岩溶的体积大，地下水排泄条件良好，岩层内的裂隙发育，则陷落柱的塌陷高度就大；反之则小。

（4）陷落柱的中心轴。陷落柱各平面中心点的连线称为陷落柱的中心线或陷落柱的中心轴。陷落柱的中心轴常垂直于岩层的层面。由于岩层的产状不一，故陷落柱的中心轴有的直立，有的斜歪，有时还有扭转现象。图 3 - 37 所示为西山矿务局某陷落柱中心轴扭转示意图。掌握陷落柱中心轴的变化规律，有利于预测下煤层、下煤组或下水平的陷落柱的平面位置。

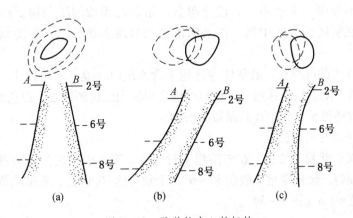

图 3 - 37　陷落柱中心轴扭转

2. 陷落柱的出露特征

1）陷落柱地面出露特征

陷落柱出露地表时，塌陷的岩体与周围正常的岩层的层位、产状和岩性都不相同。同时，该处地貌呈现出各种异常现象。根据其地表特征，可以进一步预测该陷落柱在井下的位置、形状和大小。陷落柱在地表出露特征主要有：

（1）盆状塌陷区。陷落柱出露在地表后，常呈现盆状凹陷区。凹陷区的岩层层序遭到破坏，大小岩体混杂堆积。凹陷区周围的岩层层位正常，裂隙比较发育，岩层产状稍有变化，均向凹陷中心倾斜。凹陷盆地有时被黄土覆盖。

（2）柱状破碎带。在陷落柱发育的矿区内，经常可在自然剖面或人工剖面（如公路、铁路两侧）上见到破碎带，这些柱状破碎带就是出露在地表的陷落柱。破碎带内的岩层层序遭受破坏，大小岩块混杂无序，但破碎带两侧的岩层层序正常，产状也略有变化。

2）陷落柱井下出露特征

（1）柱面特征。由于塌陷的煤、岩层的硬度不同，形成陷落柱的不规则形状，其垂直剖面由两条曲折线组成。坚硬岩石不易塌落，向塌陷部位突出；较松软岩层很易塌落，常向松散的岩体内凹入，因而形成了陷落柱柱面的不规则形状（图 3 - 38）。

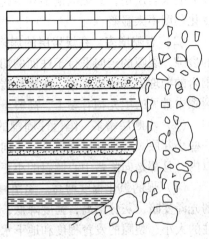

图 3 - 38　陷落柱柱面曲折

因为柱面的水平切面为一封闭曲线，所以煤层底板或巷道底面与陷落柱面接触处为一弧线，弧形的半径与陷落柱的平面形状、大小和相遇部位有关。陷落柱的平面面积大或揭露面平行长轴方向，则弧形平缓。据此，可以利用弧形接触情况判断陷落柱的大小，还可以作为区别断层和陷落柱的标志。

（2）陷落岩体的特征。多数陷落柱的塌陷空间，均被较新的岩石碎块或第四纪的沉积物所填充。塌落堆积的岩体特征是：塌落的岩块的时代较周围正常岩层的时代新，岩块的形状极不规则，大小不一，棱角明显，是杂乱无章的堆积物。松软岩石多呈碎粒或岩粉填充在坚硬的大块中间。古老陷落柱的岩块多被胶结，晚期塌落的岩块比较松软。

（3）陷落柱内的沉积物。陷落柱穿过地下含水层时，地下水可以流入陷落柱及其围岩的裂隙内，故在陷落柱的接触面上或裂隙内常可见到红色的铁质、白色的钙质或高岭质等沉积物，有时还可见到新生代的泥质沉积物。

3. 井下遇陷落柱前的预兆

（1）煤岩层产状发生变化。在岩溶塌陷过程中，因牵引作用使其周围的煤岩层向陷落柱中心方向倾斜，倾角变化一般在3°~6°，个别可达10°以上，其影响范围一般在15~20 m，少数可达30 m（图3-39）。

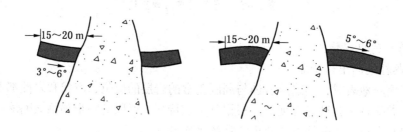

图3-39　陷落柱围岩产状变化

煤岩层产状变化的影响范围和变化程度与煤岩层的物理力学性质有关。在松软的塑性较大的煤岩层中，其影响范围和变化较大，在坚硬和脆性较大的煤岩层中，其影响范围和变化程度不太显著。

（2）裂隙增多。在煤岩层的塌陷过程中，陷落柱周围正常层位的煤岩层会产生大量的裂隙，裂隙的走向平行于柱面的切线方向，裂隙面向陷落中心倾斜，裂隙的发育程度与围岩的物理力学性质有关，在脆性岩层中，裂隙较发育，在柔性岩层中，裂隙较少见，在裂隙中常见的填充物有黏土、高岭土、碳酸钙、氧化铁等。

（3）小断层增多。陷落柱周围的煤岩层因重力作用，沿裂隙面向下发生位移，产生一些小断层。此种断层规模小，走向延长在10~20 m范围内即行消失，其落差多在0.5 m以内，且都是向陷落中心倾斜的小正断层（图3-40）。

（4）煤的氧化程度增高。陷落柱附近的煤层，因地下水的作用而发生氧化。氧化煤的光泽变暗，灰分增高，强度降低，严重者可变为煤华。煤的氧化程度和影响范围与陷落柱的大小、裂隙的发育程度和地下水的活动有关。陷落柱越大，裂隙越发育，距陷落柱越近，水源越丰富，影响范围就越大；反之则小。

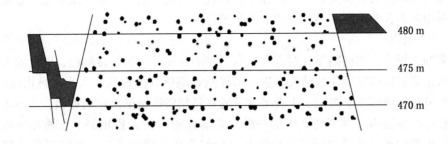

图 3-40 陷落柱围岩小断层

（5）水的涌出量增大。陷落柱穿过含水层时，将地下水导入陷落柱内，陷落柱成了地下水流的良好通道。当采掘工程接近陷落柱时，地下水的涌出量会骤然增加，有时有透水现象。其涌水量的大小与该处的水文地质条件有关。

三、陷落柱对煤矿安全生产的影响

（1）在陷落柱比较发育的地区，含煤地层遭受严重破坏，使可采煤层在一定范围内失去可采价值，减少了矿井煤炭储量。

（2）由于陷落柱破坏了煤层的连续性，给井巷工程的布置和施工、采煤方法和采掘机械的选择增加了许多困难。

（3）陷落柱穿含水层时，可将地下水导入采掘工作面，造成严重水患。在开采地下水源丰富的矿区时，陷落柱的存在对矿井的安全生产威胁很大。

在华北地区的一些生产矿井中，常可见到煤层和岩层的塌陷现象。根据现有资料，在山西省的古生代煤田中，陷落柱比较发育，其中以太原西山、霍西两煤田最为严重。此外，河北省峰峰、井陉，山东省新汶、枣庄、陶庄，江苏省徐州，河南省鹤壁，陕西省铜川等矿区都有陷落柱出现。

四、陷落柱的探测

为了配合煤矿生产，及时提供可靠的地质资料，必须对陷落柱的分布情况及其对煤层的破坏和影响情况进行认真的观察和探测。

1. 陷落柱的观测

1）地表观测

陷落柱直接出露地表时常呈现出特殊的地貌形态，因此，可以根据这些地貌形态，分析和判断陷落柱的存在，并以其在地表出露的位置、形状和大小等特征预测其在井下不同煤层或不同水平的分布情况。地表观测的内容有：异常区的主要特征和位置、大小、形状、岩层产状变化及岩层的破碎情况等。

在利用地表资料预测井下陷落柱时应注意下列问题：

（1）陷落柱出露在坚硬岩层中时，地表和井下出露的平面形状相似，在地表出露的水平面积通常比在井下出露的水平面积小。

（2）由于陷落柱的中心轴常垂直于岩层层面而不是垂直地面或水平面，所以不能把陷落柱在地表出露的位置垂直投影到井下，要根据该地的岩层产状和陷落柱中心轴的变化规律，利用地表资料推断陷落柱在井下出露的位置。

2）井下观测

在采掘过程中，遇到陷落柱时，要认真观测陷落柱与围岩的接触面，破碎的岩体和陷落柱围岩正常岩层产状变化等情况，进一步推断该陷落柱的形状、大小和被揭露的部位。例如，可以根据地表，上煤层、上开采水平的资料判断遇到陷落柱的形状、大小等，利用在一个较小的范围内（井田或井田的一翼）陷落柱的形状大致相似、长轴方向基本相同的规律，推断所遇陷落柱的形状；根据巷道与陷落柱的接触情况，确定所遇陷落柱的部位；根据巷道遇陷落柱的部位和巷道底板与陷落柱交面线的弧形状态，推断陷落柱的大小等（图3-41）。

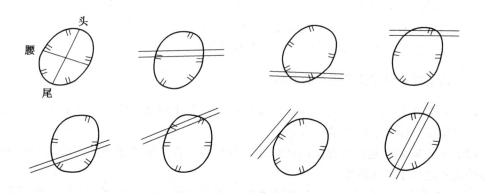

图3-41 巷道与陷落柱面交面线的位置和大小

综上所述，对陷落柱的工作方法可归纳为"五查""五看"及"五定"。

（1）"五查"，即查该地区陷落柱的规律性，查裂隙发育情况及填充物，查煤的氧化情况，查煤岩中水和瓦斯的变化，查小断裂的发育情况。

（2）"五看"，即看陷落柱的不规则柱面，看填充物的性质和特征，看煤（岩）层的产状变化情况，看陷落柱内岩块的大小、排列和时代，看陷落柱与煤层的交面线。

（3）"五定"，即定陷落柱的形状，定巷道遇陷落柱的部位，定陷落柱的大小，定穿透陷落柱的距离，定遇陷落柱的措施。

2. 陷落柱的探测

为了准确指出陷落柱的具体位置，圈定陷落柱的形状和面积，必须对陷落柱进行探测工作。

（1）钻探。钻探的使用范围较广。在地表可以用钻孔验证异常区是否有陷落柱存在；在井下可用钻孔探测掘进巷道的前方或由巷道圈定的回采工作面内有无陷落柱的存在（图3-42）。

（2）物探。经过大量试验，无线电波坑道透视仪在探测回采工作面时，可取得显著成效。其布置如图3-43所示。

（3）巷探。为了查清某个陷落柱的确切位置、形状、大小、塌陷情况及其对周围正常煤层的破坏程度及影响范围等，可以利用小断面的巷道进行探测，以便进行详细的观测

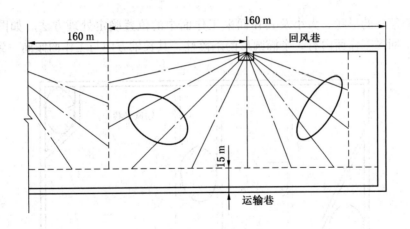

图 3 - 42 钻孔圈定陷落柱

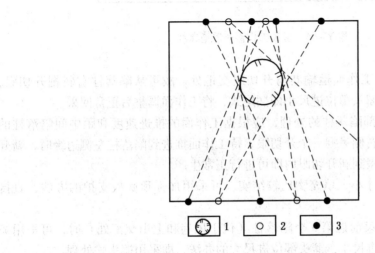

1—陷落柱；2—发射点；3—接收点

图 3 - 43 无线电波坑道透视示意图

和测定。这种方法可以获得较详细的陷落柱资料，但其费用较高，尽量少用。

五、陷落柱的处理

在有陷落柱存在的矿区内，应根据其数目、形状和分布情况，选择合理的巷道布置和采煤方案，在满足开采技术要求及符合经济政策的前提下，可将陷落柱留在煤柱中，以减少煤炭损失。

1. 掘进巷道遇陷落柱的处理

（1）在掘进运输巷道时，如果所遇的陷落柱个体大，相遇位置在陷落柱的短轴方向上，为了满足运输巷道的弯度和坡度的要求，应按原设计方案穿过陷落柱。

（2）在掘进回风巷或人行道时，则可绕陷落柱进行掘进，将陷落柱留在煤柱内。在掘进巷道穿过陷落柱时，对陷落柱的部分必须加强支护，确保安全生产。

2. 回采工作面遇陷落柱的处理

根据陷落柱的形状、大小及其在回采工作面中的位置确定处理方法。如图3-44所示，在一个回采工作面内有3个椭圆形的陷落柱，其长轴方向与工作面倾向一致。

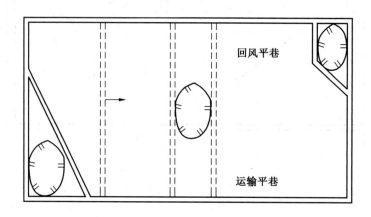

图3-44 回采工作面处理陷落柱

（1）一个陷落柱位于工作面运输巷与开切眼交汇处，故可从陷落柱右斜掘开切眼，生产时溜尾部位进尺大，溜头部位进尺小即摆尾式，将工作面调整后正常回采。

（2）对位于工作面中部陷落柱的处理，应根据工作面的推进速度和距中间陷落柱的距离，确定在中间陷落柱右侧另掘一个开切眼，待工作面推进到陷落柱左侧边缘时，新开切眼已准备好，将工作面搬到新开切眼内即可进行正常生产。

如果陷落柱的平面尺寸小，填充物比较结实，可采用加强顶底板支护的方法，直接采过。

（3）在工作面即将结束前遇第3个陷落柱（位于风巷和上山交汇处）时，可采用缩短工作面长度或溜尾部位进尺小，溜头部位进尺大的办法，即采用摆头式处理。

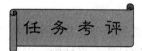

任务实施

在采掘生产中，掘进巷道揭露岩溶陷落柱后，可能出现哪些潜在的安全风险？应采取哪些措施？针对以上问题进行分析并写出分析报告。

任务考评

任务四考评见表3-4。

表3-4 任务考评表

考评项目	评分		考评内容
素质目标	20分	6分	遵守纪律情况
		7分	认真听讲情况，积极主动情况
		7分	团结协作情况，组内交流情况

表3-4（续）

考评项目	评分		考 评 内 容
知识目标	40分	20分	熟悉岩溶陷落柱的特征
		20分	熟悉岩溶陷落柱的探测和处理方法
技能目标	40分	40分	能正确分析岩溶陷落柱的特征及危害，并有独到见解

任务五 顶底板及矿山压力因素

技能点

◆ 能正确分析煤层顶底板及矿山压力与冲击地压的影响。

知识点

◆ 煤层顶底板分类；

◆ 矿山压力、冲击地压的概念。

相 关 知 识

一、煤层顶底板分类

1. 直接顶分类

直接顶是位于煤层或伪顶之上，具有一定的稳定性，移架或回柱后能自行垮落的岩石层。直接顶多数由页岩、砂质页岩、粉砂岩、石灰岩等岩层构成。

按直接顶在开采过程中的稳定程度，即依据直接顶初次垮落平均步距 $\overline{l_r}$，参考顶板岩性和节理（裂隙）发育情况、分层厚度等，将直接顶板划分为4类，见表3-5。

表3-5 直接顶分类指标及参考要素

类 别	1类		2类		3类	4类
	不稳定顶板		中等稳定顶板		稳定顶板	非常稳定顶板
	1a	1b	2a	2b		
基本指标	$\overline{l_r} \leq 4$	$4 < \overline{l_r} \leq 8$	$8 < \overline{l_r} \leq 12$	$12 < \overline{l_r} \leq 18$	$18 < \overline{l_r} \leq 28$	$28 < \overline{l_r} \leq 50$
岩性和结构特征	泥岩、泥页岩，节理裂隙发育或松软	泥岩、碳质泥岩，节理裂隙较发育	泥岩、碳质泥岩，节理裂隙较发育	致密泥岩、粉砂岩、砂质泥岩，节理裂隙不发育	砂岩、石灰岩，节理裂隙极少	致密砂岩、石灰岩，节理裂隙极少

2. 基本顶分类

基本顶是位于直接顶或煤层之上，通常厚度较大、岩层强度较高，难以垮落的岩层。老顶由较坚硬的砂质页岩、砂岩、砾岩或石灰岩等岩层组成。按基本顶来压显现强度，将基本顶划分为4个等级（表3-6）。

表 3-6 基本顶分级指标

级　别	I	II	III	IV	
基本顶来压显现	不明显	明显	强烈	非常强烈	
分级指标	$\overline{P_e} \leqslant 895$	$895 < \overline{P_e} \leqslant 975$	$975 < \overline{P_e} \leqslant 1075$	$1075 < \overline{P_e} \leqslant 1145$	$\overline{P_e} > 1145$

基本顶的分级指标是基本顶初次来压当量 P_e，其值由基本顶初次来压步距 L_f、直接顶填充系数 N 和煤层采高 h_m 按下列公式确定：

$$P_e = 241.3\ln(L_f) - 15.5N + 52.6h_m \qquad (3-1)$$

式中　P_e——基本顶初次来压当量，kPa；

　　　L_f——基本顶初次来压步距，m；

　　　N——直接顶填充系数；

　　　h_m——煤层采高，m。

3. 底板分类

直接底指直接位于煤层之下强度较低的岩层，通常是由泥岩、炭质页岩、黏土岩组成，遇水常易滑动或吸水膨胀，支撑力较弱。

基本底指位于直接底板之下，也有直接位于煤层之下的，通常是由比较坚强稳定的砂岩、石灰岩等组成，支撑力较强。

按照底板载荷强度由小到大分为 5 个类别，即一类极软底板、二类松软底板、三类较软底板、四类中硬底板、五类坚硬底板。

二、煤层顶底板对煤矿生产的影响

1. 影响采煤工作面正常生产

采煤工作面遇断层后一般采用挑顶或卧底的方式通过断层，如果断层使得煤层与坚硬的砂岩、砂砾岩顶板或底板接触，不仅采煤机组很难通过，甚至连炮采工作面也不得不终止推进而另开开切眼。

2. 导致突水事故

如果煤层顶底板含有石灰岩等富水含水层时，煤层开采后，其顶底板会遭受破坏变形（如顶板破碎垮落、断裂、弯曲及底板隆起），可能导致地下水分布变化，诱发突水事故。

3. 影响支护密度、支护形式及支护性能

顶板的类型直接影响其支柱密度和支护形式；而底板岩石的刚度则直接影响到支架的支护性能。如单体支柱的底面积仅 $100~cm^2$，在底板比较松软的情况下支柱很容易插入底板（俗称插针），从而失去对顶板的支撑作用。若底板为泥岩时则会遇水膨胀变软，甚至呈泥状，使采煤、运输机械下沉，支架失去对顶板的控制，从而影响生产。

三、针对煤层顶底板的不同情况采取的措施

1. 支护形式、支护性能和设备选型

煤层直接顶的稳定性和基本顶来压显现的强烈程度，直接影响工作面支护密度、支护形式和设备选型，而底板岩石的刚度则直接影响支架的支护性能。例如，工作面支架选型时，直接顶稳定和基本顶来压大时选支撑掩护式，直接顶不稳定和基本顶来压小时选掩护式。

2. 回采工作面的开采方式和工艺

不同的地质条件和煤层厚度采用不同的采煤工艺，例如，构造复杂、采高 0.8 ~ 1.3 m 的薄煤层、倾角小于 15°且采区走向长度受限制的工作面，宜采用高档普采的回采工艺；如工作面地质构造较简单，断层、褶曲少的中薄、中厚煤层，宜选用综合机械化采煤工艺。

四、矿山压力与冲击地压

1. 矿山压力及其成因

地下的煤层和岩层，在未采动之前，原岩应力处于平衡状态。采掘工程破坏了原始的应力平衡状态，引起岩体内部的应力重新分布，直至形成新的平衡状态。这种由于矿山开采活动的影响，在采掘空间周围岩体内形成的和作用在巷硐支护物上的力定义为矿山压力，简称矿压。

矿山压力来源于上覆岩层的重力作用和地质构造的残余应力。上覆岩层的重力作用取决于岩石的组成和厚度。如果地壳浅部岩石的平均密度为 2.5 t/m³，则自地表向下每深 1 m，巷道承受的压力就增加 25 Pa，在垂深 400 m 处，其静压力达 0.1 MPa。地质构造是地质应力作用的结果，其残余应力主要表现为水平应压力。大量实测资料表明，在地质构造较复杂的地区或断层、褶皱、节理发育部位，构造残余应力对矿山压力的影响明显增大。

2. 地质因素对矿山压力的影响

(1) 煤、岩层的物理力学性质。煤、岩层的力学性质是影响矿山压力活动最直接的因素。不同的煤层顶底板岩性和岩性结构影响矿山压力的大小、步距、来压周期及矿山压力形成和显现形式。对煤层顶底板、含水层、坚脆砂岩层、松软泥岩层，要逐层分析它们沿走向和倾向的变化，以及受构造破坏的情况。在垂直方向上要系统研究各煤、岩层的层序及组合情况，统计顶底板的裂隙特征、含水层组的构造、有矿山压力潜在危险的层组的岩石力学性质指标，以及它们和煤层之间的间距。最后在反映工程地质特征的采掘工程平面图上圈出有矿山压力潜在危险的区域，在剖面图和柱状图上标出有矿山压力潜在危险的层段，并附有关危险性鉴定指标。

(2) 地质构造。地质构造与矿山压力的形成及其显现特征密切相关。断裂交叉点附近、帚状构造收敛部位、断层的两端、平面上断层转弯部位、雁行式断层首尾相接部位、同一条断层倾向转折点附近、断层两侧差异运动较剧烈的部位、褶曲轴部和翼部的交界附近及逆冲断层或逆掩断层的上盘、两次构造叠加的部位等，均是构造应力集中甚至是高度集中地段，也是矿山压力显现的地段，是支护的重点地段。

(3) 水文地质条件。矿井水的浸润渗透改变了岩石的力学性质，降低了岩石的强度，从而引起围岩的变形和破坏。吸水性强的岩石容易软化、液化或产生膨胀作用，使井巷围岩失稳，采场顶板松散，底板泥化。特别是在采动影响下，原有岩体的水文地质结构被破坏，引起地下水运动状态的改变，使巷道和工作面局部的应力集中，发生地下水压力的冲溃现象。应观测地下水的水位、水压、水理性质，研究含水层分布、与煤层的间距、隔水层性质及其间组合关系等，特别要注意出现与矿山压力伴生的透水现象。

（4）瓦斯。煤（岩）与瓦斯突出是冲击地压的一种表现形式。煤（岩）与瓦斯突出和煤层埋藏深度、煤层厚度、煤层结构、煤质变化、煤层顶底板岩性、构造和地下水活动等有关。

3. 冲击地压

井巷或工作面周围煤（岩）体由于弹性变形能的瞬时释放而产生的突然、剧烈破坏的动力现象称为冲击地压。

冲击地压的主要特征有类似爆炸的巨声，巨大的冲击波，强烈弹性振动，煤体挤压移动（在顶板下层面上留有清晰擦痕）或粉碎（靠近顶底板处出现粉状煤），顶板下沉、底鼓裂。

冲击地压给矿井安全生产带来极大危害，必须通过地质的调查研究，分析诱发因素，掌握突发规律，并在此基础上开展地压预报，切实做好预防和治理工作。目前各矿经常采用的措施见表3-7。

表3-7　冲击地压的防治方法与措施

防治方法	适用范围	措施与要求
开采解放层	适用于煤层群开采	先采无冲击地压、危险性较小的煤层。开采解放层应超前于被解放层的掘进工作面。在全走向内不允许残留煤柱，要避免出现应力集中
震动爆破	适用于石门揭开危险层	在掘进过程中及临近危险层前增加炮眼，加大炸药量，用强烈震动的方法诱发冲击能量释放，扩展裂隙范围，降低应力梯度
钻孔卸载	适用于石门穿过危险层	石门掘进到离危险层5~8 m处停止，在周边钻卸载钻孔3圈，每圈相距3~5 m，共20~40个。利用钻孔削弱积聚在煤体内的能量，防止突出
水力冲孔	适用于煤质松软、瓦斯压力大的煤层	与钻孔卸载相似，利用钻孔送入高压水，冲刷煤层，引导喷煤卸压
煤层注水	适用于透水性较好的煤层	在工作面打注水钻孔，注入高压水，使煤体均匀湿润，并使煤体呈塑性变化，降低应力梯度及瓦斯涌出量，减少煤尘，防止冲击
强制放顶	适用于坚硬顶板的工作面	利用爆破的方法向采空区内不垮落的坚硬顶板打眼放顶，强制垮落卸载，防止顶板大面积突然冒落的威胁
改进采煤方法与回采顺序	具有冲击危险的矿井	采场不留煤柱，支架整齐，回采干净，尽可能有利于顶板垮落；选择合理回采顺序，避免相向回采和煤的三面临空，防止支撑力叠加、应力集中和应力变化而引起的突然冲击

任 务 实 施

（1）煤层顶底板的不同情况可能给煤矿生产带来的影响，分析煤矿生产过程中应采取什么措施?

（2）可以结合煤矿生产实例，分析冲击地压是如何威胁煤矿安全生产的?

（3）针对以上问题写出分析报告。

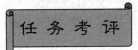

任务五考评见表3-8。

表3-8 任务考评表

考评项目	评 分		考 评 内 容
素质目标	20分	6分	遵守纪律情况
		7分	认真听讲情况，积极主动情况
		7分	团结协作情况，组内交流情况
知识目标	40分	20分	熟悉矿山压力的成因
		20分	熟悉地质因素对矿压的影响
技能目标	40分	40分	能正确分析顶底板及矿山压力对煤矿生产的影响，并有独到见解

项目四 矿井灾害防治

学习目标

本项目包括矿井瓦斯及煤与瓦斯突出防治、防井水害防治两个任务。一些矿井煤层瓦斯含量大，矿井瓦斯事故成了矿井主要灾害，研究瓦斯的形成、赋存和分布规律，运用这些规律指导矿井通风设计和生产管理，对煤矿安全生产有着重要意义。为有效减少矿井水对煤矿生产的影响，有必要学习矿井透水预兆及矿井水害防治的有关知识。

任务一 矿井瓦斯及煤与瓦斯突出防治

技能点
- ◆ 能合理提出矿井瓦斯涌出治理的措施；
- ◆ 能初步具备进行煤与瓦斯突出防治的能力。

知识点
- ◆ 矿井瓦斯基础知识；
- ◆ 煤层瓦斯含量和瓦斯突出的影响因素，矿井瓦斯涌出量预测；
- ◆ 矿井瓦斯涌出治理方法及煤与瓦斯突出防治方法。

相关知识

一、瓦斯基础知识

1. 瓦斯成分及其性质

瓦斯是多种成分的混合气体。经研究表明，瓦斯成分以甲烷（CH_4）为主，其次是氮气（N_2）和二氧化碳（CO_2），其他成分的含量很少，狭义的瓦斯仅指甲烷。甲烷为无色、无味、无臭、无毒的气体，在 1.01×10^5 Pa 气压下，温度为 0 ℃时，每立方米的甲烷重 0.716 kg，与空气比较，其相对密度为 0.554，比空气轻，因而在井下常停积在巷道上部。空气中甲烷浓度达到 5% ~16% 时，遇引火源即可发生爆炸。

二氧化碳为无色、无臭、略带酸味并有一定毒性的气体，它的相对密度比空气大，在井下主要分布在巷道的下部。大量的二氧化碳在井下突然喷出可使人窒息。

2. 瓦斯在煤层内的赋存状态

（1）游离状态瓦斯。瓦斯是以自由的气体状态存于煤体、围岩的孔隙、裂隙或空洞中。瓦斯分子在煤体孔隙内可以自由运动。

（2）吸着状态瓦斯。包括吸附瓦斯和吸收瓦斯。吸附瓦斯是瓦斯分子吸附在煤体或岩体孔隙的表面，形成一层瓦斯薄膜，薄膜的形成是由于气体分子与固体颗粒之间存在着极大的分子引力所致。吸收瓦斯是瓦斯分子进入煤体内部，瓦斯分子与煤分子紧密地结合成固溶体，这和气体被液体所溶解的现象相似（图 4-1）。

这两种状态的瓦斯在一定压力和温度条件下处于动平衡状态，即压力增加、温度降低，自由状态瓦斯可以转化为吸附状态瓦斯；压力降低、温度升高，吸附状态瓦斯可以转化为自由状态瓦斯，这一过程称为解吸过程，它是一种吸热反应。

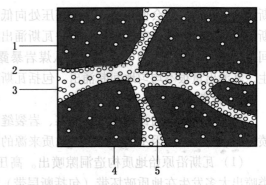

1—吸收瓦斯；2—吸附瓦斯；3—游离瓦斯；
4—煤体；5—孔隙

图 4-1 瓦斯在煤体中的存在状态

3. 煤层瓦斯含量及测定方法

煤层瓦斯含量是指未经开采的煤层与围岩中保存瓦斯的数量，单位是 m^3/t，瓦斯含量的测定方法主要有直接测定法和间接测定法两大类。

1）直接测定法

直接测定法有地勘解吸法、气测井法和井下钻屑解吸法 3 种。

（1）地勘解吸法。在煤田地质勘探时期，按要求有目的地布置钻孔，钻至煤层中用普通煤芯管钻取煤芯，当煤芯提出孔口后，用密闭罐采取含瓦斯的煤样，现场解吸测定煤样瓦斯解吸含量，根据煤样暴露时间计算采样过程中损失瓦斯量，然后，将密闭罐送至实验室，测定煤芯中残存瓦斯含量。解吸瓦斯量与残存瓦斯量的总和，除以煤芯可燃基质量，得出单位质量煤的瓦斯含量。该方法在煤样提取出孔及装入密闭罐的过程中瓦斯大量释放（一般达到瓦斯总量的 10% ~ 40%），虽然进行了计算补差，结果往往存在一定误差，在使用钻孔瓦斯资料时应当注意。

（2）气测井法。利用半自动测井仪，测定从钻孔流出的冲洗液中溶解的瓦斯量，同时测定煤芯及岩屑中残余的瓦斯量，以此为基础将所测得的总瓦斯量除以钻进时切除的煤质量，得出煤层瓦斯含量。

（3）井下钻屑解吸法。利用井下新揭露煤帮或工作面，采用煤电钻配快换接头钻杆沿煤层施工一定深度钻孔，现场迅速采集孔底钻出煤屑装入密闭罐，解吸煤样瓦斯含量。然后将密闭罐送至实验室，测定煤屑中残存瓦斯含量。解吸瓦斯量与残存瓦斯量的总和，除以煤屑可燃基质量，得出单位质量煤的瓦斯含量。井下钻孔采样过程中，瓦斯损失量较少，因此，该方法获取的瓦斯含量数据较为可靠。

2）间接测定法

煤层瓦斯含量间接测定法是首先在实验室中进行煤样的瓦斯吸附实验和真假相对密度的测定，然后绘制瓦斯吸附等温线，计算煤的孔隙体积，再按朗格缪尔方程式并引入煤的水分、温度修正系数，以及代入实测的煤层瓦斯压力，最后计算出煤的瓦斯含量。

4. 矿井瓦斯涌出

一般情况下，瓦斯以承压状态存在于煤层中。随着矿井开采，破坏了煤层中原有的瓦斯压力平衡后，便会使瓦斯产生由高压处向低压处的流动，进入井巷及采掘作业空间。瓦斯从煤层中进入矿井空气中称为矿井瓦斯涌出，分普通涌出和特殊涌出。普通涌出是在时间上与空间上缓慢、均匀、持久地从煤岩暴露面涌出；特殊涌出是在时间上突然集中发生，其涌出量很不均匀地间断涌出，包括瓦斯喷出和煤与瓦斯突出。

1) 瓦斯喷出

大量承压状态的瓦斯从可见的煤、岩裂缝中快速喷出的现象称为瓦斯喷出。根据瓦斯喷出裂缝的显现原因不同，可分为地质来源的瓦斯喷出和采掘地压形成的瓦斯喷出两类。

(1) 瓦斯沿原始地质构造洞隙喷出。高压瓦斯沿原始地质构造孔洞或裂隙喷出，这类喷出大多发生在地质破坏带（包括断层带）、石灰岩溶洞裂隙区、背斜或向斜储瓦斯区及其他储瓦斯构造附近有原始洞缝相通的区域（图4-2）。喷出的特点往往是流量大，持续时间长，无明显的地压显现现象。喷瓦斯裂缝多属于开放性裂隙（张性或张扭性断裂），它们与储气层（煤层、砂岩层等）、溶洞或断层带贯通。

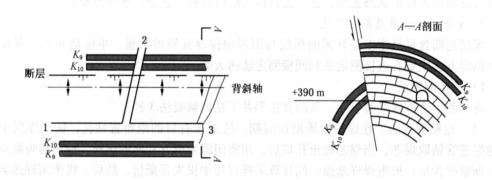

1—北茅口灰岩大巷；2—北一石门；3—瓦斯喷出裂隙
图4-2 中梁山南井390水平北茅口灰岩大巷瓦斯喷出地点地质构造

(2) 瓦斯沿采掘地压形成的裂隙喷出。这类喷出也往往与地质构造有关，因为在各种地质构造应力破坏区内，原有处于封闭状态的构造裂隙在采掘地压与瓦斯压力联合作用下很容易张开、扩展开来，成为瓦斯喷出的通道。若地压显现是突然的，这就更增加了危险性。喷出的特点是：喷出濒临发生时伴随着地压显现效应，出现多种显现预兆，喷出持续时间较短，其流量与卸压区面积、瓦斯压力和瓦斯含量大小等因素有关。

2) 煤与瓦斯突出

煤矿建设、生产过程中，在很短时间（数分钟）内，从煤（岩）壁内部向采掘工作空间突然喷出大量煤（岩）和瓦斯（CH_4、CO_2）的现象，称为煤（岩）与瓦斯突出，简称突出。它是一种伴有声响和猛烈力能效应的动力现象，它能摧毁井巷设施，破坏通风系统，使井巷充满瓦斯与煤粉，造成人员窒息，煤流埋人，甚至引发矿井火灾和瓦斯爆炸事故。因此，它是煤矿最严重的自然灾害之一。对煤与瓦斯突出，可以根据力学特征和强度进行分类。

(1) 根据动力现象的力学（能源）特征分为突出、压出和倾出3类：①突出主要是地应力和瓦斯压力联合作用造成的，通常以地应力为主，突出的基本能源是煤体内积蓄的高压瓦斯潜能；②压出主要是地应力造成的，瓦斯压力和煤的自重是次要因素，压出的基本能源是煤岩所积蓄的弹性势能；③倾出主要因素是地应力，即结构松散、含有瓦斯致使内聚力降低的煤，在较高地应力作用下，突然破坏、失去平衡，为其势能的释放创造条件。实现倾出的力是失去平衡的煤体自身的重力。

（2）根据动力现象的强度分为小型突出、中型突出、次大型突出、大型突出和特大型突出。强度是指每次动力现象抛出的煤（岩）的数量和瓦斯量。由于在动力现象过程中瓦斯量的计量工作尚存在一些技术问题，现在分类主要依据抛出煤（岩）的重量：①小型突出强度每次为 50 t，突出后，瓦斯浓度经过几十分钟可恢复正常；②中型突出强度每次为 50 ~ 99 t，突出后，瓦斯浓度经过一个工作班以上可逐步恢复正常；③次大型突出强度每次为 100 ~ 499 t，突出后，瓦斯浓度经过一天以上可逐步恢复正常；④大型突出强度每次为 500 ~ 999 t，突出后，瓦斯浓度经过几天后可逐步恢复正常；⑤特大型突出强度每次为 1000 t 以上，突出后，瓦斯浓度经过长时间排放，回风系统瓦斯浓度才恢复正常。

5. 矿井瓦斯涌出量与矿井瓦斯等级

矿井瓦斯涌出量是指开采过程中煤层或围岩在单位时间内瓦斯的涌出量。矿井瓦斯涌出量是确定矿井瓦斯等级、矿井通风设计及通风管理的依据。矿井瓦斯涌出量分为绝对瓦斯涌出量及相对瓦斯涌出量两种。

绝对瓦斯涌出量是指矿井在单位时间内涌出的瓦斯量，用 m^3/min 表示；相对瓦斯涌出量是指矿井在正常生产情况下，平均日产 1 t 煤的瓦斯涌出量，用 m^3/t 表示。

我国现行的《煤矿安全规程》规定：根据矿井相对瓦斯涌出量、矿井绝对瓦斯涌出量、工作面绝对瓦斯涌出量和瓦斯涌出形式，矿井瓦斯等级划分为低瓦斯矿井、高瓦斯矿井和突出矿井 3 级。

（1）低瓦斯矿井。同时满足下列条件的为低瓦斯矿井：①矿井相对瓦斯涌出量不大于 10 m^3/t；②矿井绝对瓦斯涌出量不大于 40 m^3/min；③矿井任一掘进工作面绝对瓦斯涌出量不大于 3 m^3/min；④矿井任一采煤工作面绝对瓦斯涌出量不大于 5 m^3/min。

（2）高瓦斯矿井。具备下列条件之一的为高瓦斯矿井：①矿井相对瓦斯涌出量大于 10 m^3/t；②矿井绝对瓦斯涌出量大于 40 m^3/min；③矿井任一掘进工作面绝对瓦斯涌出量大于 3 m^3/min；④矿井任一采煤工作面绝对瓦斯涌出量大于 5 m^3/min。

（3）突出矿井。我国现行的《防治煤与瓦斯突出细则》指出：突出矿井是指在矿井开拓、生产范围内有突出煤层的矿井。突出煤层是指在矿井井田范围内发生过突出或者经鉴定、认定有突出危险的煤层。

二、瓦斯含量与瓦斯突出的影响因素

1. 瓦斯含量的影响因素

（1）煤的变质程度。煤对瓦斯的吸附能力与煤体内孔隙、裂隙发育程度有关。成煤初期形成的褐煤，结构疏松、孔隙率大，具有很强的吸附能力。但在自然条件下，褐煤阶段本身尚未生成大量瓦斯，即使生成也不易保存，所以瓦斯含量很小。在煤的变质过程中，煤逐渐变得致密，孔隙率减少，故在长焰煤阶段，其孔隙率和表面积都比较小，因而吸附瓦斯的能力大大降低，最大吸附量为 20 ~ 30 m^3/t。随着煤的进一步变质，煤体内部因干馏作用而产生许多微孔隙，使煤的表面积不断增加，至无烟煤阶段达到最大限度，所

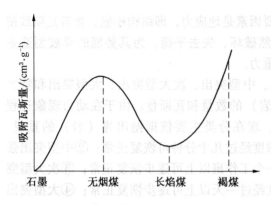

图 4 – 3　不同变质程度煤与瓦斯的吸附能力

以无烟煤的吸附能力最强,可达 50 ~ 60 m³/t。在强大地压持续作用下,微孔隙收缩减小,到石墨变为零,使其吸附能力消失(图 4 – 3)。

吸附能力强的煤不一定煤层瓦斯含量大,最终煤层瓦斯含量大小还与保存条件有关。

(2)围岩和煤层的渗透性。赋存于煤层中的瓦斯是有压力的,因而使瓦斯在煤层中不断地运移和排放,其运移和排放速度与围岩及煤层的渗透性密切相关。如果煤层与围岩的渗透性好,瓦斯易逸散,不易保存,煤层瓦斯含量低;反之,则易于保存,煤层瓦斯含量高。例如,北京京西矿区的晚侏罗世煤系,尽管为无烟煤,但由于其顶板为砂岩,孔隙、裂隙多,瓦斯排放条件好,煤层瓦斯含量小。辽宁抚顺古近纪、新近纪煤系,煤层顶板有百余米厚的致密油页岩,瓦斯不易排放,致使煤层瓦斯含量大。

(3)地质构造。地质构造往往是造成同一矿区内瓦斯含量不同的主要因素。通常,张性断层尤其是通达地表的张性断层,有利于瓦斯的排放;压性断裂不利于瓦斯排放,甚至有一定封闭作用,促进瓦斯在煤层内的聚集。褶皱构造对瓦斯分布也有重要影响。当顶板为致密岩层且未暴露地表时,背斜瓦斯含量由两翼向轴部增大,向斜槽部瓦斯含量减少;当顶板为脆性岩层且裂隙较多时,瓦斯容易扩散,脆性岩层顶板的煤层背斜顶部瓦斯含量减少,向斜轴部瓦斯含量增加。

(4)煤田的暴露程度。在暴露式煤田中,含煤岩系出露地表,瓦斯易于排放逸散;在隐伏式煤田中,若含煤岩系的覆盖层为不透气岩层且厚度大时,则不利于瓦斯排放。

(5)地下水活动。瓦斯可随地下水的流动而排放,地下水有助于瓦斯的逸散。地下水活动强烈的地区,瓦斯含量小。此外,水分子被吸附在煤或裂隙的表面后,减弱了煤对瓦斯的吸附能力,水分占据了煤的孔隙,排挤自由状态的瓦斯,因此,煤层含水可降低瓦斯的含量。

(6)煤层埋藏深度。通常情况下,同一煤层瓦斯含量随深度增加而增大。在瓦斯风化带以下,瓦斯含量、涌出量和瓦斯压力与深度增加有一定的比例关系。矿井瓦斯相对涌出量与深度的关系,常用瓦斯压力梯度(指矿井瓦斯相对涌出量每增加 1 m³/t 时,深度增加的米数)来表示。瓦斯压力梯度是指同一矿井瓦斯压力增加 0.101 MPa 的垂直距离。每延深 1 m 的瓦斯压力增加值,称为瓦斯压力增加率。瓦斯压力梯度可用下式求出:

$$a = \frac{H_1 - H_2}{Q_1 - Q_2} \tag{4-1}$$

式中　a——瓦斯压力梯度,m/(m³·t);

　　　H_2、H_1——瓦斯风化带以下两次测定深度,m;

　　　Q_2、Q_1——对应的相对瓦斯涌出量,m³/t。

在矿区一定范围内,瓦斯压力梯度比较稳定,可作为预测瓦斯涌出量的重要依据。不同矿区或不同井田,瓦斯压力梯度均有变化。例如,我国河北开滦赵各庄矿为 29 m/(m³·t),

辽宁抚顺龙凤矿为 10 m/(m³·t)，山西阳泉四矿为 2.7 m/(m³·t) 等。

除上述诸因素外，煤层厚度变化、岩浆侵入等对瓦斯含量也有直接影响，只是各矿区的影响程度不同而已。

我国不少受瓦斯影响较严重的煤矿根据本矿区（井田）瓦斯含量影响因素，编制瓦斯地质图，对矿井安全生产有重要的指导意义。

2. 影响煤与瓦斯突出的主要地质因素

（1）煤层厚度。一般情况下，煤层厚度大于 20 m 才会出现煤与瓦斯突出。随着煤层厚度加大，特别是煤层中软分层厚度增大，突出的危险性也在增加。一个突出矿井，多数是厚煤层比薄煤层危险性大，厚煤层突出深度比薄煤层浅。

（2）地质构造。突出地段的煤层或煤分层受构造运动影响，使煤层厚度有所变化，煤层受搓揉挤压呈鳞片状、粒状、粉末状，煤的强度大大降低。因此，突出集中地带多数受构造控制，而且成带出现。向斜轴部地区、向斜构造中局部隆起地区、向斜轴部与断层或褶曲交会地区、煤层扭转地区、煤层倾角骤变而走向拐弯及变厚地区、岩浆岩形成变质煤与非变质煤交混或邻近地区、压性或压扭性断层地区、煤层构造分叉地区、顶底板阶梯状凸起地区等都是突出点密集地区，也是大型甚至特大型突出地区。

（3）突出深度。突出发生在一定的深度上，开始发生突出的最浅深度称为始突深度，一般比瓦斯风化带的深度深一倍以上。随着深度增加，突出次数增多，突出强度增大，突出层数增加，突出危险区域扩大。

始突深度标志着突出需要起码的地应力与瓦斯压力，因矿井所在构造区域的不同、煤层倾角大小差别，始突深度有较大的差异。煤层倾角大，突出深度浅；煤层倾角小，突出深度较深。例如，我国突出深度最浅的矿井是湖南涟邵煤田隆回县三合煤矿，在 40 m 处发生过强度达 50 t 的突出。而在一般情况下，突出多发生在深度大于 120 m 以上的地带。

（4）围岩性质。突出危险性随硬而厚的围岩（硅质灰岩、砂岩等）存在而增高。坚硬围岩可以限制煤层内较高的瓦斯压力，当巷道揭穿围岩、压力平衡被打破时，煤体内瓦斯压力迅速释放，造成大量的煤与瓦斯突出。

（5）煤体内部结构。煤层内部分层中力学性质较弱的软分层，是影响突出的重要因素之一。如果某矿区，长期以来对厚煤层分层开采一直无突出现象，在采用一次采全高综采与放顶煤综采开采后发生了突出，原因就是在煤层下部存在约 0.6 m 的软弱分层，对突出发生了作用。

煤与瓦斯突出，除与地质因素有关外，还与采掘形成的集中压力带、掘进方向造成的煤体自重失稳、采掘作业引起煤体应力状态变化剧烈程度等有关。例如，邻近煤层留存煤柱，或本层内两个工作面相距很近，造成采掘集中压力重叠，这些地段是易突出地带。

煤与瓦斯突出是地压、高压瓦斯和煤体结构性能三方面因素综合作用的结果，是聚集在围岩和煤体中大量潜能的高速释放。其中，高压瓦斯在突出的发生过程中起决定性作用，地压是激发突出的因素。每次突出都有这三方面因素。前两个因素是突出的发生与发展的动力；后一个因素是阻碍突出发生的力。如果前两个因素取得支配地位，即加在煤体上的地应力与瓦斯压力所引起的应力大于煤层的破坏强度时，就可能发生突出现象。当后一个因素取得主导地位时，就不会发生突出现象。

三、瓦斯含量预测与矿井瓦斯涌出量预测

1. 瓦斯含量预测

一个井田内不同煤层瓦斯含量可能存在较大的差别，瓦斯含量预测应分煤层进行。预测的基础工作是收集井田内瓦斯钻孔、井下采样点位置及原始分析资料，编制瓦斯含量预测图。瓦斯含量预测图分煤层以煤层底板等高线图为底图编制，在底图上投绘各资料点位置并标注瓦斯含量值，根据各采样点埋藏深度（各点地面标高——煤层底板标高）和瓦斯含量的散点关系，经回归分析求取瓦斯含量与埋藏深度的关系式。以此瓦斯含量与埋藏深度的统计规律，根据煤层的埋藏深度情况，利用插值和外推的方法，连绘瓦斯含量等值线，编制出煤层瓦斯含量预测图。连绘瓦斯含量等值线时，应充分考虑地质构造因素对煤层瓦斯含量的影响，使预测结果与理论及实际情况相一致。

2. 矿井瓦斯涌出量预测

从目前的研究现状看，矿井瓦斯涌出量预测方法主要有两类：一是建立在数理统计基础上的统计预测法，它是依据矿井瓦斯涌出量与回采深度等参数之间的统计规律，外推到预测区域中的瓦斯涌出量；二是以煤层瓦斯含量为基本参数的分源计算法，它以煤层瓦斯含量为预测的主要依据，通过计算井下各涌出源的瓦斯涌出量，对矿井瓦斯涌出量进行预测（图4-4）。

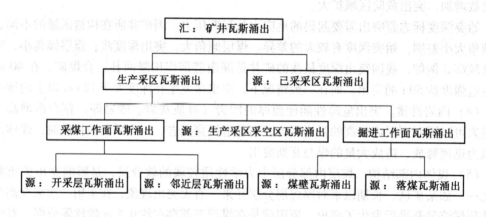

图4-4　矿井瓦斯涌出量预测

3. 煤与瓦斯突出危险性预测

矿井中的煤与瓦斯突出往往发生在个别区域，这个区域的面积一般只占整个井田面积的10%左右。为了保证矿井安全生产，对突出危险程度不同的区域应采取不同的措施。为了划分突出危险程度不同的区域，就需要进行突出危险性预测。

突出危险性预测主要可分为两类，即区域性预测和工作面预测。前者的任务是确定矿井、煤层和煤层区域的突出危险性；后者的任务是在前者预测的基础上，及时预测局部地点即采掘工作面的突出危险性。

1）区域性突出危险性预测

区域性突出危险性预测首先由矿井地测和通风部门收集地质勘探获取的煤层厚度、煤

的结构破坏类型及工业分析、煤层围岩性质及厚度、地质构造、煤层瓦斯含量、煤层瓦斯压力、煤的瓦斯放散初速度指标、煤的坚固系数、水文地质情况及岩浆岩侵入体形态及分布等资料，共同编制瓦斯地质图。图中应标明地质构造、采掘进度、煤层赋存条件、突出点的位置及强度以及瓦斯参数等，然后在此基础上利用单项指标法、瓦斯地质统计法或综合指标 D 与 K 法等进行突出区域危险性预测。

（1）单项指标法。采用该法时，应根据矿区实测资料确定各种指标的突出危险临界值，无实测数据时，可根据煤的破坏类型、煤的坚固性系数、瓦斯压力等指标进行确定。据不完全统计，我国各煤层始突深度的瓦斯压力皆大于 0.74 MPa，煤层瓦斯含量皆大于 10 m³/t。因此，上述两指标值可作为区域预测突出危险性时的参考指标。小于上述指标值时，煤层无突出危险；等于或大于上述指标值时，有发生突出的可能。

（2）瓦斯地质统计法。该法的实质是根据已开采区域突出点分布与地质构造（包括褶曲、断层、煤层赋存条件变化、岩浆岩侵入等）的关系，然后结合未采区的地质构造条件来大致预测突出可能发生的范围。不同矿区控制突出的地质构造因素是不同的，某些矿区的突出主要受断层控制，另一些矿区则主要受褶曲或煤层厚度控制。因此，各矿区可根据已采区域主要控制突出的地质构造因素来预测未采区域的突出危险性。

在矿区突出主要受断层控制时，可根据已采区突出点距断层的最远距离线来划定该断层延伸部分未采区的突出危险程度。

（3）综合指标 D 与 K 法。用综合指标 D 与 K 来预测煤层突出危险性的公式如下：

$$D = \left(\frac{0.0075H}{f} - 3 \right) \times (p - 0.74) \qquad (4-2)$$

式中　　D——综合指标之一；

　　　　H——煤层开采深度，m；

　　　　p——煤层瓦斯压力，MPa；

　　　　f——煤层软分层的平均坚固系数。

$$K = \frac{\Delta p}{f} \qquad (4-3)$$

式中　　K——综合指标之一；

　　　　Δp——煤层软分层煤的放散初速度指标。

综合指标 D 和 K 的区域危险临界值，应根据本矿区实测数据确定；无实测数据时，可参照《防治煤与瓦斯突出规定》执行。

2）工作面突出危险性预测

工作面突出危险性预测，按巷道性质的不同，又分为石门、煤巷和回采工作面突出危险性预测。目前采用的方法主要有钻屑指标法、钻孔瓦斯涌出初速度法及其他综合指标法等。这些方法简称静态法，都是利用井下钻孔来实现的，因此又称为钻孔法。

（1）屑指标法。主要依据突出发生前钻屑量有明显增大变化及瓦斯含量明显增大的特点，通过施工钻孔测定钻屑量和进行瓦斯解吸，求取相关指标参数，与标准对照，预测瓦斯突出的危险性（表4-1、表4-2）。

（2）钻孔瓦斯初速度法。施工钻孔采用瓦斯流量计测定瓦斯涌出初速度，根据所测数据对照经验标准值指标确定瓦斯突出危险性（表4-3）。

表 4-1　钻屑指标法预测石门工作面突出危险性

最大钻屑量 S_{max}		最大钻屑解吸指标				突出危险性
				$K_1/[L \cdot (g \cdot min^{1/2})^{-1}]$		
kg/m	L/m	Δh_2	C	$f \geq 0.35$	$f < 0.35$	
≥ 6	≥ 5.4	≥ 200	≥ 2.3	≥ 0.8	≥ 0.6	突出危险
< 6	< 5.4	< 200	< 2.3	< 0.8	< 0.6	突出危胁

表 4-2　钻屑指标法预测掘进工作面突出危险性

最大钻屑量 S_{max}		最大钻屑解吸指标				突出危险性
				$K_1/[L \cdot (g \cdot min^{1/2})^{-1}]$		
kg/m	L/m	Δh_2	C	$f \geq 0.35$	$f < 0.35$	
≥ 6	≥ 5.4	≥ 200	≥ 2.3	≥ 0.7	≥ 0.5	突出危险
< 6	< 5.4	< 200	< 2.3	< 0.7	< 0.5	突出危胁

表 4-3　钻孔瓦斯涌出初速度的突出危险临界值

煤的挥发分 $V_{daf}/\%$	$51 \sim 5$	$15 \sim 20$	$20 \sim 30$	> 30
$q_m/(L \cdot min^{-1})$	5.0	4.5	4.0	3.5

（3）综合指标 D 与 K 法。在石门揭煤前，在岩石工作面至少打 2 个测压孔测定瓦斯压力 p_0，打孔过程中从每米煤孔中取样测定煤的坚固系数 f 值，并测定最小坚固系数的煤的瓦斯放散初速度 Δp 值，根据上述测定结果，取最大瓦斯压力值、煤的最小坚固性系数平均值及瓦斯放散初速度值计算 D、K 值，最后对比经验参数标准值确定突出危险性（表4-4）。

表 4-4　判断突出危险性的综合指标临界值

煤层突出危险性的综合指标		突出危险性
D	K	
< 0.25		突出危胁
≥ 0.25	< 15	突出危胁
≥ 0.25	≥ 15	突出危险

四、矿井瓦斯涌出的治理

矿井瓦斯涌出的治理一般有 3 种方法，即分源治理、分级分类治理和综合治理。

1. 分源治理

分源治理是针对瓦斯来源（赋存、涌出规律及其数量）特征，采取相适应的治理技术措施，即通过方案类比，选取效果、经济方面最优的治理方法。

128

2. 分级分类治理

分级分类治理是按瓦斯危险程度对独头掘进巷道进行分级分类，并按瓦斯危险类别进行治理。划分出特别危险的工作面，以便集中注意力，提高工程技术人员、管理人员和直接操作人员的责任心，严格地遵守《煤矿安全规程》和有关规定的所有要求。对于瓦斯涌出特别危险的工作面，采取特殊的管理措施和施工技术措施。

3. 综合治理

综合治理是指以消除瓦斯危险为方向，以确保作业人员人身安全为主要目标，预测瓦斯涌出形式和涌出量，编制与实施预防瓦斯综合措施（瓦斯分级分类管理、分源治理），检查与评价措施效果，以及意外危险出现时应急的安全保障措施等的综合安全防治措施。

五、煤与瓦斯突出防治

按照我国现行的煤矿瓦斯管理规定，每个矿井每年都需要进行瓦斯等级鉴定工作，并按管理权限报请相关安全生产监督管理部门审批，矿井必须按照批复的瓦斯等级进行管理。有突出矿井的煤矿企业、突出矿井应当依据《防治煤与瓦斯突出细则》，结合矿井开采条件，制定、实施区域和局部综合防突措施。

1. 瓦斯突出的预兆

绝大多数突出都有预兆，它是突出准备阶段的外部表现。预兆主要有 3 个方面：地压显现、瓦斯涌出、煤力学性能与结构变化。

（1）地压显现方面的预兆有煤炮声、支架声响、掉渣、岩煤开裂、底鼓、岩煤自行剥落、煤壁外鼓、来压、煤壁颤动、钻孔变形、垮孔顶钻、夹钻杆、钻粉量增大、钻机过负荷等。

（2）瓦斯涌出方面的预兆有瓦斯涌出异常、瓦斯浓度忽大忽小、煤尘增大、气温与气味异常、打钻喷瓦斯、喷煤、哨声、蜂鸣声等。

（3）煤力学性能与结构变化方面的预兆有层理紊乱、煤强度松软或软硬不均、煤暗淡无光泽、煤厚变化大、倾角变陡、波状隆起、褶曲、顶板和底板阶状凸起、断层、煤干燥等。

除上述突出预兆外，突出预兆中还有多种物理（如声、电、磁、震、热等）异常效应。随着现代电子技术及测试技术的高速发展，这些异常效应已被应用于突出预报。

2. 区域性防突措施

（1）开采保护层。在突出矿井中，预先开采的并能使其他相邻的有突出危险煤层受到采动影响而减少或失去突出危险的煤层称为保护层，后开采的煤层称为被保护层。《煤矿安全规程》规定，在突出矿井中开采煤层群时，必须首先开采保护层。受到保护的地区按非突出煤层进行采掘工作。保护层开采后，只在被保护层的一定区域内可以降低或消除突出危险，这个区域就是保护范围。划定保护范围，就是在空间和时间上确定卸压区的有效范围。

（2）预抽煤层瓦斯。采用预抽突出危险煤层瓦斯作为区域性防止突出措施。抽放瓦斯的方式有本层钻孔抽放和穿层钻孔抽放，这种措施的实质是，利用均匀布置在突出危险煤层内的大量钻孔，经过一定时间（数个月至数十个月）预先抽放瓦斯，以降低其瓦斯压力与瓦斯含量，并利用由此引起煤层收缩变形、地应力下降、煤层透气系数增加和煤的强度增高等效应，使抽放瓦斯的煤体失去或减弱突出的危险性。

（3）煤层注水。作为区域性防突措施的煤层注水，是在大面积范围内均匀布置顺层长钻孔来实现的。通过钻孔向煤体中大面积均匀注水，使煤层湿润（水分含量不低于5%），增加煤的可塑性，在煤层随后开采时，可减小工作面前方的应力集中；当水进入煤层内部的裂缝和孔隙后，可使煤体瓦斯放散速度减慢，因此，煤层注水可以减缓煤体弹性潜能及瓦斯潜能的突然释放，降低或消除煤层的突出危险性。由于煤体结构的不均匀性和地质构造的存在，通过注水很难做到均匀湿润煤体，所以可把煤层注水作为一项辅助的防突措施与预抽瓦斯等配合使用。

3. 局部性防突措施

1）石门揭开防突措施

（1）震动性爆破。震动性爆破是人为诱导突出的措施。采取增加掘进工作面炮眼数目、加大装药量、全断面一次爆破、人为激发突出等方式可以避免一般爆破法所发生的延期突出。爆破前，全部人员撤离现场。

（2）水力冲孔。水力冲孔是利用钻机打钻时喷射的水射流，在突出煤层内冲出煤炭和瓦斯或诱导可控制的小型突出，以造成煤体卸压，排放瓦斯，消除采掘突出危险的方法。这种方法当前已在许多瓦斯严重矿井中推广使用。

（3）钻孔排放瓦斯。钻孔排放瓦斯是由岩巷或煤巷向有突出的危险煤层打钻孔，将煤层中的瓦斯经过钻孔自然排放出来，待瓦斯压力降到安全压力以下时再进行开采。

（4）金属骨架。当石门接近煤层时，通过岩柱在巷道顶部和两帮上侧打钻，钻孔穿过煤层全厚，进入岩层 0.5 m。孔间距一般为 0.2 m 左右，孔径为 75 ~ 100 mm。然后把长度大于孔深 0.4 ~ 0.5 m 的钢管或钢轨作为骨架插入孔内，再将骨架尾部固定，最后用震动性爆破揭开煤层。

2）煤巷掘进工作面防突措施

（1）超前钻孔。超前钻孔是在工作面向前方煤体打一定数量的钻孔，并始终保持钻孔有一定超前距，使工作面前方煤体卸压、排放瓦斯，达到减弱和防止突出的一种方法。超前钻孔能使工作面附近的应力集中带和高瓦斯压力带向远处推移，减少应力和瓦斯压力梯度，使工作面前方形成一个较长的卸压和排放瓦斯带。

（2）松动爆破。松动爆破是在进行普通爆破时，同时爆破几个 7 ~ 10 m 的深炮孔，破裂和松动深部煤体，使应力集中带和高压瓦斯带移向深部，以便在工作面前方造成较长的卸压和排放瓦斯区，从而预防突出的发生。此外，深孔爆破在炮眼周围形成 50 ~ 200 mm 直径的破碎圈，有助于消除由于煤的软硬不均而引起的应力集中，并形成瓦斯排放通道，降低瓦斯压力与应力梯度，这对于防止突出的发生也是有利的。这种措施适用于突出危险性小、煤质坚硬、顶板较好的煤层内。

3）"四位一体"综合防治措施

"四位一体"综合防治措施包括区域综合防突措施的"四位一体"和局部综合防突措施的"四位一体"。区域综合防突措施的"四位一体"包括下列内容：①区域突出危险性预测；②区域防突措施；③区域防突措施效果检验；④区域验证。

局部综合防突措施的"四位一体"包括下列内容：①工作面突出危险性预测；②工作面防突措施；③工作面防突措施效果检验；④安全防护措施。

突出矿井应当加强区域和局部综合防突措施实施过程的安全管理和质量管控，确保质量可靠、过程可溯。其中，突出危险性预测的目的是确定突出危险的区域和地点，以便使防突措施的执行更加有的放矢。目前，突出预测已逐渐从研究阶段进入实用阶段，我国《防治煤与瓦斯突出规定》要求在各突出矿井中开展突出预测工作。防治突出措施是防止发生突出事故的第一道防线。防突措施仅在预测有突出危险的区段采用，其目的是预防突出的发生。措施的效果检验方法与突出预测方法相同。效果检验的目的是确保防突效果。因此，要求在防突措施执行后，对其防突效果进行检验。检验证实措施无效时，应采取附加防突措施。安全防护措施是防止发生突出事故的第二道防线。安全防护措施的目的在于突出预测失误或防突措施失效发生突出时，避免人身事故。煤与瓦斯突出是一个极其复杂的瓦斯动力现象，当前的科技水平尚难以完全避免发生，因此，采用综合安全防护措施是必要的。

防突工作必须坚持"区域综合防突措施先行、局部综合防突措施补充"的原则，按照"一矿一策、一面一策"的要求，实现"先抽后建、先抽后掘、先抽后采、预抽达标"。突出煤层必须采取两个"四位一体"综合防突措施，做到多措并举、可保必保、应抽尽抽、效果达标，否则严禁采掘活动。

工程案例

1997 年 4 月 13 日凌晨 3 点 40 分，在平煤集团公司八矿己$_{15}$—14081 采煤工作面风巷掘进时发生煤与瓦斯突出，突出煤量 478 t，涌出瓦斯 40217 m^3，煤体抛出距离 76.4 m，瓦斯流携带粉煤长度（含堆积煤）152 m。突出时巷道内最高瓦斯浓度推测达 60% 以上，瓦斯超限时间长达 90 h，严重威胁矿井安全生产和矿工的生命安全，这起煤与瓦斯突出再次敲响了警钟，同时对如何采取对策，有效防治突出确保安全生产提出了新的课题。

一、矿井及工作面概况

1. 矿井概况

平煤集团公司八矿位于平顶山矿区东部，设计生产能力 300 万 t/a，1996 年实际生产原煤 186 万 t，属于煤与瓦斯突出矿井。井田东西走向长 12.5 km，南北倾斜宽 3.6 km，井田含煤面积 45 km^2。矿井主要可采煤自上而下为丁$_{5-6}$、戊$_{9-10}$、己$_{15}$、己$_{16-17}$四个层，其中戊$_{9-10}$和己$_{15}$煤层为突出煤层。

2. 工作面概况

己$_{15}$—14081 工作面风巷位于己四准备采区西翼下部，设计走向长 1353 m。原设计采用金属棚子梯形支护（2.8 m×2.6 m）。突出前巷道改为钢带锚杆支护，钢带长 3.2 m。锚杆长度：顶板为 1.8 m，巷帮为 1.6 m。工作面沿顶板掘进，上帮高 4.1 m，下帮高 1.6 m，断面积为 9.4 m^2。该工作面从 1995 年 9 月开始施工，发生突出时已掘进 482 m，突出发生在工作面钢带锚网支护 20 m，迎头处煤厚 4.2 m，煤层倾角在巷道中从外向里由 25°增加到 34°，巷道标高为 -385 m，埋深为 485 m。机巷 650 m 处有一落差 1 m 的断层，延展方向指向风巷迎头 100 m 处。煤体结构类型为 Ⅰ～Ⅲ类，煤层顶板为砂质泥岩，底板为泥岩。其掘进工作面工程布置如图 4-5 所示。

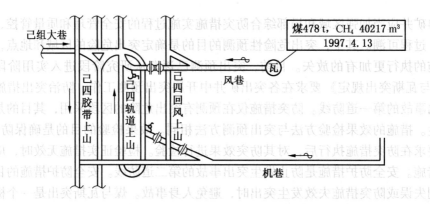

图 4-5 掘进工作面工程布置图

该掘进工作面一开始就作为重点防突管理工作面，采取大功率对旋式局部通风机，风筒直径为 800 mm。有效风量：双极为 500 m³/min 左右，单级为 300 m³/min 左右。防突采取 q 值连续预测和效检，以及 16 个直径 42 mm、深 10 m 超前排放钻孔措施。安全防护采取设反向风门、过风筒逆止阀、压风自救系统和控制循环进尺、爆破停电、人员撤到反向风门以外等技术管理措施。

二、突出经过及特征

1. 突出经过

4 月 13 日夜班 q 值预测：上帮为 1.5 L/min，下帮为 1.3 L/min。之后布置炮眼装填水胶炸药。爆破前检查瓦斯浓度为 0.4%，在停电撤人后，于 3 点 40 分爆破。炮响后，在反向风门外听到风筒及反向风门有异常震动响声。随即检查回风口处瓦斯浓度达 3%，并立即向井上调度室汇报。2 h 后，矿救护队员到现场检查巷道中瓦斯浓度为 35%，据此推测当时最高瓦斯浓度达 60% 以上并确认发生了煤与瓦斯突出。直至 4 月 16 日巷道中瓦斯浓度才降到 1% 左右。

2. 突出后现场特征

经现场调查，并结合突出煤清理过程中发现的情况，认为这次突出具有以下特征，如图 4-6 所示。

（1）掘进工作面煤体被抛出 76.4 m，其中靠工作面 41.4 m 巷道被煤塞满，以外 35 m 形成斜坡堆积，堆积坡度为 10°～12°，远小于煤的自然安息角。

突出时，随着煤炭被抛出，伴随高压大量的瓦斯流涌出，携带出大量的细煤粉飞扬在巷道空间中，在后续巷道形成长 75.6 m、厚 20～50 mm 的粉煤铺满巷通底板，在巷道棚子上也有大量积尘。

（2）突出煤具有明显的分选性，在堆积煤巷道上帮顶部有明显的排放瓦斯通道。

（3）有明显的动力效应。靠近迎头附近有 29 架棚子顶梁垮落，上帮腿弯曲变形、掉爪；钢带锚网支护段，上帮锚杆脱落，顶部钢带弯曲变形、顶板垮落等；突出时工作面顶部断裂岩石被突出煤流搬运外移，共有大块岩石 7 块，质量 0.4～2.2 t，其中最大块岩石 2.2 t。被搬运至距工作面 28 m 处，显示出突出的强大的动力破坏性。

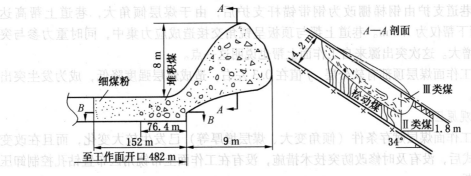

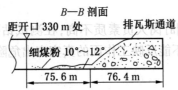

图 4-6 突出特征示意图

（4）在工作面上帮形成一个口小腔大的孔洞，宽约 8 m，洞深沿煤层顶板向上部和工作面前方发展，眼测约在 9 m 以外。

（5）突出煤量近 500 t，涌出瓦斯 4 万 m³ 左右，属于大型的煤与瓦斯突出。

三、原因分析

1. 自然因素

煤与瓦斯突出现象，目前大多认为是由地应力、高压瓦斯和煤的物理力学性质综合作用的结果。其中地应力、瓦斯压力是发生突出的动力，煤的物理力学性质即煤的黏结性、结构、强度也与突出的发生发展关系密切。针对八矿己$_{15}$—14081 风巷掘进工作面，从客观因素看，这次突出的发生有以下原因：

（1）该区域己$_{15}$煤层瓦斯含量高、瓦斯压力大。己$_{15}$—14081 采面风、机巷在掘进过程中瓦斯涌出量大，在采用大功率局部通风机使工作面风量增加到 500 m³/min 情况下，仍然频繁发生瓦斯超限，不得不采取浅炮眼小循环进尺，但还不能保证爆破瓦斯不超限，这与煤层本身的高瓦斯含量和瓦斯解吸特征均有关。该风巷掘进到 400 m 后所取煤样化验的瓦斯放散初速度指标均达到 10 以上，说明煤炭的瓦斯解吸速度快，给突出的发生增加了有利因素，同时在掘进过程中突出预测指标 q 值也曾多次超标，也说明突出危险的存在，再者瓦斯赋存的条带性是客观存在的，该工作面极可能进入瓦斯富集带，这在突出后，工作面掘进困难也给予了证明。

（2）地质构造的影响表现在煤层厚度增加，由 3.8 m 增至 4.2 m；煤层倾角变大，由28°增至 34°。从机巷揭露情况看，距机巷设备道口 524 m 处有一东缓西陡不对称背斜，风巷煤层倾角变大与此背斜有关。同时机巷 650 m 处有一落差 1 m 的断层，其延展方向指向突出点附近（100 m）。这些地质变化因素，均给瓦斯和地应力的增高创造了条件，同时由于构造的存在，使煤的机械强度降低，抵抗突出的能力减小。

（3）巷道支护由钢梯棚改为钢带锚杆支护后，由于煤层倾角大，巷道上帮高达4.1 m，而下帮仅为1.6 m。巷道上帮与顶板呈锐角交接造成应力集中，同时重力参与突出的作用增大。这次突出源来自工作面上帮也说明这一点。

（4）工作面煤层顶部有软分层，f值在0.3左右，造成煤层强度降低，成为发生突出的突破口。

2. 主观原因

（1）工作面煤层赋存条件（倾角变大、煤层增厚等）已发生较大变化，而且在改变了支护形式后，没有及时修改防突技术措施，没有在工作面上帮锐角区布置钻孔控制卸压和排放瓦斯。

（2）测试工和个别盯岗人员素质不高，在测试钻孔布置、仪器检查和操作等方面有可能造成偏差，测定结果不能反映工作面的真实突出危险性，使防突管理人员放松警惕性。

四、经验教训

己₁₅—14081采面风巷掘进工作面突出虽然存在着许多客观原因，但通过调查分析，认为在防突管理上仍然存在着值得注意的问题：

（1）采区不具备专用回风上山，上部回风系统有人作业，有机电设备，存在发生恶性瓦斯事故的隐患。

（2）瓦斯地质工作没有很好地同工作面的日常防突工作密切配合，没有充分发挥瓦斯地质预报的先导作用。

（3）部分测试工为采掘队人员兼职，且有个别测试工没有经过系统培训，无证上岗。这些测试工素质低，不能满足防突测试所要求的技术素质和担负这些重要工作应具有的责任感，造成测试数据存在不同程度的偏差。致使防突部门难以做到统一管理，不利于测试中问题的及时发现和解决。

（4）防突技术管理存在不到位现象。己₁₅—14081采面机巷早已超前风巷掘进，没有及时分析总结机巷掘进过程中的问题，用于指导风巷的防突管理工作。同时风巷煤层厚度、倾角及支护形式变化后，没有引起足够的重视，使措施失去针对性。

（5）这次突出做到不伤人的经验，就是坚持爆破停电，人员撤到反向风门外新鲜风流中爆破，今后还要把好防突管理的最后一道防线。

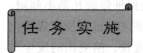

一、矿井资料

江西某矿某次的矿井瓦斯等级鉴定，矿井绝对瓦斯涌出量为9.49 m³/min，矿井绝对二氧化碳涌出量为12.42 m³/min；矿井相对瓦斯涌出量为4.71 m³/t，矿井相对二氧化碳涌出量为6.17 m³/t，矿井瓦斯等级为低瓦斯、低二氧化碳矿井，目前矿井按低瓦斯矿井进行管理。

某年某月某日零时，该矿1104东工作面补掘开切眼爆破时，发生煤与瓦斯突出，造成一人死亡，20人窒息（后经抢救脱险）事故。

二、工作任务

（1）该矿为什么会出现瓦斯突出与爆炸事故？瓦斯怎么会引起人员窒息？

（2）如何预防瓦斯事故的发生？

结合该煤矿实例，分析煤与瓦斯突出是如何威胁煤矿安全生产的？并写出以上问题的分析报告。

任务一考评见表4-5。

表4-5 任务考评表

考评项目	评 分		考 评 内 容
素质目标	20分	6分	遵守纪律情况
		7分	认真听讲情况，积极主动情况
		7分	团结协作情况，组内交流情况
知识目标	40分	20分	熟悉瓦斯涌出和煤与瓦斯突出的特征
		20分	熟悉矿井瓦斯的治理方法
技能目标	40分	40分	能够正确分析问题且有独到见解

任务二　矿井水害防治

技能点

◆ 能进行透水判断且能选择合理的防治水方法。

知识点

◆ 矿井水的来源、通道；

◆ 矿井涌水量的预测方法；

◆ 矿井水害防治措施。

相 关 知 识

一、矿井水的来源及涌水通道

1. 矿井水的来源

水流入矿井的过程称为矿井充水。矿井充水必然有某种水源的补给，主要有大气降水、地表水、地下水和老窑积水等。在生产过程中，正确判断矿井充水的来源，对于计算涌水量，预测涌水的可能性以及制定矿井防治水措施等工作有着重要的意义。矿井水的主要来源包括大气降水、地表水、地下水和老窑积水。

1）大气降水

大气降水是很多矿井充水的经常性补给水源之一。特别是在开采地形低洼并且埋藏深度较浅的煤层，大气降水往往是矿井涌水的主要来源。大气降水的渗入量，与该地区的气候、地形、岩石性质、地质构造等因素有关，当其成为矿井充水水源时，有如下规律：

（1）矿井涌水的程度与地区降水量的大小、降水性质、强度和延续时间有相应关系。降水量大和长时间降水对渗入有利，因此矿井涌水量也大。一般来说，我国南方矿区受降水的影响大于北方矿区。山东某矿降雨量与涌水量关系曲线如图4-7所示。

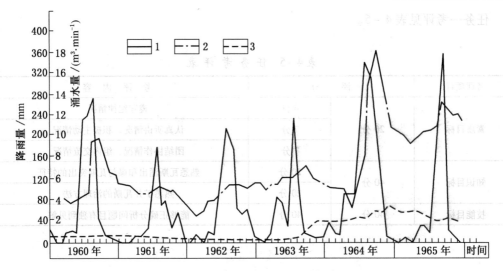

1—降水量曲线；2——立井涌水量曲线；3—二立井涌水量曲线

图4-7 山东某矿降雨量与涌水量关系曲线图

（2）矿井涌水量随气候具有明显的季节性变化，但涌水量出现高峰的时间则往往比雨季后延，后延时间的长短有所不同。

（3）大气降水渗入量随开采深度的增加而减少，即同一矿井不同的开采深度，影响程度差别也很大。

2）地表水

开采位于海洋、江河、湖泊、水库等地表水体影响范围内的煤层时，在某种情况下，这些水便会流入巷道成为矿井充水的水源。地表水渗入井下的方式如图4-8所示。

地表水能否进入井下，主要取决于巷道距水体的远近以及水体与巷道之间的地层和构造，其次还取决于开采方法。

由于地表水体对采矿的威胁很大，所以，在开采前，必须查清地表水体的大小、距离巷道的远近以及最高洪水位时淹没的范围等，并事先采取措施，以避免地表水危及矿井安全。

3）地下水

邻近煤层的围岩往往具有大小不等、性质不同的孔隙，并含有地下水，当它们与采掘空间有通道连通时，就会成为井下涌水的水源。当矿井充水水源为孔隙水、裂隙水和岩溶水时，其特点分别如下：

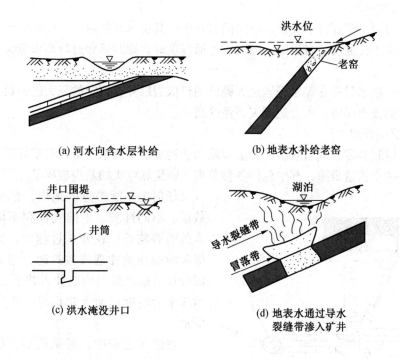

(a) 河水向含水层补给　　　　　(b) 地表水补给老窑

(c) 洪水淹没井口　　　　　(d) 地表水通过导水
裂缝带渗入矿井

图4-8　地表水渗入井下的方式示意图

（1）充水水源为孔隙水。在开采松散岩层下的煤层时，常遇到这类水源。此时不但有水流入矿井，而且还往往伴有流沙溃入。

（2）充水水源为裂隙水。在采掘工作面揭露含裂隙水的围岩时，这种地下水就流入工作面，其水量虽小，但水压往往很大。裂隙水和其他水源无水力联系时，涌水量会逐渐减少；反之，涌水量会逐渐增加，造成透水事故。

（3）充水水源为岩溶水。这类充水水源的特点是水压高、水量大、来势猛、涌水量稳定、不易疏干、危害性较大。这种水源在我国华北和华南许多矿区常见。

4）老窑积水

我国许多矿区都分布有已废弃和现已停止排水的旧巷道，采掘工作面临近或触及它们时，老窑和旧巷道的积水就会成为矿井涌水的水源。这种水源涌水时有以下几个特点：

（1）在短促的时间内可以有大量的水涌入矿井，来势猛，具有很大的破坏性。

（2）常为酸性水，具有腐蚀性，容易损坏井下设备。

（3）如果与其他水源无水力联系时，则易于疏干；若与其他水源有水力联系时，则会造成量大而且稳定的涌水，危害较大。

对一个矿井来说，常常是一种水源起主导作用，但也可能由几种水源综合起作用。

2. 矿井涌水通道

水源只是可能构成矿井涌水的一个方面。矿井是否涌水还取决于另一个重要方面，即涌水通道。

根据涌水途径的类型和地下水的水力特征，通常将通道分为岩层的孔隙、裂隙、溶隙以及人为因素产生的充水通道4种。

1）岩层的孔隙

这种通道通常多存在于疏松未胶结的岩石中。其透水性能取决于孔隙的大小和连通情况，而不取决于孔隙度。岩层的孔隙大、连通程度好，则巷道穿过时涌水量大；否则涌水量就小。

单纯的孔隙水只有在煤层围岩是大颗粒的松散岩层并有固定的强大的补给水源或围岩本身是饱和的流砂层时，才会造成灾害性的透水。

2）岩层的裂隙

岩层的风化裂隙、成岩裂隙、构造裂隙都能构成矿井涌水通道。对矿井涌水具有普遍而严重威胁的是构造裂隙，其中包括各种节理、断层和巨大的断裂破碎带。

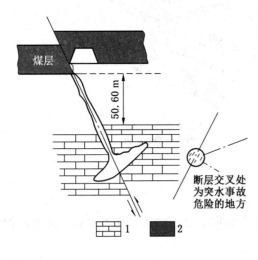

1—含水层；2—煤层

图4-9　承压水通过断层涌入井巷示意图

任何矿井所揭露的地层，都分布有不同数量、不同性质、不同规模和不同时期所形成的断裂构造。在开采过程中，当采掘工作面和断裂构造相遇或接近时，与它有关的水源往往会通过断裂构造导入井下，造成透水。承压水通过断层涌入井巷的示意图如图4-9所示。

在采矿过程中，遇见最多、危险性最大的是各种中、小型断裂。

断裂构造对矿井涌水的影响，一方面表现在它本身的富水性；另一方面又往往是各种水源进入采掘工作面的天然途径。

开采北方石炭二叠纪的煤田，断层的破坏常把奥陶系岩溶含水层抬高到与开采煤层直接接触或接近的部位，因为断层带不起隔水作用而形成强烈的水力联系，造成重大透水事故。

3）岩层的溶隙

岩层的溶隙主要由碳酸盐类岩石溶蚀而成。它可以是细小的溶孔直到巨大的溶洞，既可以彼此连通也可以形成单独的管道或似格架状岩溶体，可赋存大量的水或沟通其他水源。当巷道接近或揭露岩层溶隙时，易造成透水事故。

4）人为因素产生的充水通道

（1）封闭不良的旧钻孔。按规定，勘探时打的各种钻孔工作结束后都要按要求封闭。但有的钻孔未封闭或封孔质量不高，所打的钻孔又多数都是从地面达到煤系地层底部，所以这些钻孔就构成了沟通采掘工作面顶底板含水层或地表的通道。在开采过程中遇到或接近它的时候，就会发生涌水甚至造成淹井事故。

（2）矿井长期排水。随着矿井采掘巷道的延伸和矿井长期排水的结果，形成了以井筒为中心的降落漏斗。矿区地面发生沉降、开裂，甚至塌陷等现象，形成地表水的倒灌、下渗和地下水流入巷道。

（3）采矿活动产生的塌陷和裂隙。这些塌陷和裂隙破坏了煤层顶底板隔水层的完整性，可形成地表水和地下水涌入矿井的通道。

二、煤层透水预兆

（1）煤层里有"咝咝"的水响声。煤层本身一般是不含水的，但如果临近水压较高的水区时，水就会被挤入煤、岩裂隙中而发出"咝咝"的响声。

（2）工作面温度降低，空气变冷，时间越长越感觉阴凉。

（3）如果工作面发现挂红、排汗现象，说明前面有地下水。这时，可以挖去表面一薄层煤，用手摸摸新煤面，如果感到潮湿并慢慢地结成水珠，说明前面不远处会遇到地下水；如果过一段时间手感到变暖，说明离地下水还较远。

（4）工作面淋水增大或底板涌水加大。

（5）工作面发现挂红现象或有臭鸡蛋气味，表明前面有老窑积水。

以上这些征兆在煤层透水之前可能有不同程度的表现，有时可能只出现一种征兆，有时几种征兆同时出现。如果发现这些征兆，就要立即采取措施，进一步探查清楚，预防矿井透水。

三、矿井水的观测

对矿井水的观测，主要包括矿井充水性观测、矿井涌水量观测及水质观测等。

1. 矿井充水性观测

这项工作主要是对矿井充水水源的水位进行观测，以解决以下几个方面的问题：

（1）预报透水事故的发生。例如，开滦矿务局唐山矿，地表被百余米厚的冲积层所覆盖，冲积层下部厚卵石层含水极其丰富。为了开采冲积层下面的急倾斜煤层，避免冲积层水突然溃入矿井而造成事故，在采煤工作面上方打了观测孔，派专职人员进行水位观测工作（图 4 - 10）。1961年 7 月 7 日，观测人员发现观测孔内水位突然下降 1 m，这是井下透水的明显预兆。观测人员立即向矿领导作了汇报，采取了紧急措施，将人员全部撤出，第二天果然有大量的地下水夹杂着泥沙涌入矿井。一个钻孔的水位变化，准确地预报了透水事故的发生，对保证安全生产起到了重大作用。

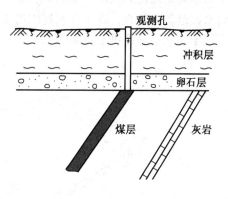

图 4 - 10　唐山矿水位观测孔示意图

（2）了解断层的导水性。例如，焦作矿务局某矿，在巷道掘进过程中发现许多小断层，而且都有涌水现象出现，有些小断层被揭露后涌水还相当大。如果巷道继续掘进，前方将遇一较大的断层，其落差超过 20 m。巷道能否安全穿过，要看是否会有大量透水。为查明断层导水性，在断层两盘分别布置了观测孔，观测两盘同一含水层的水位变化（图 4 - 11）。经过对两个钻孔水位的长期观测，发现两钻孔的水位差别很大，这说明断层两侧无水力联系，此断层水导水性确定了，就大胆地继续进行施工，巷道穿过断层时果然无水。

（3）了解透水水源。例如，淄博矿务局某矿 1958 年 10 月 28 日在回采十行头炭过程中，工作面底板突然透水，涌水量达 5 m³/min，部分巷道被淹没（图 4 - 12）。透水后发现打在本溪徐家庄灰岩中的 CK_1 钻孔水位明显下降，而奥陶系灰岩的 CK_2 观测孔水位没有变化。说明这次透水主要是徐家庄灰岩水，而与奥陶系灰岩含水层无关。

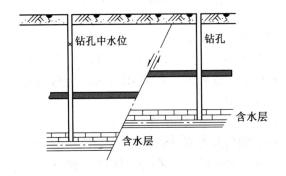

图 4 - 11 焦作某矿剖面示意图　　　　　图 4 - 12 淄博矿务局某矿剖面示意图

（4）了解地下水与地表水的补给关系。例如，西南某矿在掘进位于煤层底板茅口灰岩中的运输大巷时，发生了透水事故，涌水量高达 8000 m^3/h。一开始怀疑水源为附近地表河流，为证实这一推断，在河流的岸边打了两个钻孔 CK_1、CK_2（图 4 - 13）。经过对钻孔水位的观测，发现 CK_1 钻孔中水位高于河流水面，而 CK_2 钻孔中水位又高于 CK_1 钻孔。根据水向低处流的规律，证明此处地下水为补给地表水（河流），井下透水与河流无关。后来经过多方调查，终于查明这次透水主要是掘到了地下暗河，是一个独立的水系，从而为制定防水措施提供了可靠的依据。

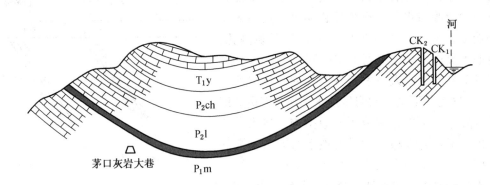

T_1y—玉龙山灰岩；P_2ch—长兴灰岩；P_2l—乐平煤系；P_1m—茅口灰岩

图 4 - 13 西南某矿剖面示意图

2. 矿井涌水量观测

矿井涌水量的观测应按以下规定进行：

（1）根据井下水点及排水系统的分布情况，选择有代表性的地点布置观测站，进行涌水量的观测。一般观测站多布置在各巷道排水沟出口处、主要巷道排水沟流入水仓处、采区排水沟出口处和井下出水点附近。此外，对一些临时性出水点，可选择有代表性的地点，设置临时观测站。

（2）矿井涌水量一般每月观测 1~3 次，水文地质条件复杂的矿井，每月应观测 3 次以上，雨季观测的次数还应适当增加。矿井如有数个水平，应分水平测定涌水量。

（3）对井下新揭露的出水点，在涌水量尚未稳定和尚未掌握其变化规律前，一般应每天观测 1 次。对突入性涌水，在未查明透水原因前，应每隔 1~2 h 观测 1 次，以后可适当延长观测间隔时间。涌水量稳定后，可按井下正常观测时间观测。

（4）当采掘工作面上方影响范围内有地表水体、富含水层、与富含水层相连通的构造断裂带或接近老窑积水区时，应每天观测充水情况，掌握水量变化。

（5）新凿立井、斜井，垂深每延深 10 m，应观测一次涌水量。掘凿至新的含水层时，虽延深不到规定的距离，也应在含水层的顶板、底板各测一次涌水量。

（6）井下疏干钻孔及老窑放水钻孔，应每隔 3~5 天测定一次涌水量和水位，并根据观测结果绘制出降压曲线及水位与涌水量关系曲线图，以观测其疏干效果。

矿井涌水量的观测，应注重观测的连续性和精度，测量工具、仪表等要定期校验，以减少人为误差。

3. 水质观测

河北某矿 1965 年 4 月 16 日在 1191 工作面回风巷的掘进过程中，中班爆破后突然出水，水量达 0.8 m³/min。水文地质人员根据水化学分析资料，对涌水动态变化进行了估计，认为涌水量还要增加、然后减少，三天后涌水量将趋向稳定，约为 0.25 m³/min。事实证明，这个推断完全符合实际情况。

下面介绍整个分析和推断过程。如图 4-14 所示，1191 工作面位于采空区下方，工作面距冲积层较远，但其右上方有奥陶纪灰岩倒转覆盖。根据这种情况初步作了如下推断，出水水源有两个——采空区积水或奥陶纪石灰岩含水层的水。如果水源为前者，流量将由大变小。经过水质化验结果发现涌出的水中 SO_4^{2-} 离子很高，是采空区积水的典型特点。从而肯定了水源，做出了正确推断。

采空区积水涌出的一般规律是涌水

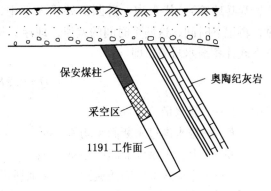

图 4-14　1191 工作面位置示意图

后，出水口逐渐冲大，水量比开始时有所增加，但在积水量或静储量（大致相当原来采出煤炭的体积）流完后只有动储量了，即采空区原来工作面涌水量。经查阅资料得知原工作面涌水量记录为 0.25 m³/min。这就是推断三天后稳定流量为 0.25 m³/min 的根据。实际上自然界中的水，无论是大气降水、地表水、地下水还是老空水，都具有比较复杂的成分和不同的特点。其中，以大气降水的矿化度最低，地表水次之，地下水较高而老空水最高。

对地下水来说，不同含水层中的水，其化学成分也常有区别。这是由于地下水埋藏、运动于地下不同岩石的空隙之中，不断地与周围的介质相互作用，溶解了岩石中的可溶盐分，所以造成各含水层水化学成分不同。如果井下一旦发生突水，先进行水化学分析，然后与各含水层化学成分作对比，往往能为判断矿井突水水源提供可靠的依据。

水化学资料的获得，一般在出水地点取水样，送化验室由专门化验人员进行化验分析而得。

四、矿井涌水量的观测方法

矿井涌水量的观测方法，一般采用容积法、浮标法、堰测法、流速仪法、水仓水位法等。

1. 容积法

容积法是用一定容积的量水桶（圆形或方形），放在出水点附近，然后将出水点流出的水导入桶内，用秒表记下流满量水桶所需要的时间，并按下述公式计算其涌水量：

$$Q = \frac{V}{t} \tag{4-4}$$

式中　Q——涌水量，m^3/h 或 L/s；

　　　V——量水桶的容积，m^3 或 L；

　　　t——流满量水桶所需的时间，h 或 s。

用容积法测定涌水量一般比较准确，但有局限性，当涌水量过大时，这种方法不宜使用。

2. 浮标法

浮标法是在规则的水沟上、下游各选定一个断面，并分别测定其过水面积 F_1 和 F_2，取平均值 F，量出这两个断面之间的距离 L，然后用一个轻的浮标（如木片、树皮、厚纸片、乒乓球等），从水沟上游断面处投入水中，同时记下时间，等浮标到达下游断面处时，再记下时间，这两个时间的差值，即浮标从上游断面流到下游断面所需的时间，然后按下式计算涌水量 Q，即

$$Q = 0.8F\frac{L}{t} \tag{4-5}$$

式中　Q——涌水量，m^3/min；

　　　F——排水沟过水断面平均值，m^2；

　　　L——上、下游断面间的距离，m；

　　　t——浮标从上游断面流到下游断面所需的时间，min。

浮标法比较简单，特别是涌水量大时更适用，但不准确。因为所观测的速度只是水的表面速度，而沟的两帮、沟底因阻力大而流速慢，所以浮标的流速不是水的真正流速（平均速度）。为此，在计算流量时要乘上一个经验系数 0.8，这个经验系数的确定，主要是考虑了水沟断面的粗糙程度及巷道风流的方向及大小等因素。

3. 堰测法

堰测法是使排水沟的水流过一个固定形状的堰口，测量堰口上游（一般在 2 倍 h 的地方）的水头高度，就可以算出流量。堰口的形状不同，计算的公式也不一样，常用的堰有图 4-15 所示的 3 种类型。

（1）三角堰（图 4-15a）。适用于流量小于 0.5 m^3/s 的情况。计算公式为

$$Q = 0.014h^2\sqrt{h} \tag{4-6}$$

（2）梯形堰（图 4-15b）。适用于流量较大的情况。计算公式为

$$Q = 0.0186bh\sqrt{h} \tag{4-7}$$

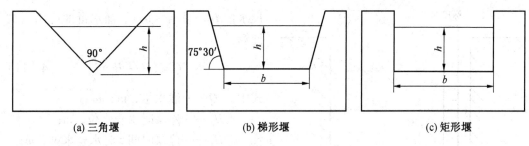

| (a) 三角堰 | (b) 梯形堰 | (c) 矩形堰 |

图 4-15　堰测法所用的各种堰板

（3）矩形堰（图 4-15c）。适用于流量大的情况。

① 无缩流（堰口与水沟一样宽）时，

$$Q = 0.01838bh\sqrt{h} \tag{4-8}$$

② 有缩流（堰口窄于水沟宽度）时，

$$Q = 0.01838(b - 0.2h)\sqrt{h} \tag{4-9}$$

式中　Q——流量，L/s；

　　　h——堰口上游 2h 处的水头高度，cm；

　　　b——堰口底宽，cm。

使用堰测法时，堰口的上、下游间一定要形成水头差，使水流越过堰口产生水头跌落，否则测量结果不准确。

为了便于计算，可根据上述各堰形的公式编制水量换算表，在观测水量时，只要测出水头高度，即可从表中查出水量的数值。

4. 流速仪法

使用流速仪测定矿井涌水量，一般是在巷道水沟中选定一个断面，用流速仪测定该断面处的平均流速，从而确定该断面的流量。

流速仪主要由感应部分（包括旋杯、旋轴、顶针）、传讯盒部分（包括偏心筒、齿轮、接触丝、传导机构）及尾翼三部分组成。测量时，将仪器放入水沟中，记录转动圈数，并按公式计算出流速，计算公式如下：

$$V = Kn + C \tag{4-10}$$

式中　V——流速，m/s；

　　　K——仪器常数；

　　　n——旋杯转速；

　　　C——仪器摩阻系数。

每台仪器都有其固定的 C、K 值。

测流时，旋杯每转 5 圈，接触丝便接通电路一次，电讯盒即发出一次讯号（响铃或亮灯），观测人员记录讯号数（乘以 5 即为 N，N 为旋杯总转数）和相应的时间 t（t 为测速时间，s），即可按式（4-10）计算出流速，再乘以断面积，即得出流量。

5. 水仓水位法

在生产矿井中，常用水仓内水位上升值来计算涌水量，在水仓内设置标尺，开动水泵排水，停泵时立即读出水仓内标尺水位 H_1，经过时间 t 后水仓水位上升，再读出此时的标

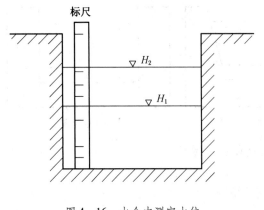

图 4-16　水仓内测定水位

尺水位 H_2（图 4-16）。涌水量即可用下式计算：

$$Q = (H_2 - H_1)\frac{F}{t} \qquad (4-11)$$

式中　Q——涌水量，m^3/min；

H_2——停泵时水仓水位，m；

H_1——停泵时间 t 时水仓水位，m；

F——水仓底面积，m^2；

t——水仓水位从 H_1 上升到 H_2 所需时间，min。

除以上介绍的几种涌水量测定方法外，有的矿井还用矿井每天总排水量来计算矿井涌水量。因为一般来说，矿井每天的总排水量也就是一天涌入矿井的水量。

五、矿井水防治

矿井水防治可分为地表水防治和井下水防治。

（一）地表水防治

地表水防治是指在地面修筑防排水工程，防止或减少大气降水和地表水渗入井下，它是保证矿井安全生产、不遭水害的第一道防线，这对以降水和地表水为主要充水水源的矿井尤其重要。这是一项经常性的工作，必须在每年雨季前做好地表防治水的各项工作。

地表水防治主要包括井口位置的选择、河流改道、铺设假河床、填塞通道、排除地表积水等。

1. 井口位置的选择

设计井口和确定地面建筑物位置时，应选择在高于当地历年来最高洪水位以上，以保证在任何情况下，都不至于被洪水淹没。即使受地形及矿体限制而不能达到以上要求时，也要采取补救措施。例如，可在河流、沟谷附近修筑防洪堤坝（图 4-17）、排水沟（图 4-18）等，以防止洪水灌入矿井。

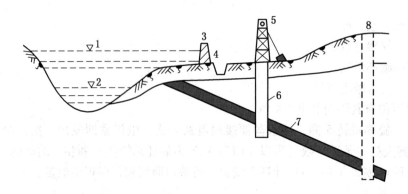

1—历史最高洪水位；2—正常水位；3—堤坝；4—排水渠；5—旧井架；6—旧井筒；7—煤层；8—计划新井井筒位置

图 4-17　防洪堤坝

2. 河流改道

若矿区范围内有河流通过，对矿井充水有影响时，可在河流进入矿区前的上游筑一水坝，将原河流截断，用人工河道将河水引出矿区范围。河流改道如图4-19所示。

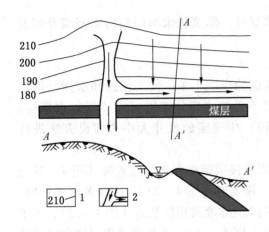

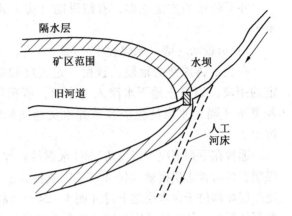

1—地形等高线；2—排（截）洪沟

图4-18 排（截）洪沟布置示意图

图4-19 河流改道

3. 铺设假河床

当流入矿区的河流受地形或工程条件限制不能改道，而煤层上部覆盖层又没有良好的隔水层时，可在矿井漏水地段用黏土、料石或水泥铺设人工河床，以防止河水渗入矿井（图4-20）。对人工河床要经常进行观察，如发现裂纹应及时填实。

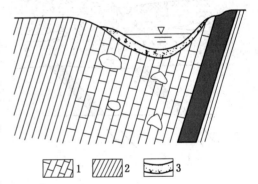

1—灰岩；2—页岩；3—整铺后的河床

图4-20 整铺河床示意图

4. 填塞通道

在矿区范围内，地面往往有塌陷裂隙和废弃的老窑井筒或者基岩裂隙、溶洞等，它们都可能成为降水及地表水流入井下的通道。经检查如果它们确已与井下构成水力联系，就应当用黏土或水泥将其填实。对于较大规模的塌陷裂缝或溶洞，通常下部充以碎石，上部覆以黏土，分层夯实并使之稍高出地表，以防积水和泥浆灌入。

5. 排除地表积水

矿井开采区上方的地表如有积水，而且又无隔水层保护，积水会直接渗入井下，影响井下的安全生产，必须加以排除。排除积水的方法，既可以挖泄水沟将积水排出，也可设排涝泵站将水排出后再将积水坑填平。

（二）井下水防治

井下水防治是根据矿井充水水源的类型、水量的大小以及充水通道的性质等因素，采取相应措施防治地下水，包括井下防水和井下治水。

1. 井下防水

随着井下巷道的开掘或采煤工作面的推进，有关人员要随时观测巷道及采煤工作面是否有透水的征兆，如果发现有透水征兆，要立即停止作业，尽快报告矿井技术负责人，以便采取必要的防治措施。

井下防水的方法很多，有留设防（隔）水煤柱、修筑防水闸门和防水闸墙及探放水等。

1）留设防（隔）水煤柱

在受水害威胁的地段，预留一定宽度和高度的煤层不采，使工作面和水体保持一定的距离，以防止地下水溃入工作面，所预留不采的这部分煤层叫防（隔）水煤柱。各类防（隔）水煤柱应按《矿井水文地质规程》中规定的尺寸大小和留设方法进行留设。

通常在下列情况下留设防（隔）水煤柱：煤层直接被疏松含水层掩盖时（图 4 - 21）；煤层直接与含水层接触（图 4 - 22）或被含水层掩盖时（图 4 - 23）；由于断层的影响，使煤层局部位于含水层之下时（图 4 - 24）；煤层与充水断层相接触时（图 4 - 25）；由于断层的影响，使煤层的底板同承压含水层接近时（图 4 - 26）；巷道或采煤工作面接近被淹井巷、积水小窑和老空时。

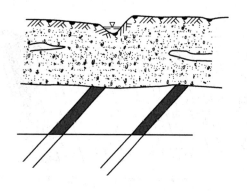

图 4 - 21　煤层露头直接被疏松
含水层或地表水体覆盖

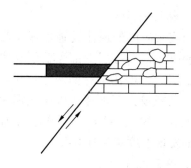

图 4 - 22　煤层直接与富含水层接触

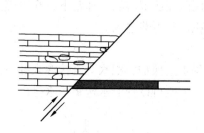

图 4 - 23　煤层与富含水层接触并
局部被富含水层所覆盖

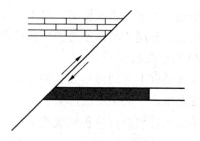

图 4 - 24　煤层局部位于富含水层之下

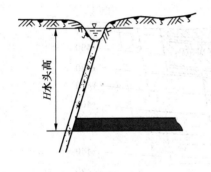
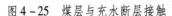

图4-25 煤层与充水断层接触

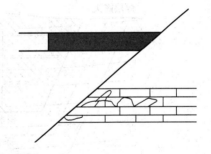

图4-26 煤层底板和富含水层接近

2）修筑防水闸门和防水闸墙

（1）防水闸门是用来预防井下突然涌水威胁矿井安全而设置的一种特殊闸门。它在正常情况下应不妨碍井下运输、通风和排水。一旦井下发生水害时，将其关闭，就可控制水流，把水害控制在一定范围内，保证其他采区的安全生产。因此，水文地质条件复杂的矿井，一般都应在井底车场出口处、井底泵房、中央变电硐室等重要地点设置防水闸门。

（2）防水闸墙也是一种井下堵水建筑。在井下需要永久截水，平时又无运输和行人的地点，应修筑临时性或永久性的防水闸墙，将受威胁的开采地段与积水区隔开。临时性的防水闸墙一般用木料或砖料砌筑；永久性的防水闸墙则用混凝土或钢筋混凝土修筑。

3）探放水

在生产矿井范围内，常有许多已废弃的小窑、老空区、断层以及含水层。当采掘工作面接近这些水体时，就有可能造成地下水突然涌入矿井。为避免矿井透水事故的发生，在生产中常使用探放水的方法，探明采掘工作面前方的水情，然后有控制地将水放出来，以保证采掘作业的正常进行。

当采掘作业接近老窑、老空区、导水断层以及含水层时，或者采掘工作面出现明显透水征兆时，都要立即停止作业，进行探放水。探放水一般分为以下三步进行。

（1）确定探放水的"三防线"，即积水线、探水线、警戒线（图4-27）。积水线是经调查后圈定的老窑、老空积水区范围的边界线；探水线是沿积水线外推60~150 m 的距离所划定的一条界线。外推距离要根据积水范围的可靠程度、水头压力、煤的强度等因素确定。当掘进巷道达到此线时，就应开始探水；警戒线是从探水线再外推50~150 m 的一条界线。当巷道掘进进入此线时，就应警惕积水的威胁，注意迎头的变化，当发现有透水征兆时，应提前探水。

（2）组织探水工作。当掘进至探水线或发现有透水征兆时，要立即停止掘进作业，进行探水。探水工作一次打透积水的情况较少，多数是探水与掘进相间配合进行，直至探到老窑积水为止。探放水钻孔布置（图4-28）应以确保安全、探水工作量最小为原则。为此，应把握以下几个参数：①超前距。探水钻孔的终孔位置与巷道允许掘进的终止位置之间的距离，称为超前距。超前距一般应为20 m 左右。②帮距。布置探水钻孔一般每次不少于3个，其中一个为中心眼，另外两个为外斜眼。中心眼终点与外斜眼终点之间的距离称为帮距。帮距一般应等于超前距，有时可比超前距少几米。③钻孔密度。钻孔密度指

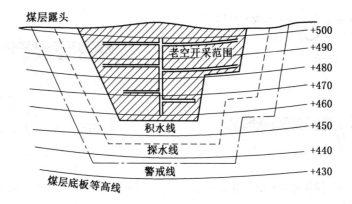

图4-27 老空开采范围和"三防线"示意图（单位：m）

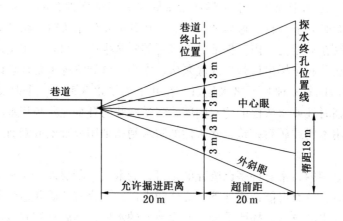

图4-28 探放水钻孔布置示意图

巷道允许掘进终止位置处，探水钻孔之间的距离。该距离的大小一般不应大于老空、旧巷的尺寸。例如，老空旧巷宽为3m，则巷道允许掘进终止位置的钻孔间距最大不得超过3m。④允许掘进距离。经探水后证明确无水害威胁，可以安全掘进的长度，称为允许掘进距离。

（3）组织放水工作。在探放水工作中，一般在水量和水压均不大时，积水可通过探水钻孔直接放出。但在探放水量和水压较大的积水区，为了保证安全生产，必须安装专门的孔口管进行放水。孔口管的安装一般都是用大口径钻头开孔至一定深度（一般根据水压大小而定），下套管后，在管外围灌注水泥，待水泥凝固后，再用较小直径的钻头在套管内钻进，直至钻透老空为止。然后退出钻具，在孔口管外露部分装上水阀门压力表和导水管等。由于探水作业是直接与水害作斗争，不仅关系到探水人员的安全，也关系到探放水周围地区及整个矿井的安危，因而在施工中要特别注意做到以下几点：①加强探水工作面附近的支护工作；②检查排水系统，准备好具有适当排水能力的排水沟及相当容积的缓冲水仓，并增大排水能力；③在有突然涌水情况下探水时，应在探水工作面附近设临时防水闸门；④应预先规定好联络信号、涌水时的对策及人员的避灾路线；⑤钻进中，如感觉孔内岩石明显变软或有水沿钻杆流出时，都是钻孔接近或钻入积水区的征兆，这时应立即停钻检查。如果钻孔内压力很大，应马上将钻杆固定，切勿移动或起拔，钻机后面不能站人，以免高压水将钻杆顶出伤人或造成透水事故。

2. 井下治水

井下治水是采取疏放排水等手段，将流入矿井水仓（或排水硐室）中的水通过排水设备直接排至地面；或者有计划有步骤地借助专门工程，将影响采掘安全的煤层上覆或下伏强含水层中的地下水降低水位，或使其局部疏干；或者利用注浆技术截住涌水通道，堵住来水。

1）井下排除积水

对于即将开采的区域，如果同一煤层的相邻采区已被采空并积水，或同一煤层浅部已被采空积水，可在积水区的适当地点安泵排水；或利用疏水巷道或钻孔等先将水排至矿井水仓或排水硐室，然后再排出地面。

2）疏放地下水

当煤层上覆或下伏含水层，并且对采掘作业有威胁时，可采取疏干或降低水位的方法解除地下水对煤层的威胁，以保证采掘作业的正常进行。

（1）疏放顶板水。当煤层顶板或靠近顶板岩层为含水层时，含水层中的水就会沿着岩层裂隙进入巷道，造成矿井涌水。因此，在回采之前要疏放顶板水，把水放出，保证安全生产。

疏放顶板水时，如果顶板是含水层或含水层离顶板较近，可把采区巷道或采煤工作面准备巷道提前开拓出来，作为疏放水巷道，提前进行疏放水（图 4 - 29）；当含水层距离煤层较远或含水层较厚时，可在巷道中每隔一定距离向含水层打放水钻孔，进行预先疏放水（图 4 - 30）。

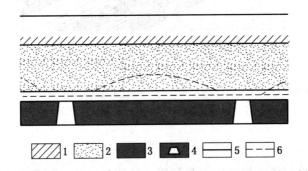

1—隔水层；2—顶板含水层；3—煤层；4—疏水巷道；5—疏放前水位；6—疏放后水位

图 4 - 29　利用疏水巷道疏放煤层顶板水示意图

（2）疏放底板水。当煤层下方有强含水层，且水压高、水量大、有透水危险时，可利用原有巷道或布置专门疏水巷道，在巷道中每隔一定距离向底板以下含水层打钻孔放水，使水压降低。例如，峰峰矿区就是利用在巷道内打钻孔放水，逐层分水平疏放煤系中石灰岩含水层的水，把含水层水位降低到开采水平以下，使一些煤层从地下水的威胁中解脱出来，保证了安全回采（图 4 - 31）。

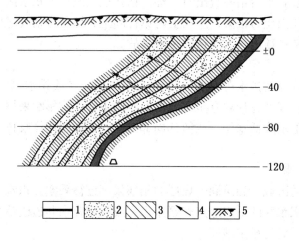

1—煤层；2—含水层；3—隔水层；4—放水钻孔；5—地表

图4-30　江苏某矿工作面放水钻孔示意图

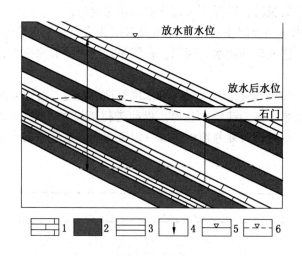

1—石灰岩含水层；2—煤层；3—石门巷道；4—放水钻孔；5—放水前水位；6—放水后水位

图4-31　峰峰某矿疏放煤层下部含水层剖面示意图

3）注浆堵水

注浆堵水就是将制成的浆液用注浆泵压入地层的空隙、裂隙中，浆液不断扩散、凝固、硬化后造成"地下帷幕"，切断水源和通路，把水拦截在井田之外，起到堵截水源或加固地层的作用。注浆堵水的方法和所用的设备比较简便，效果也较好，是防治矿井水行之有效的措施，目前国内外均广泛应用。

国内常用的注浆堵水材料有水泥浆液、水泥—水玻璃浆液及化学浆液。化学浆液多与水泥、水玻璃同时使用，在灌注水泥、水玻璃的基础上，再用化学浆液堵塞细小孔隙，以保证堵水效果。

目前，国内外都在广泛研究具有可注性好、不溶于水、凝结快、易控制、胶结好、膨胀性好、不收缩、不透水、性能稳定，以及成本低廉等特点的新型注浆材料。

在井下巷道掘进中，如果出现突然涌水且水量很大时，采用注浆堵水可以有效地防止透水事故发生。

注浆工作可分为预注浆和后注浆两种。预注浆是指在未揭露含水层之前，预先进行注浆堵塞孔隙、截断水源和通路，预防透水。后注浆是指为处理井巷出水、加固井壁或者恢复被淹矿井等而进行的注浆堵水工作。

当井下突然涌水、淹没了采区或全部矿井，在井下不宜进行注浆堵水时，可采用地面注浆堵水。

一、河北某矿由于断层的作用造成矿井突水事故

如图 4 - 32 所示，河北某矿一落差较大的断层切割了煤系地层和奥陶系灰岩含水层，使煤层与奥陶系灰岩相接触，在开采野青煤层时，该矿井下正常涌水量为 800 m³/h，在断层上盘预计留设 40 m 宽的安全煤柱，但开采野青煤层的 1532 工作面超限回采，当该回采工作面向前推至距离断层 27 m 处时，安全煤柱已不能支撑奥陶系石灰岩含水层的高压水，遂造成矿井突水，其涌水量猛增至 6300 ~ 13620 m³/h，相当于正常涌水量的 8 ~ 17 倍。

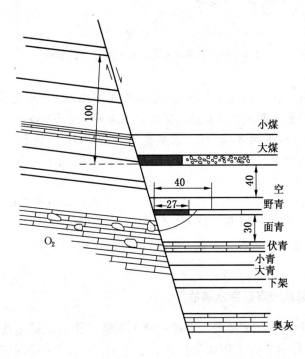

图 4 - 32 1532 工作面突水点剖面图

二、淮南某矿由于封闭不良钻孔造成矿井涌水事故

如图 4 - 33 所示，安徽淮南某矿有 7、8、9、10 号四层可采煤层，其中 8 号煤层的直

接顶板为第四层灰岩（以下简称四灰），其厚度为 4~5 m，其岩溶洞隙发育透水性强，四灰为一富水含水层。由于四灰中的地下水难以疏干，致使其下的 8、9、10 号三层煤被压而长期无法开采。该矿建井以后，当开掘一水平石门时，在未遇四灰之前虽然采取超前探、放水和开掘疏水巷道措施，但石门揭露了四灰后涌水量仍然突然增加，全矿总涌水量达 855 m³/h，其中四灰的涌水量为 788 m³/h，占总涌水量的 92%。这说明矿井水主要来自四灰，曾连续排了 5 年水，但仍不能疏干。

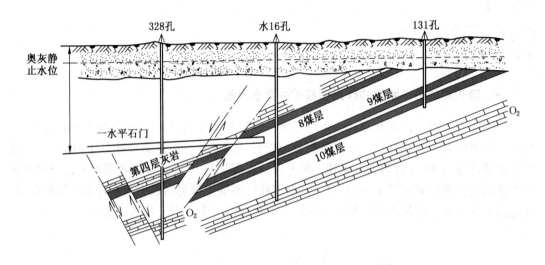

图 4-33　封闭不良导水钻孔对生产的影响

经反复分析研究，认为出现这种情况可能是由于钻孔封闭不良造成的，于是启封了出水点附近的 328 号钻孔，四灰涌水量急剧降低，迅速减少至 309 m³/h，以后又相继启封了 16 个钻孔，漏水量又减少至 86 m³/h。该矿先后共启封 18 个钻孔，全矿总涌水量只有 163 m³/h，比启封前减少了 84%。可见该矿长期涌水不能疏干是由封闭不良的导水钻孔造成的，煤系底部的中奥陶统（O₂）石灰岩的水，以钻孔为通道进入四灰，再由四灰源源不断地涌入矿井，致使矿井水长期无法疏干，被迫不得不改变矿井生产能力。通过对钻孔的正确处理，解放了四灰下部的 8 号、9 号、10 号三层可采煤层，从而恢复了矿井原来的设计生产能力。可见，封闭不良钻孔可造成矿井涌水，且对煤矿生产影响是十分严重的。

三、枣庄矿务局八一煤矿突水事故

1977 年 7 月中旬，枣庄矿务局八一煤矿 901 水采工作面溜煤主巷侧正五上山掘进工作面已接近该矿自采的 802 工作面采空区，于 7 月 21 日开始超前探放水。24 日钻探 13.9 m，钻透老空区，钻孔出水量很小，仅 10 m³/h，经矿总工程师和副总工程师商议，确定留 6 m 超前距布置掘进工区再向前掘 8 m，然后再放水。25 日再次探放，钻进 9.3 m，钻透老空区，钻孔出水量不大，但煤壁有压力，煤炮剧烈，带班地质技术员即刻停钻，向调度室汇报，而后切断电源，后方打上密集柱控制钻机和孔内钻杆，遂撤出人员。26 日由矿副总工程师带人到现场观察并开钻试探，在钻杆的搅动下沿钻孔有煤浆涌出，有压力、煤炮剧烈、煤壁层层剥落、巷道振动，不到 1 min 钻孔由外向里塌孔 0.3~0.4 m 深，当即停钻。27 日夜班生产副矿长兼工程师又带人到正五上山观察试放，开动钻机推进 8.4 m，涌水量为 50 m³/h，水清无压力、无煤炮，听不到老空水响，便确定就此放水，派人监视。28 日发现出水量逐渐减少到 20 m³/h 左右，当天夜班总工带领钻工到正五上山观察有无异常现象并再次试放，先用手推进 2.4 m，又开动钻机推进 1.2 m，再向外拔出 0.5 m，当时孔内钻具全长 8.4 m。此时钻孔出水增大，并听到老空水叫，开始满孔涌水。到 7 月 29 日出现满硐子向外涌水。这次突水量达 6250 m³，冲垮巷道 300 m，-560 m 水平车场和机电硐室被淹。

事故分析：

（1）探放老空水前，首先要分析查明老空水体的空间位置、积水量和水压。该矿积水区范围误差很大，事前没有进行误差预计或分析，从图纸上看探水施工的正五上山距积水巷道尚远，而实际突水距离仅 9.3 m。

（2）安装钻孔探水前，测量和防探水人员必须亲临现场，依据设计确定主要探水孔的位置、方法、角度、深度及钻孔数目。而该矿在此探水时没有确定积水范围和起始探水线，也没规定帮距和钻孔密度，仅规定了超前距。

（3）施工前，应安排好避灾路线和受水威胁地区的信号联系。该矿此次探水没有安全出口，正五上山没有及时掘出与正四上山的联络巷，已掘的其他各上山联络巷与回风平巷还差 3 m 尚未掘透即探水，造成突水后主溜煤巷被淤堵，10 人无法撤出；在没有孔口安全套管的条件下放水时，既没有规定避灾线路又没有设置警铃信号，造成大量人员进入危险区内作业。

（4）当钻进中发现煤岩松软、片帮、来压或钻孔中的水压、水量突然增大及有顶钻等异状时，必须停止钻进，但不得拔出钻杆，现场负责人员应立即向矿调度室报告并派人监测水情。发现情况危急时，必须立即撤出所有受水威胁地区的人员，然后采取措施进行处理。该矿在已经出现煤炮剧烈、巷道震动、放水孔由外向里坍孔等严重险情时，仍多次用钻杆放水，属于严重违章作业。

任务实施

一、矿井资料

2013 年 2 月 3 日零时 35 分，淮北矿业集团桃园煤矿南三采区 1035 开切眼掘进工作面发生透水事故，据推算，矿井透水量约为 10000 m³/h，当班井下作业人数 444 人，截至 2 月 3 日 9 时，安全升井 443 人，1 人下落不明。

事故原因：该工作面下距太原组灰岩 58 m，奥陶系灰岩层 190 m，经分析出水通道为 1035 切眼掘进巷道导通隐伏陷落柱，导致奥陶系灰岩层透水。

二、工作任务

（1）分析该矿井可能受到哪些充水水源的威胁？煤矿透水前有哪些预兆？

（2）在煤矿生产过程中如何预防煤矿透水事故？

（3）写出以上问题的分析报告。

任务考评

任务二考评见表4-6。

表4-6 任务考评表

考评项目	评分		考评内容
素质目标	20分	6分	遵守纪律情况
		7分	认真听讲情况，积极主动情况
		7分	团结协作情况，组内交流情况
知识目标	40分	20分	熟悉矿井透水预兆
		20分	熟悉矿井涌水量的预测方法
技能目标	40分	40分	能正确阐述煤矿透水事故对煤矿生产的影响且有独到见解

项目五 煤矿地质工作

学 习 目 标

本项目由地质编录、地质说明书和地质报告、煤矿矿井地质勘查、矿井储量管理 4 个工作任务组成。在煤矿生产建设中，为了保障矿产资源充分合理地开发利用，首先要对不断揭露的巷道及时进行地质编录；其次在生产中对不太清楚的地质条件进行地质勘探；编制地质说明书及地质报告为设计、施工方案、作业规程提供地质依据；保证储量的动态平衡就要进行储量管理。

任务一 地 质 编 录

技能点

◆ 能按要求绘制井巷地质素描图。

知识点

◆ 原始地质编录的要求和内容；

◆ 矿井原始地质编录类型及方法。

相 关 知 识

一、原始地质编录的要求和内容

1. 原始地质编录的基本要求

（1）真实客观。真实客观是原始地质编录的核心。原始地质编录的文字材料和图表材料必须客观反映地质现象，必须做到内容真实、数据可靠。原始地质编录的文字描述和素描图均应在现场室外完成，不得在室内回忆追记。在室内只能根据其化验和鉴定成果，对野外的肉眼观察进行补充和修正，但不得涂改野外原始记录。如发现原始编录不合格、差错过多、不能真实客观反映地质现象时，必须将原始资料推倒重做。

（2）经常及时。矿井地质人员要紧随采掘工程的进展，有计划、有步骤、及时地收集整理和填绘原始地质资料，不失时机地掌握井下地质情况。资料收集好后还应及时加以整理和清绘，以指导采掘生产。随着机械化凿井、光面爆破、锚喷支护、综合机械化掘进和采煤新技术的采用，现有井下编录方法已不能满足生产发展的要求，只有改善编录方法，推广井下摄影、井下录像等才能提高编录的质量和速度。

（3）统一简明。统一简明是原始地质编录的重要原则。对各种地质现象、地层划分、图幅、图例、图表格式、比例尺及工程编号等必须有统一的标准、统一的内容要求、统一的编录方法，以便地质资料的加工整理、交流和利用。原始地质编录的各种图件是地质工作的"语言"，如果原始地质编录没有统一的规定、标准和格式，因矿而异，这样的原始地质编录成果使用起来十分困难，有时无法进行对比和整理而造成报废。

（4）系统全面。原始地质编录的文字和素描必须系统全面，不要把有用的地质资料遗漏掉。只有系统全面的地质资料才能对工作区的地质特征和煤炭资源提供完整的概念，才能得出正确可靠的结论。系统全面，并非巨细不分包罗万象，而是根据项目的需要和对象特征，突出原始编录工作的重点。

（5）重点突出。井筒、巷道和采煤工作面原则上都要进行地质编录；对于那些影响煤矿生产建设的主要地质问题，有异常地质变化的地段和重要的巷道，必须作为重点进行详细的观测编录；对于地质条件简单、地质变化不大的地段，可进行一般的观测编录，甚至只在某些点上进行观测而不全面进行素描。

（6）宏观和微观结合。矿井地质观测要把现场和室内、宏观和微观观测结合起来。宏观是指在井下借助于矿灯用肉眼对岩（煤）层和地质构造形态特征的观测和描述；微观是指对煤（岩）层的室内鉴定和描述。

2. 原始地质编录的内容

（1）文字材料。文字材料包括原始记录本、钻孔地质描述和取样记录等。煤系的描述内容包括各岩层的岩石名称、岩性特征、结构构造、所含生物化石、结核及包裹体，岩层厚度、接触关系，煤层及其顶底板和标志层的层位和特点；测量岩层的产状要素。煤层的描述内容包括煤的物理性质、结构构造、煤层中的结核及包裹体情况、煤岩类型，各分煤层的厚度和煤层总厚度；煤层的分岔、尖灭、增厚变薄、煤层冲蚀情况，煤层中的构造变动、岩浆侵入体的分布及岩溶陷落柱的发育等情况；煤层的含水性；煤层顶底板岩性及其厚度，煤层的产状要素。

褶曲的描述内容包括褶曲枢纽的位置、方向及倾斜情况；褶曲两翼煤（岩）层的层位和产状；褶曲的宽度和幅度；褶曲邻近伴生的小构造特点，褶曲与断层、节理的关系；煤层受褶曲影响的情况。断层的描述内容包括断层的位置；断层面的形态特征，断层带的宽度及充填物；断层两盘煤（岩）层的层位及产状；断层性质及其力学性质，断层两盘的伴生构造与派生构造情况；断层产状要素和断距；煤层受断层的影响情况；断层带的含水、含瓦斯等情况。岩浆侵入体的描述内容包括火成岩的颜色、矿物成分、结构构造；岩浆侵入体的产状、形态、厚度；岩浆侵入体在煤层中的位置、分布范围，煤的变质程度及对煤层可采性的影响情况；岩浆侵入体与断裂构造的关系。

岩溶陷落柱的描述内容包括陷落柱附近岩层层位；陷落柱的形状、大小；中心轴的倾向、倾角；巷道揭露陷落柱的部位；陷落柱内充填岩块的大小、成分、排列情况；陷落柱与围岩接触面的形态特征等。

（2）图表材料。原始地质编录图件主要包括各种素描图（如天然露头和各种坑探工程的素描图或展开图、实测地质剖面图、钻孔柱状图）及其他照片、素描材料等。原始地质编录表格主要包括各种坑探工程原始记录表、钻探工程原始记录表、岩芯鉴定表、采样登记表、样品分析化验成果表，以及其他记录原始地质资料和原始数据的表格、卡片等。

（3）实物材料。实物材料是指采集有地质意义的矿物、岩石、化石、煤（岩）等标本和各种煤样，以及矿井地质勘探钻孔所取得的煤芯、岩芯、水样和瓦斯样等。

上述原始材料要相互配合、相互补充，如对某一地质现象编录时既要作记录，又要素描制图，并需采集标本，以便进行整体研究。

二、矿井原始地质编录类型

（一）井巷原始地质编录

井巷原始地质编录是指用文字和图表的形式记录和描绘井下原始地质资料的工作。

1. 穿层巷道原始地质编录

穿层巷道包括立井、暗井、平硐、石门和穿层斜井等。

1）立井原始地质编录

（1）井筒展开图式编录。圆形井筒应编录其内接正方柱面，并将 4 个柱面展开成平面（图 5-1）。为此在井口周围选定 4 个基准点，它们与井筒中心的连线方位分别为 N45°E、N45°W、S45°E、S45°W。在该 4 个点上设置井筒边垂线，即内接正方柱的 4 条垂线，用来测定地质界面深度，绘出地质界面与内接正方柱面的交迹。井筒展开图式编录适用于地质条件复杂、岩层产状变化较大的地区。

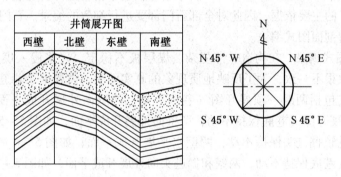

图 5-1　井筒展开图式编录

（2）井筒柱状剖面图式编录。在垂直地层走向的井筒直径两端设置基准点和井筒边垂线，以丈量地质界面深度，绘出井筒柱状剖面图（图 5-2）。井筒柱状剖面图式编录是立井最常采用的编录方式，适用于地质条件简单或中等、岩层产状平缓的地区。

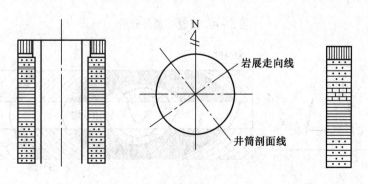

图 5-2　井筒柱状剖面图式编录

（3）井底水平切面图式编录。每隔一定深度编录井底水平切面图，并根据各水平切面图编绘井筒柱状剖面图（图5-3）。为便于对照各水平切面图的方位，水平切面图上应准确标定标高、指北线和剖面线位置。井底水平切面图式编录适用于岩层产状较陡的地区。

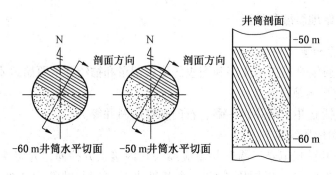

图5-3　井底水平切面图式编录

2）石门原始地质编录

石门一般位于井田或采区中央。石门原始地质编录资料是分析构造、对比煤层、采区设计和巷道施工的主要依据，因此对全部石门都要进行细致的编录。石门编录方式有展开图式编录和一壁剖面图式编录。

（1）展开图式编录。在构造非常复杂、煤层极不稳定、岩浆侵入煤层等条件下，巷道两壁地质现象很不一致，为了反映地质现象的真实面貌，需要编录巷道展开图。巷道展开图的展开方式包括两壁一顶展开图（巷顶下落，两壁向外展开成平面，如图5-4所示）、两壁一底展开图（巷底保持不动，两壁向外展开成平面，如图5-5所示）、掘进头两壁展开图（巷道掘进头保持不动，两壁水平展开成平面，如图5-6所示）、掘进头两壁一底展开图（巷底保持不动，两壁和掘进头向外展开成平面，如图5-7所示）。

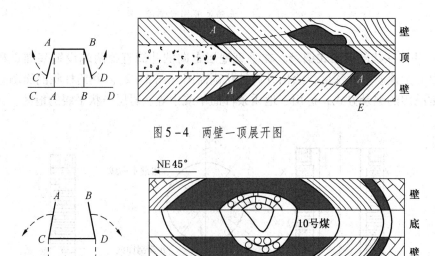

图5-4　两壁一顶展开图

图5-5　两壁一底展开图

图 5 - 6　掘进头两壁展开图

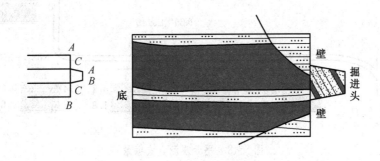

图 5 - 7　掘进头两壁一底展开图

（2）一壁剖面图式编录。即测绘巷道一壁的地质素描图。当巷道个别地段地质条件特别复杂时，也可以一壁剖面图为主，辅以局部展开图。

2. 顺层巷道原始地质编录

顺层巷道包括顺层平硐、斜井、运输大巷、总回风巷、上下山，以及沿煤层开掘的所有准备和回采巷道。

1）煤层平巷原始地质编录

煤层平巷原始地质编录能够取得煤层厚度、产状、底板岩性及其变化资料，查明各种倾向断层或斜交断层，了解煤层中岩浆侵入体和陷落柱的分布，预测采煤工作面内可能出现的地质情况，是编制采掘设计的重要地质资料。根据地质条件，煤层平巷可分别采用观测点、剖面图、断面图、水平切面图等编录方式。

（1）平巷观测点式编录适用于构造简单、煤层稳定的地区。编录时无须连续测绘巷壁剖面，可相隔 30～50 m 在构造或煤层厚度变化点上观测记录煤层厚度、产状、结构及顶底板岩性；在遇地质构造的地点观测构造的性质、产状和规模，并将观测资料按位置准确地填绘在煤层采掘工程平面图上（图 5 - 8）。

（2）平巷一壁剖面图式编录是缓倾斜煤层、倾斜煤层平巷编录的基本形式。在巷道能够揭露煤层全厚的条件下通过巷壁连续观测绘制巷道一壁剖面图；在巷道不能揭露煤层全厚的条件下，应根据煤层的稳定程度布置钻孔探测煤层全厚，绘制沿巷道方向的垂直剖面图（图 5 - 9）。分层回采的顶区和底区巷道、煤层结构复杂的中区巷道需编录一壁剖面图，煤层结构简单的中区巷道只需实测构造点。

（3）对于平巷能够揭露煤层全厚的急倾斜煤层，其编录的基本方式是测绘巷道横断面图（图 5 - 10）。首先根据煤层稳定程度和实际揭露情况合理确定编录间距，然后每隔

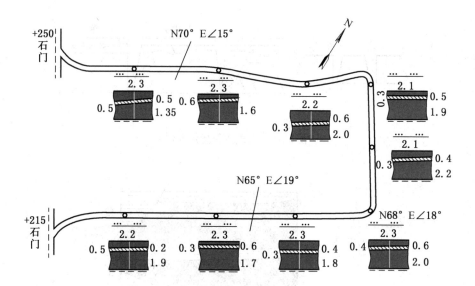

图 5-8　平巷观测点式编录

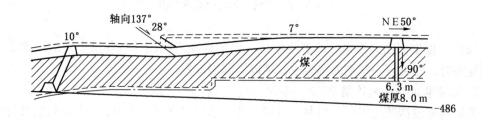

图 5-9　巷道垂直剖面图

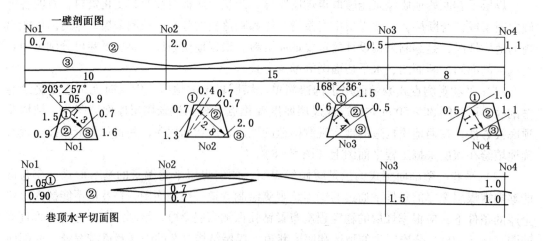

①—黑色粉砂岩，含黄铁矿结核；②—煤层上部为半亮煤，下部暗淡煤，完整坚硬；

③—灰白色细砂岩，由下而上变细，煤层直接底为 20 cm 黏土岩，含植物根化石

图 5-10　巷道横断面图

一定距离观测巷道掘进头的断面（包括确定断面位置，观察断面地质情况，测绘断面地质因素等），并将观测结果标注在煤层采掘工程平面图上。对于平巷不能揭露煤层全厚的急倾斜煤层，应根据煤门和钻孔资料编绘巷顶水平切面图。

2）岩石平巷原始地质编录

岩石平巷原始地质编录与煤层平巷编录方式相同，一般采用一壁剖面图式或断面图式编录。编录重点是及时发现构造变动和岩性变化，查明构造性质及规模。要特别注意掘进方向与岩层走向的关系，以及与邻近煤层、含水层的相对间距，保证巷道开掘的预定层位和方向。

3）倾斜煤巷原始地质编录

倾斜煤巷原始地质编录能够取得煤层厚度、结构、产状、顶底板岩性及其变化资料，查明各种走向断层或斜交断层，了解煤层中岩浆侵入体和陷落柱的分布，预测采掘过程中可能出现的地质情况。

（1）观测点式编录。适用条件和编录要求与平巷相同，只是在平面图上标定观测点位置时需要根据巷道坡角将斜距换算为平距。

（2）剖面图式编录。缓倾斜和倾斜煤层当巷道能够揭露煤层全厚时，应编录巷道一壁剖面图；当巷道不能揭露煤层全厚时，应根据巷壁揭露资料和探煤钻孔资料编绘沿巷道方向的垂直剖面图。急倾斜煤层当巷道能够揭露煤层全厚时，应编录包括工作面回风巷、运输巷及联络巷在内的局部地质剖面图；当巷道不能揭露煤层全厚时，应编录包括工作面回风巷、运输巷、联络巷、煤门及探煤钻孔在内的局部地质剖面图。

（二）采煤工作面原始地质编录

采煤工作面原始地质编录的基本任务是查明采煤工作面内的地质变化及其发展趋势，指导采煤工作的正常进行，测量煤层厚度、采高和浮煤厚度，计算工作面损失率，监督煤炭资源是否充分采出；探测厚煤层的剩余厚度，为厚煤层的合理分层提供依据。

采煤工作面原始地质编录的方式有观测点式编录和剖面图式两种。

1. 观测点式编录

对于地质条件简单的一次采全厚的工作面，只需要隔一段时间检查一次工作面，在工作面上均匀布置几个观测点，测量煤厚、采高、浮煤厚度、丢顶底煤厚和产状，并将观测结果填绘在采煤工作面平面图上。

2. 剖面图式编录

对于地质条件比较复杂的一次采全厚工作面，除增加工作面的检查次数外，在遇到地质条件变化时还应编录沿工作面壁的剖面图（图5-11）；对于煤层厚度较大且厚度有一定变化的分层采煤工作面，要系统地进行探煤厚的工作，并及时编绘出探线剖面图和剩余煤厚等值线图。

（三）井下钻探原始地质编录

井下钻探原始地质编录的主要内容包括准确确定每个钻孔的位置、钻进方位、倾角、开孔岩层的层位和产状；对岩芯详细分层与描述，测量各分层距离孔口的距离；换算分层厚度、层面与钻孔轴心的夹角；描述岩性、裂隙发育程度、钻孔涌水及漏水情况等；及时分析地质构造，填绘钻探成果表，绘制钻孔柱状草图。地质钻孔编录的基本要求按以下步骤完成：

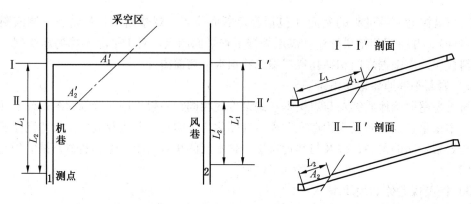

图5-11 采煤工作面剖面图式编录

1. 绘制钻孔柱状图

井下施工的钻孔应按照统一的规格绘制正式的钻孔柱状图。岩性特征要用统一规定的符号将内容描述清楚，并对简易水文资料作必要的记载。

2. 填写地质钻孔成果卡片和成果台账

井下每个地质钻孔都必须按照规定填写地质钻孔成果卡片（表5-1）。当钻孔发生歪斜后，各见煤点的坐标（x, y, z）及钻孔穿过巷道水平（或穿过断层）的位置要进行换算。钻孔柱状图等原始资料均应按照剖面线归并，建立资料档案袋，并将主要成果填写在钻孔成果台账表上。

表5-1 地质钻孔成果卡片

地点				厚度/m	柱状（1∶100）	岩性描述
坐标	x	y	z			
产状要素	走向	倾向	倾角/（°）			
方向		角度/（°）				
进尺		累计				
钻探目的						
钻探情况						
平面图（1∶1000）						
制表者		审核者		日期		

3. 填绘井下地质钻孔

井下地质钻孔应填绘在煤层底板等高线图或水平地质切面上，并注明孔号、类别、施工时间、孔口和终孔标高、见煤层标高、终孔层位等。

4. 详细鉴定和编录岩芯

井下地质钻孔重要层位的岩芯要拿到井上由地质人员鉴定。凡未经全面鉴定的岩芯在现场要妥善保存。钻探结束后重要钻孔的岩芯需经地质技术负责人鉴定、缩选，缩选后的岩芯（样）原则上应保存到该钻孔所控制地区具有实见资料为止。

三、矿井原始地质编录方法

（一）井巷原始地质编录的步骤与方法

以下以巷道一壁剖面图为例，概述井巷原始地质编录的一般步骤和方法。

1. 熟悉巷道预想地质剖面或邻近勘探线剖面图

下井编录前要熟悉巷道预想地质剖面、邻近巷道的分布及其地质情况，做到心中有数。

2. 确定编录壁及编录高度

与勘探线一致的巷道，编录壁应与勘探线剖面图对应，统一看图方向，以便利用巷道编录资料修改、补充勘探线剖面图。平巷一般编录煤（岩）层倾斜的上壁，采准巷道编录紧靠它所服务的采区和采煤工作面的一壁。巷道编录高度一般是上到棚牙口，下至轨道面，其中拱形或大断面巷道编录高度由各矿根据情况规定。

3. 对编录巷道进行全面概括观察

到达编录巷道不要急于描述和绘图，应先对编录巷道全面巡视一遍，了解测量点位置，查明巷道揭露的地质现象。观察不应仅限于编录的那一壁，而应观察两壁及巷顶。

4. 标定编录起点位置

利用测量点或已知巷道标定编录起点位置，丈量并记录起点距测量观测点或已知巷道的距离和方向。

5. 在编录巷壁上挂观测基线

观测基线是编录过程中在井壁上挂的一条基准线，用它来控制巷道起伏、地质界线的位置和形态，是编录巷道剖面图的基础。为此，基线的起点与终点应与测量点取得联系，以便校核基线的距离和高程；基线的各种数据（距巷顶和巷底的距离、方向和坡角等），应记录清楚，并绘出草图。

观测基线的挂法有固定标高观测基线、平行巷顶（底）观测基线、既不水平也不平行巷顶（底）观测基线和不连续观测基线4种情况。

（1）固定标高观测基线。适用于水平或坡度较小的巷道。为了便于绘图，观测基线的标高最好取一整数。当基线与巷顶（底）接近时，可将基线垂直提高或降低一定的高度，如图5-12所示。

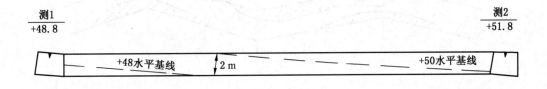

图5-12 水平观测基线示意图

（2）平行巷顶（底）观测基线。适用于坡度较大且坡度不一致的巷道。观测基线一般与巷道腰线一致，或者向下量取一定距离并平行巷道布置，如图5-13所示。

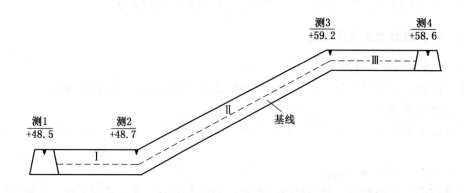

图5-13 平行巷顶（底）的观测基线示意图

（3）既不水平也不平行巷顶（底）观测基线。适用于起伏比较频繁的巷道，如图5-14所示。

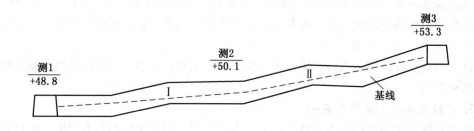

图5-14 既不水平也不平行巷顶（底）观测基线示意图

（4）不连续观测基线。适用于短距离内坡度起伏变化很大的巷道。这类巷道坡度变化不仅频繁，而且急剧，所以测量点较密，故可充分利用测量点资料，量一距离和与测点的高差即可画图，如图5-15所示。

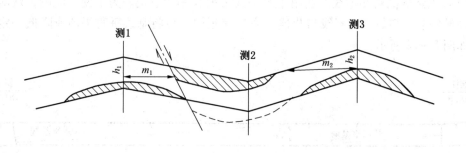

图5-15 不连续观测基线示意图

6. 观测、记录和描绘巷壁地质现象

观测、记录和描绘巷壁地质现象具体包括以下3个方面的内容：

1）地质观测点的选定和描述

地质观测点应选在地质特征清楚和地质变化显著的地点。对具有代表性和典型性的地质观测点必须重点观测描述。

2）地质界线的实测方法

地质界线用地质观测点及附加的控制点来控制。

（1）实测地质界面控制点法。每一地质界面应实测两个以上的控制点，每个点均需测出距基线起点的距离和距基线的垂距。控制点应选在地质界面与巷顶、巷底和基线的交点，或褶皱枢纽和断煤交线与巷壁的交点。然后以控制点为基础，按实际情况连接地质界线，如图 5 – 16 所示。该法适于编录岩层起伏较大的石门、平巷和穿层斜井。

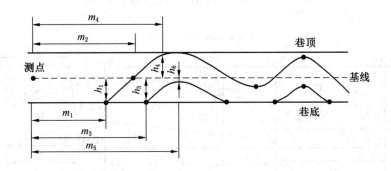

图 5 – 16　实测地质界面控制点法示意图

（2）实测地质界面控制点与视倾角法。每一地质界面只测一个控制点（即地质界面与基线的交点），用罗盘或测角仪量出地质界面的视倾角，即可绘出地质界线，如图 5 – 17 所示。该法适于编录岩层倾角较大、产状与厚度稳定的石门和穿层斜井。

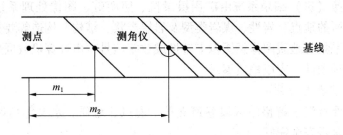

图 5 – 17　实测地质界面控制点与视倾角法示意图

（3）实测小柱状控制地质界面法。每隔适当距离作一小柱状图控制地质界面，如图 5 – 18 所示。该法适于编录岩层产状平缓、层次较多的石门、平巷和倾斜巷道。

3）巷道实测剖面草图和细部素描图的绘制

井巷原始地质编录时不但要文字描述和记录数据，而且要现场绘制巷道剖面草图和典型地质现象的细部素描图，如图 5 – 19 所示。

（二）矿井数码影像编录

1. 巷道地质摄像（影）编录系统的组成

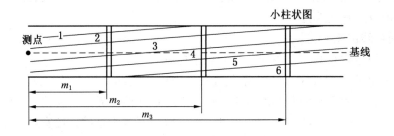

图5-18 实测小柱状控制地质界面法示意图

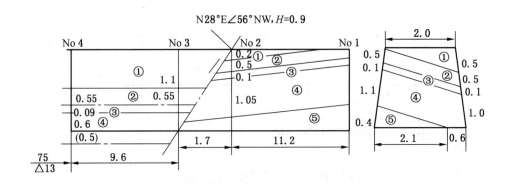

①—灰黑色薄层粉砂岩，坚硬，含化石；②—半暗型煤，中条带状，夹少量铁矿透镜体；③—黑色泥岩；
④—半暗型煤，宽条带状，裂隙发育；⑤—灰褐色泥岩，团块构造，含植物根部化石

图5-19 煤巷井下编录草图

巷道地质摄像（影）编录系统由矿用摄录机、照明灯、图像处理系统组成。矿用摄录机录制摄录场所的地点、岩性、煤岩类型及岩层产状、结构、构造等要素。地质图像处理系统将摄录机采集的地质图像经图像卡转换成数字信号，由计算机数据处理并建立地质数据库，绘制各种图件，完成地质编录。

2. 井下编录步骤与方法

井下摄录前要首先了解摄录区段巷道支护、通风、地质、水文等情况，制定摄录内容，并检查设备是否齐全完好。

（1）点编录。将三脚架固定到1~1.5 m高度，距摄录目标1~2 m处。照明灯距摄录目标0.5~1 m。摄录点应以工程导线测量点为基点，延伸处用钢尺丈量。每一编录点应采用不同倍数摄录，且同一倍数摄录时间不少于10 s。对构造要素、岩性等要进行录音描述。

（2）连续编录。分为全巷道连续图像摄录和抽点图像摄录，工作方法与传统地质连续编录相同。摄录前要架挂好标尺，摄录时间、距离保持一致。

3. 地质影像资料的处理

地质影像资料经计算机专用软件进行光源场校正、图像增强、图像噪声消除后及时处理成图，用彩色打印机打印地质图像，从而完成井下地质编录。

四、矿井原始地质资料整理

由于野外和井下工作条件的限制，所作的实测剖面图和素描图均是示意性的草图，记录的一些数据也未经换算，使用起来既不方便也不精确。为了使资料系统化和规范化，便于使用和妥善保存，必须及时整理原始基础资料。

（1）检查、补充和誊清地质记录。包括对原始记录的检查与核实，标本的补充鉴定与描述，厚度、高程、距离、产状要素的改正与换算，誊清原始地质记录。为了积累对比层位和判断构造的依据，对有地质意义的标本应编号陈列。

（2）清绘原始地质图件。野外或井下实测的草图经检查核实后应按规定格式清绘成图，注记正式测量成果，但不准随意更改草图。经清绘的各种地质图件应分门别类或按采区、煤层装订成册，并附平面位置图。

（3）建立原始地质资料档案。将大量繁杂的原始地质资料按采区和种类两条线索归类整理，建立地质资料档案和原始地质资料分类统计档案。

（4）建立地质数据库。将原始地质编录收集的各种地质信息数据分类录入计算机，建立地质数据库，利用数字地质报告编制系统（是专为提交数字化的钻探地质勘探报告而开发的专业软件系统，由数据库系统、剖面图系统、平面图系统等组成）等地质专用软件能自动生成钻孔柱状图、勘探线剖面图、储量计算图及各种等值线图，实现平面数据和剖面数据的动态修改和储量计算，同时还能够进行地质参数的空间分析。

任务实施

图 5-20 所示为石门井下记录草图，请按草图所记录的数据，以 1：200 的比例尺整理石门素描。

要求：

（1）除产状外，其他数据不用标注在图上。

（2）图面整洁。

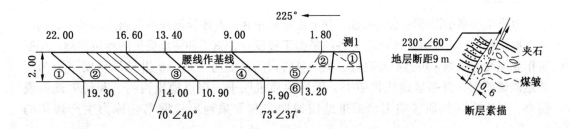

①—砂质页岩，浅灰色，含植物根部化石；②—煤，半亮型为主，其中夹 2 层页岩（自下而上各分层厚度：半亮煤 1.4 m，页岩 0.5 m，半暗煤 0.5 m，页岩 0.2 m，半亮煤 0.6 m）；③—页岩，浅灰色，含菱铁矿结核，近煤层含猫眼鳞木化石；④—砂质页岩，上部含菱铁矿结核和炭质页岩；⑤—中粒砂岩，中部含斜层理发育；

⑥—断层 F，断层带中砂岩挤成粉末

图 5-20　石门井下记录草图

任务一考评见表5-2。

表5-2 任务考评表

考评项目	评 分		考评内容
素质目标	20分	6分	遵守纪律情况
		7分	认真听讲情况，积极主动情况
		7分	团结协作情况，组内交流情况
知识目标	40分	20分	熟悉地质编录的基本要求和方法
		20分	熟悉地质编录的内容和一般步骤
技能目标	40分	40分	能独立正确完成石门素描任务

任务二 地质说明书与地质报告

技能点
◆ 对矿井生产中使用的地质说明书能正确分析运用；
◆ 对生产矿井地质报告能分析运用。
知识点
◆ 地质报告的种类及其内容；
◆ 地质说明书的种类及其内容。

相 关 知 识

　　地质说明书是以煤炭地质勘查、井下地质编录和矿井地质勘探等资料为基础编绘的综合性地质资料，是矿井地质部门为各项采掘工程设计、施工和管理提供的地质预测，是制定作业规程的依据。根据矿井建设、生产各阶段的目的与要求，矿井地质说明书分为建井地质说明书、开拓区地质说明书、采区地质说明书、掘进地质说明书和回采地质说明书，其中采区地质说明书、掘进地质说明书和回采地质说明书合称为生产煤矿的"三书"。

一、编制地质说明书的基本要求

　　1. 目的明确

　　地质说明书是矿井建井、开拓、掘进和回采设计、施工、管理的地质依据，因此在编制前地质人员要通过设计人员详细了解设计意图，明确编制相应地质说明书的目的，以便有针对性地提供地质资料，阐明影响设计、施工的主要地质问题，使编制的地质说明书满足设计、生产的要求。

2. 资料清楚、准确

地质说明书反映的情况和数据应达到地质构造清楚；煤层厚度清楚；煤质变化清楚；岩浆侵入体部位清楚；陷落柱分布范围清楚；井下水、火、瓦斯情况清楚；井上下关系清楚；地质研究程度清楚；井下开发历史清楚；断层位置准确；煤层产状准确；底板标高准确；剖面层位准确；探煤厚度准确；储量计算准确；预计涌水量准确；预计瓦斯量准确；钻孔分布位置及封孔情况准确；井上下位置准确。应特别注意分析对各种地质情况的控制和研究程度是否满足设计要求，如发现问题应及时解决。

3. 形式简介，重点突出，使用方便

地质说明书文字表述要言简意赅，尽可能采用统一印制的表格形式，重点突出，对影响采掘工程的地质问题要交代清楚，所附图件要清晰、准确、适用，文图结构要紧凑，最好能装订成册，以方便使用。

4. 用后总结

工程结束后地质人员要会同设计、采掘技术人员逐一分析地质预测与实际揭露情况的差异，进一步总结地质特征和规律，以不断提高地质说明书的编制质量。

二、建井地质说明书

建井地质说明书（或基建工程地质说明书）是地质人员在建井施工前按井筒、井底车场、硐室、大巷等工程设计和施工要求，根据井田勘查（或最终）地质报告、井筒检查钻孔及补充勘探等相关资料编制而成的，是建井设计和施工部门选择施工方案、编制井筒、井底车场等施工设计及作业规程，以及指导井巷施工的地质依据。说明书的重点是反映施工区段的地质构造、岩（土）层组合特征、水文地质及工程地质特征、煤系煤层赋存情况和影响施工的其他地质因素等。

建井地质说明书（或基建工程地质说明书）的内容由文字说明和图件两部分组成。

1. 文字说明

（1）建设工程概况。简述施工地点、工程编号、井筒开拓位置、方向、起止点及其标高、井底车场等开拓工程的具体规定。

（2）地质情况。阐明施工区段的地质、水文地质和工程地质情况及其对施工的影响。其主要内容包括井筒穿过的主要岩（土）层厚度、岩性、物理力学性质，裂隙发育情况，基岩风化带的特征及深度；可采煤层的层位、厚度、结构及其顶底板岩性、煤层的层间距；井筒及井底附近的断层、裂隙、破碎带及褶曲情况，井筒穿过的含水层，预计涌水量、水位、水温、水质及地表水体的联系；供水水源、工程地质特征及其他影响施工的地质因素（如瓦斯、地温、地压及岩浆侵入体等）。

（3）注意事项与建议。根据施工区段的地质情况和施工要求，指出设计、施工中应注意的事项，特别是对支护、防排水措施、瓦斯防治等灾害提出建议。

2. 图件

图件包括工程位置平面图（1∶500 或 1∶1000）、井田地层综合柱状图（1∶500 或1∶1000）、立井井筒预想柱状图（1∶200 或 1∶500）、斜井（平硐）预想地质剖面图（1∶200 或 1∶500）、主要大巷及硐室预想地质剖面图（1∶200 或 1∶500）、井筒水文地质剖面图（1∶500或1∶2000）、井底车场范围预想水平地质切面图（1∶500或1∶1000）。

三、开拓区（水平延深）地质说明书

新开拓区或新水平延深设计之前需要编制开拓区（水平延深）地质说明书。该说明书主要阐明新开拓区（水平延深区）内影响开拓的地质因素，包括地质构造、煤系和煤层的赋存情况、水文地质情况等。开拓区（水平延深）地质说明书包括文字说明和图件两部分。

1. 文字说明

（1）概况。说明新开拓区的位置、边界高程、面积、走向长度、倾斜宽度、地表特征、老窑分布，与邻近已开拓区或已采区的关系，距地表的深度，冲积层的覆盖情况和厚度，与地表主要建筑物、河流、池塘、塌陷坑等的关系。

（2）煤层赋存情况及其顶底板特征。叙述煤层的产状要素及其变化情况，煤层层数、可采煤层层数及名称，可采煤层厚度、结构及其稳定性，煤质及其变化情况，煤层风氧化带的范围及深度，煤层之间最大、最小和平均层间距，煤层顶底板的岩性特征、厚度、物理力学性质、裂隙发育程度、含水性及岩层的膨胀性等。

（3）地质构造。说明开拓区地质构造的基本特征，煤（岩）层产状及其变化，开拓区断层的位置、性质及断距，褶曲的位置、形态、产状及其变化规律，地质构造对煤层的破坏和对开拓工程的影响，以及勘探工程对地质构造的控制程度等。

（4）水文地质。叙述开拓区主要含水层和导水层，预计可能的水量和水压，地表水、老窑水或采空区积水对开拓区的影响，以及在开拓过程中有关突水的危险性，并提出防探水措施及对留设煤（岩）柱的建议。

（5）其他地质情况。说明岩浆侵入体、河流冲刷带、陷落柱等地质特征及其对煤层的影响，瓦斯的含量及涌出量，邻区煤与瓦斯突出的历史记载及其地质特征分析，并拓区内煤与瓦斯突出的可能性，煤尘爆炸指数和煤层自然发火条件及地温状况等。

（6）储量计算。叙述储量计算的范围，储量计算指标的确定，各煤层的可采储量、预可采储量、基础储量、资源量的分布，开拓区储量应按设计要求分煤层、分采区计算与统计。

（7）存在问题和建议。对说明书采用资料的可靠程度进行评述，提出区内存在的主要地质问题和进行矿井地质补充勘探的意见，对解决影响开拓设计和施工的问题提出合理的建议，并提出应注意的事项。

2. 图件

图件包括井上下对照图（1∶2000或1∶5000）、煤系地层综合柱状图（1∶200或1∶500）、井筒延深部分预想柱状图或剖面图（1∶200）、地质剖面图（1∶1000或1∶2000）、水平地质切面图（1∶1000或1∶2000）、可采煤层底板等高线及储量计算图（1∶1000或1∶2000）。煤层倾角大于60°时应附立面投影图。

四、采区地质说明书

采区地质说明书是在经过修正后的开拓区地质说明书的基础上，结合已开拓井巷工程、邻近采区的地质资料及生产勘探资料，按照采区设计与掘进施工的要求，经过分析整理后编制而成的。该说明书是采区设计和编制施工作业规程的地质依据。

采区地质说明书的内容重点反映采区的主要构造分布、煤层厚度的变化及对采区设计和施工有直接影响的地质因素。说明书包括文字说明和图件两部分。

1. 文字说明

（1）采区位置、范围、四邻关系，井上下对照关系，勘探工作等。

（2）相邻采区实见地质构造、瓦斯地质和水文地质等。

（3）区内煤（岩）层产状和煤层厚度变化，断层与褶皱的特征、分布范围和控制程度，对采区开拓、开采的影响等。

（4）可采煤层厚度、结构及可采范围，可采煤层的可采性。

（5）各煤层顶底板类型、岩性、厚度、富水性及物理力学性质，各煤层群（组）之间的间距和岩性变化。

（6）陷落柱、岩浆岩体、冲刷带等情况。

（7）煤层瓦斯赋存地质规律，瓦斯（煤层气）资源/储量。

（8）水文地质条件，采空区及周边老空区范围，预测正常涌水量、最大涌水量和突水危险性，防隔水煤（岩）柱和探放水等工程技术要求。

（9）地温及地热危害，煤自燃危险程度。

（10）采区煤炭资源/储量。

（11）工作面回采对地表建（构）筑物的影响。

（12）针对存在的地质问题应注意的事项和建议。

2. 附图

图件包括井上下对照图；采掘工程平面图；采区地层综合柱状图；采区煤层底板等高线及资源/储量估算图；采区回风水平和运输水平的地质切面图（煤层倾角大于25°）；采区地质剖面图；采区煤层厚度等值线图；采区瓦斯地质图。

五、掘进地质说明书

掘进地质说明书是为地质构造比较复杂、层位对比困难的开拓巷道或准备巷道的设计与施工提供的地质资料。设计要求较高的开拓巷道或采区主要巷道施工前也应编制掘进地质说明书，作为编制掘进规程和组织施工的依据。为方便煤矿生产，掘进地质说明书文字说明部分一般用表格形式表述，连同必要的附图（平面图、剖面图）构成掘进地质说明书（表5-3）。

表5-3　某煤矿-270m北翼大巷掘进地质说明书

位置	本矿北翼-180m延深下山皮带机道以北	地面标高	+30~32.0 m
邻区情况	本区上部夏桥系、小湖系煤组已采完，太原群煤为新开拓区		
地面情况	有五号井家属宿舍、旧西排洪道，均无影响		
工程要求	据设计规定：在-270m车场开口沿17层煤掘进，过北一断层后沿20层煤掘进		
施工岩石性质	17层煤（$f=1.1$）顶板页岩（$f=4.8$），底板砂质页岩（$f=5.6$） 20层煤（$f=1.2$）顶板灰岩（$f=12.8$），底板钙质页岩（$f=4.5$）		
构造	自-180m延深下山向东北方向掘进320m左右推测将会遇到北一断层，342°∠70°，落差约6m		

表 5-3（续）

矿井水	巷道出水，主要是 9 层灰岩水、10 层灰岩裂隙水和北一断层水，揭露 10 层灰岩时预计最大涌水量为 1.5 m³/min			
瓦斯涌出量	2.6 m³/(d·t)	煤尘爆炸指数	43.87	自然发火期
施工建议	①距北一断层前 15 m，距 10 层灰岩垂距 5 m 左右，必须打超前钻探放水，对 10 层灰岩应垂直打，视水量大小再考虑布置水平孔；②钻机窝高度不得小于 3.0 m；③在北一断层带两侧应加密棚档			
附图	①-270 m 水平北翼大巷平面图；②-270 m 水平北翼大巷预想剖面图；③综合柱状图			

说明书包括文字说明和图件两部分。

1. 文字说明

（1）工作面位置、范围及与四邻和地面的关系。

（2）区内地层产状和地质构造特征及其对本工作面的影响，断层落差，掘进找煤方向及褶皱的位置和形态。

（3）邻近工作面煤层厚度、煤层结构、煤体结构及其变化等。

（4）煤层顶底板岩性、厚度、物理力学性质。

（5）工作面瓦斯地质特征。

（6）主要含水层和主要导水构造与工作面的关系，工作面周边老空区范围，预测正常涌水量、最大涌水量和工作面突水危险性，防隔水煤（岩）柱、探放水措施建议等。

（7）岩浆岩体、陷落柱等对工作面掘进造成的影响。

（8）地热、地应力和煤自燃危险程度等。

（9）针对存在的地质问题的建议。

2. 附图

图件包括井上下对照图；工作面煤层底板等高线图；工作面预想地质剖面图或局部地质构造剖面图；地层综合柱状图。

六、回采地质说明书

回采地质说明书是为编制回采作业规程、生产技术管理提供的地质资料，是编制回采规程和作业计划的依据。它包括文字说明和图件两部分。一般文字部分以表格形式表述，再加上必要的附图构成工作面回采地质说明书。

1. 文字说明

（1）工作面位置、范围、面积以及与四邻和地表的关系。

（2）工作面实见地质构造的概况，实见或预测落差大于三分之二采高断层向工作面内部发展变化。

（3）实见点煤层厚度、煤层结构和煤体结构情况，及其向工作面内部变化的规律。

（4）实见点煤层顶板岩性、厚度和裂隙发育情况。

（5）预测岩浆岩体、冲刷带、陷落柱等的位置及其对正常回采的影响。

（6）预测工作面瓦斯涌出量。

（7）预测工作面正常涌水量和最大涌水量。

（8）工作面煤炭资源/储量。

（9）地热、冲击地压和煤自燃危险程度等。

（10）针对存在的地质问题应注意的事项及建议。

2. 附图

图件包括井上下对照图；工作面煤层底板等高线及资源/储量估算图；煤层厚度等值线图；主要地质预想剖面图；煤层顶底板综合柱状图；其他相关图件。

七、编制地质报告的要求与步骤

编制地质报告是地质工作者的一项重要工作，采矿等生产技术人员也应了解和掌握各类地质报告的内容和编制要求。

1. 要求

报告内容要紧密配合矿井生产建设的需要，论述严密正确，如实反映矿井地质情况；整套报告包括文字报告、附图、附表、审查意见书和审批决议书等；资料来源要经过严格审核，以期获得正确的地质结论；文字撰写要重点突出，技术名词术语符合相关标准，图、文、表一致，措词简练，叙述清楚，力求直观清晰。

2. 基本步骤

（1）搜集整理资料。包括收集整理井田勘探报告，原有各种的矿井地质报告、地质说明书、采后地质总结、全部钻孔资料、井巷原始地质编录资料、各种台账图表、各种综合性地质图件、探采对比资料等。

（2）修编校核资料。按照矿井地质规程要求根据统一图例、统一的内容要求进行各种综合性图件的修编，并将各种图件进行相互校核。

（3）编写文字报告。在完成各种图件的编制及资料综合分析的基础上，紧密围绕矿井各主要地质问题，按基本内容要求进行文字报告的编写。

八、煤矿（建矿、生产）地质报告编写

报告内容可分为文字说明、附图和附表3部分。

（一）文字说明

1. 绪论

（1）目的、任务及要求，报告编写依据。

（2）煤矿位置、自然地理、与四邻关系。

（3）煤矿及周边老窑、老空区分布及相邻煤矿生产情况。

（4）煤矿（建设、生产）概况。

2. 以往地质工作及质量评述

（1）煤田勘查及补充地质勘探工作。

（2）煤矿采掘揭露及井下地质探测工作。

（3）煤矿地质工作质量评述。

3. 地层构造

（1）地层，包括矿区地层、煤矿地层。

（2）含煤地层，包括地质年代、厚度、岩性、可采煤层数、煤层总厚度及煤系变化等。

（3）构造，包括区内主要断层、褶曲的分布特征、控制程度及对煤岩层的破坏程度。中小构造发育特征，对煤层开采的影响。岩浆岩体分布、产状及对煤质的影响。

（4）地质构造复杂程度评价。

4. 煤层、煤质及其他有益矿产

（1）煤层，包括含煤性、可采煤层特征和煤层对比等。

（2）煤岩、煤质，包括煤岩特征，煤质特征，煤种及变化特征，煤中有害元素及其变化规律，煤的风氧化带。

（3）煤的用途。

（4）其他有益矿产。

（5）煤层稳定程度评价。

5. 瓦斯地质

（1）煤层瓦斯参数和矿井瓦斯等级

（2）矿井瓦斯赋存规律。

（3）矿井瓦斯涌出量预测。

（4）煤与瓦斯区域突出危险性预测。

（5）矿井瓦斯类型评价。

6. 水文地质

（1）水文地质概况，包括区域及井田水文地质、含水层和隔水层特征。

（2）充水条件及充水因素。

（3）涌水量构成及预测。

（4）煤矿水害及防治措施，主要突水点位置、突水量及处理措施。

（5）煤矿水文地质类型评价。

7. 工程地质及其他开采地质条件

（1）岩层物理力学性质、坚硬程度、软弱层的发育程度及分布规律，岩层含水性及其对边坡稳定性的影响。

（2）煤层顶底板。

（3）地层产状要素。

（4）其他开采地质条件，包括陷落柱、冲击地压、地热和天窗等。

（5）工程地质及其他开采地质条件评价。

8. 资源/储量估算

（1）煤炭资源/储量估算，包括估算范围及指标、资源/储量类型划分、估算方法及参数确定和估算结果。

（2）瓦斯（煤层气）资源/储量估算，包括估算范围、资源/储量类型划分、估算方法及参数确定和估算结果。

9. 煤矿地质类型

（1）煤矿地质类型划分要素综述。

（2）煤矿地质类型综合评定。

10. 探采对比

（1）地质因素探采对比，包括构造、煤层、瓦斯、水文地质等。

（2）资源/储量探采对比。

（3）地质勘探类型探采对比。

（4）原勘探工程合理性评述。

11. 结论及建议

（1）主要认识。

（2）主要问题。

（3）建议。

（二）附图

图件包括煤矿地形（基岩）地质图；煤矿地层综合柱状图；补充勘探钻孔柱状图；可采煤层底板等高线和资源/储量估算图（急倾斜煤层加绘立面投影图）；煤矿地质剖面图；矿井瓦斯地质图；煤矿综合水文地质图；矿井充水性图；井上下对照图；采掘（剥）工程平面图；主要井巷地质素描图；工程地质平面图（露天煤矿）；工程地质断面图（露天煤矿）；其他必要图件。

（三）附表

附表包括勘探钻孔成果表；煤炭资源/储量估算基础表和汇总表；煤岩、煤质测试成果表；瓦斯参数测定成果表；水质分析成果表；其他有关成果表。

九、矿井闭坑报告的编制

矿井闭坑报告是矿山闭坑的主要依据之一。矿山闭坑前必须编写切合实际的编写提纲，送采矿投资人或上级主管部门批准。闭坑报告由报告编写人按照批准的编写提纲编写。闭坑报告名称统一为"××省(市、自治区)××煤田××矿区(井田)××矿(指闭坑的具体坑口)闭坑报告"。矿井闭坑报告包括文字说明、附图和附表3部分。

（一）文字说明

1. 概况

（1）闭坑原因和报告编写依据。

（2）煤矿位置、交通、范围、自然地理与四邻关系。

（3）煤矿矿业权设置及沿革情况等。

（4）煤矿地质勘查简述。历次地质勘查工作的时间、勘查单位、主要工作量、资源/储量估算方法和结果。

（5）煤矿开采简述。煤矿设计时间、设计单位、生产规模、服务年限、生产管理、采出资源总量等。

2. 煤矿地质简述

（1）煤矿地质勘查及其质量评述。地质勘查方法、网度，采掘揭露、地质编录、井下探测等工程及质量评述。

（2）煤矿地质特征。区域地层，煤矿地层、含煤地层、煤层，所处大地构造单元和区域构造特征。

（3）煤矿开采地质条件。地质构造、瓦斯、水文地质、老空区、工程地质和其他开采地质条件，煤矿发生的地质灾害及其主要原因等。

（4）煤岩煤质。煤岩特征、煤质特征、煤种、煤的风氧化及工业用途等。

（5）资源/储量估算及其质量评述。煤矿生产过程中累计探明新增（或减少）资源/储量及其品位等。

3. 煤矿开采和资源利用

（1）设计开采的资源/储量、开拓方式、开拓系统、开采方法，历年采掘工程量、历年采出资源量、采出率等。

（2）损失量（包括正常和非正常损失）、损失率，批准非正常损失量的机构、批准理由等。

（3）资源/储量注销概况，剩余资源/储量及其分布、剩余原因。

（4）对共（伴）生矿产的综合开采、利用情况。

（5）通过煤矿生产地质工作对地质情况的新认识、新发现，影响煤矿开采的主要地质问题。

4. 探采对比

（1）探采对比。地层、构造、煤层、煤质、瓦斯、水文和资源/储量等。

（2）勘查方法、手段，勘查工程间距，勘探类型及其确定的合理性等。

（3）勘探储量的可靠性系数、有效利用系数，矿井采出率。

（4）资源/储量估算方法评述。

5. 环境影响评估

（1）地下水疏干范围、水位及其恢复程度等。

（2）开采区地质环境变化，煤层顶板垮落带及裂缝带高度，地面开裂、沉陷、滑坡、坍塌等变形破坏范围及程度，露天采场及其边坡崩落范围等。

（3）水体污染及其自净情况等。

（4）废弃物堆放情况及处理等。

6. 结语

（1）煤矿生产的经济、社会效益。

（2）煤矿闭坑资源/储量的核销结论及闭坑依据。

（3）剩余资源/储量的处理建议、废矿坑利用建议、环境及地质灾害治理建议等。

（二）附图

图件包括煤矿交通位置图；煤矿地形地质图；地层综合柱状图；煤矿地质构造纲要图；煤矿煤（岩）层对比图；煤矿地质剖面图；煤矿水平地质切面图；煤层底板等高线和资源/储量估算图（急倾斜煤层加绘立面投影图）；井上下对照图；采掘（剥）工程平面图；工业广场平面图；井筒及有代表性的石门、主要巷道地质素描剖面图；其他必要图件。

（三）附表

附表包括钻孔坐标及综合成果表；资源/储量估算基础表及汇总表；瓦斯参数测试成果表；抽水试验成果表；水质分析成果表；煤矿涌水量统计表；河流、水井及地下水长期观测资料表；岩石力学试验成果表；土样分析成果表；钻孔测斜成果表；其他有关成果表。

除以上地质报告外，在生产过程中还可能遇到编制补充勘探地质报告、矿井延深水平地质报告等，可参考煤矿（建矿、生产）地质报告的编制要求编制。

任 务 实 施

组织学生对掘进地质说明书（表5-3）进行分析讨论，了解掘进地质说明书编写要点，要求学生写出分析报告。

任 务 考 评

任务二考评见表5-4。

表5-4 任 务 考 评 表

考评项目	评 分		考 评 内 容
素质目标	30分	6分	遵守纪律情况
		12分	认真听讲情况，积极主动情况
		12分	团结协作情况，组内交流情况
知识目标	40分	20分	熟悉地质说明书的基本要求和编写步骤
		20分	熟悉地质报告的内容和种类
技能目标	30分	30分	能正确分析并有独到见解

任务三 煤矿矿井地质勘查

技能点
◆ 能正确理解煤矿生产中进行地质勘查的必要性。
知识点
◆ 煤矿地质勘查的类型；
◆ 矿井地球物理勘探的技术手段。

相 关 知 识

煤矿矿井地质勘查是继煤炭地质勘查之后，从煤矿建设开始到煤矿生产及开采结束期间所进行的一切地质勘查工作。它是在开采过程中为查明影响采掘生产的地理因素，提高储量级别，增加可采储量，以满足矿井建设的需要，保证生产正常接续和安全生产而进行的一项必要工作。

一、煤矿矿井地质勘查的任务及特点

1. 煤矿矿井地质勘查的主要任务

（1）在新井开凿之前查明井筒、井底车场、主要大巷所在位置的地质情况及水文工程地质情况。

（2）在新水平或新开拓区设计之前查明地质构造、煤层赋存状况及其他地质和水文地质情况，提高勘探程度和储量级别。

（3）在开采过程中解决经常出现的局部地质问题。

（4）在残采区进行找煤勘查工作，组织实施一些专门性的钻孔施工。

2. 煤矿矿井地质勘查的特点

与煤炭地质勘查相比，煤矿矿井地质勘查具有如下特点：

（1）具有继承性和补充性。煤矿矿井地质勘查是在煤炭地质勘查的基础上进行的，有丰富的第一手资料可供煤矿地质勘查设计利用，其勘查方案的选择原则上应与资源勘查尽量保持一致，但重点应放在补充勘查以前工作不足的工程上。

（2）直接为采掘生产服务。在确定勘查时间和布置勘查工程时，必须考虑生产接续计划和采掘工程设计与施工的需要。

（3）具有针对性和局部性。煤矿矿井地质勘查多是针对某一专门问题而进行的，任务比较单一，范围比较小，一般不要求提交完整的地质勘查报告，但要求报告简明、精炼。

（4）具有一系列优越条件。进行煤矿矿井地质勘查时既有资源勘查和丰富的井巷资料作为依据，又有条件采用钻探、巷探和物探等手段，并能把井上下工程布置结合起来。

二、煤矿矿井地质勘查类型

按照勘查目的不同，将煤矿矿井地质勘查划分为建井地质勘探、矿井资源勘探、煤矿补充勘探、生产勘探、煤矿工程勘探及矿井延伸、扩建地区勘探。

1. 建井地质勘探

建井地质勘探是指在矿井井筒开凿之前为满足井筒、井底车场、硐室和主要运输大巷设计与施工需要而采用特殊技术钻孔的勘探。

（1）井筒检查钻孔。新井开凿之前为核实井筒地质剖面，查明井筒通过的煤（岩）层的物理力学性质、断层破碎带、基岩风化裂隙带、第四系松散土层及流砂层、各主要含水层厚度及埋藏深度等地质及水文工程地质条件，编制施工设计方案，一般要求布置井筒检查钻孔。

（2）层位控制钻孔。矿井建设和生产中，有些井巷工程（如井底车场、硐室、运输大巷）等对地质条件要求较高，这就需要布置工程检查钻孔，查明井巷所在水平位置煤（岩）层的分布、层厚、岩性及地质构造等工程地质条件。

（3）其他建井地质勘探钻孔。除井筒检查钻孔和层位控制钻孔外，还有一些特殊要求的钻孔。例如，为配合特殊凿井布置的冻结钻孔；为煤矿安全生产布置的注浆灭火钻孔、瓦斯抽放钻孔、泄水钻孔和放顶钻孔，以及为敷设电缆的工程钻孔和为地面压风管道通往井下而布置的管道安装工程钻孔等。严格地说，这些钻孔都不属于地质勘探范围。但可以利用这些钻孔所揭露的地质资料，做到一孔多用。这些钻孔的布置原则及施工要求与前面所述基本相似。

2. 矿井资源勘探

煤矿矿井资源勘探是指为解决生产矿井煤炭资源问题而进行的地质勘探。

1）矿井资源勘探的任务

（1）查明延深水平和新开拓区煤炭资源/储量。当延深水平或新开拓区无正式批准的勘探地质报告时，必须进行煤矿资源勘探。

（2）查明因重大地质、水文地质问题勘探程度不足而发生的矿井煤炭资源/储量变化。因原勘探报告遗留有重大地质、水文地质问题，勘探程度不足和发现地质构造形态与原地质报告有重大出入，不能满足生产建设的要求时必须进行煤矿资源勘探。

（3）矿井扩大井田范围。查明扩大区域的煤炭储量。

2）矿井资源勘探原则和标准

矿井资源勘探是根据矿井采掘工程设计的需要，针对实际存在的地质问题而进行的。它实际上是煤炭地质勘查的直接延续，两者的差别仅在于它主要是由生产矿井部门完成或由生产矿井委托地质勘探部门完成。矿井资源勘探的原则和标准与煤炭地质勘查相同。

3. 煤矿补充勘探

煤矿补充勘探又称矿井补充勘探，是生产矿井为解决原勘探程度不足而进行的补充性地质勘探。

1）煤矿补充勘探的任务

（1）提高延深水平高级别资源/储量的比例。因延深水平高级别资源储量比例达不到要求，不能满足设计需要必须进行矿井补充勘探。

（2）解决矿井改扩建和开拓延深工程设计中存在的地质问题。

（3）重新评定新发现或勘探程度不足的可采或局部可采煤层。

显然，煤矿资源勘探和煤矿补充勘探大同小异，前者是煤炭地质勘查的后续工程，其工作范围可在井田内或井田外进行；后者是煤炭地质勘查的补充工程，其工作范围仅限井田范围内，即原勘探报告工作范围内。但就其目的来说它们都是相似的，即为了扩大井田范围，提高资源/储量级别，为生产服务。

2）煤矿补充勘探的原则

（1）补充勘探的时间安排必须考虑矿井生产接续的需要，一般应安排在上一水平或老开拓区产量递减趋势出现之前，并且保证有一定的时间完成补充勘探的设计、施工及提交报告。

（2）补充勘探程度一般应达到延深水平开拓前的地质工作标准，即延深水平的基本地质构造形态已经查明，一、二类矿井应查明落差大于 20 m 的断层，三类矿井应基本查明影响采区划分的主要地质构造，四、五类矿井应对有开采可能的地段的地质构造进行必要控制，并提出结论性意见。与水平延深主体工程有关的地质构造、层位、水文工程地质条件均已控制。延深水平探明的和控制的资源/储量所占比例应达到表 5 - 5 的要求。

（3）补充勘探工程布置系统原则上应继承原有勘探线系统，加密勘探线应尽量与石门、采区上下山等主要井巷工程的位置和方向保持一致。

（4）补充勘探工程密度应以普遍提高勘探程度、满足水平延深工程设计要求为准。

表 5-5　延深水平探明的和控制的资源/储量应占比例　　　　　　　%

矿 井 地 质 条 件	一类矿井		二类矿井		三类矿井			四类矿井		五类矿井
井型	大型	中型	大型	中型	大型	中型	小型	中型	小型	小型
延深水平探明的和控制的资源/储量占本水平总资源/储量的比例	70	60	65	55	60	50	30	40	—	—

（5）补充勘探工程的布置要针对问题全面规划，合理布置，充分利用矿井有利条件，因地制宜，地面与井下结合，物探与巷探结合，配套使用。

另外，每一矿井原则上应有两个以上的钻孔进行地温、瓦斯测定和共伴生矿产采样。有地热或瓦斯危害的矿井，其采样不应少于两条剖面线，每条线上不少于两个钻孔。

3）煤矿补充勘探设计与施工

由于煤矿补充勘探工程量较大，必须编制正式的设计，并报上级机关审定批准。煤矿补充勘探工程的施工应参照煤炭地质勘查的有关规程。

4. 生产勘探

生产勘探是指为查明生产矿井采区内部影响正常生产的各种地质条件而进行的地质勘探。

1）生产勘探的任务

（1）查明采区内影响工作面划分、采煤方法选择的地质构造和煤层赋存状态。

（2）查明采区内影响正常采掘和安全生产的各种地质和水文地质因素；查明巷道掘进中遇到的断层，并寻找断失翼煤层，为巷道掘进指明方向；查明影响采煤工作面连续推进的各种地质构造、陷落柱、煤层冲刷带、岩浆侵入体等的位置与分布范围，以及它们对正常采掘工作的影响；圈定不稳定煤层的可采范围；查明采区内可采煤层伪顶、直接顶、基本顶的厚度、岩性、含水性及各煤层间距变化情况；查明采区与老空区、小窑等的空间关系等。

（3）探明采区内煤层的可采性。

2）生产勘探的特点

（1）生产勘探直接为采掘工程服务，勘探任务简单，解决问题具体。

（2）生产勘探工程布置要灵活机动，因地制宜，强调其针对性和实用性，不苛求其规范性和勘探网度。

（3）勘探手段可用钻探、巷探、物探，应井上与井下结合，钻探与巷探结合。

（4）生产勘探往往是局部的小工程，无须详细的设计，只需提交一份简单说明勘探目的、要求和数量的任务书，报请主管部门批准后即可施工。竣工后无需提交专门的地质报告，只需利用其提供的地质资料修改图件、编制和补充地质说明书。

3）生产勘探的内容

采区准备期间的生产勘探主要是查清采区内地质构造形态、煤层赋存状况及水文地质等情况，使采区布置合理，各种工程施工安全顺利。新采区设计前常常由于局部煤厚变化不清或个别断层延展情况不明，一般需要布置一定的钻探工程，进一步予以查明。采区准备过程中也可利用巷探查明邻近煤层或地质构造的变化情况。

巷道掘进期间的生产勘探主要是圈定不稳定薄煤层的可采范围，查清断层位置和落差，寻找断失翼煤层，为巷道掘进指明正确方位。有时为了探明可采边界，采用副巷超前主巷、边探边掘的方法查明变薄区的范围，确定主巷的方位和位置，这种探巷一般都为一巷多用。有时在掘进中遇到断层，断层性质难以确定，为了寻找另一盘断失翼煤层，也可在掘进头布置放射状探钻进行探测。

回采期间的生产勘探主要是查明不稳定煤层的薄化带和各种中小型地质构造，以保证回采顺利进行和煤炭资源的充分回收。当采用分层回采时，可利用电煤钻探下分层的煤厚，有时也可利用小断面的巷道探测变薄区或小断层等。如果有条件也可利用物探手段，查明工作面内的异常情况。

5. 矿井延深、扩建地质勘探

随着采掘工程向深度和广度发展，为了保证矿井正常接续，必须对深部水平、井田外围或勘探程度不足的煤层组织补充勘探工作，以查明地质构造及煤层赋存情况，提高储量级别，为矿井延深、扩建工程提供地质依据。矿井延深、扩建地质勘探的原则为：

（1）掌握矿井煤炭产量动态，适时安排。矿井延深、扩建地质勘探工作应开始于上一生产水平或原设计开拓区的产量出现递减趋势之前，并能满足组织勘探施工、进行新区设计、完成开拓工程所需全部时间的要求。过早安排延深、扩建勘探不仅造成资金积压，而且增加维修的人力和物力；过迟安排延深、扩建勘探，则影响生产接续和稳产高产。

（2）充分利用井巷揭露的已有地质资料，合理布置勘探工程。在进行延伸、扩建勘探设计时，必须先分析研究已开采地区的地质资料，根据上部或邻区地质变化规律来布置勘探工程，尽可能以最少的工程量达到最大的技术效果。

（3）延深、扩建勘探线的间距和方向应该考虑构造复杂程度、煤层稳定情况及开拓设计要求，尽量与原勘探线和石门方向一致，以便充分利用上水平资料，获得更为完整的地质剖面。

（4）延深、扩建地质勘探工程应尽量利用生产矿井的有利条件，尽可能采用井下钻探、巷探及井下物探。

矿井延深、扩建勘探结束后，应根据新获得的资料修改原地质勘探报告，提交开拓区域（水平延深）地质说明书，作为生产矿井新区开拓或新水平延深的地质依据。

6. 煤矿工程勘探

煤矿工程勘探又称矿井工程勘探，是生产建设中根据专项工程的要求而进行的勘探。其勘探任务、原则和施工要求均依专项工程要求而定。

三、矿井地球物理勘探技术

1. 坑道无线电波透视法

坑道无线电波透视法是一种地下电磁波法。电磁波在地下岩（煤）层中传播时，由于岩层（煤矿石）的电性（电阻率队介电常数占等）不同，它们对电磁波能量的吸收有一定差异。另外，伴随断裂构造所出现的界面能对电磁波产生折射、反射等作用，也会使电磁波能量衰减和损耗。因此如果在电磁波穿越煤层的途径中存在与煤层电性不同的地质体（如陷落柱、断层或其他地层构造），电磁波能量就会被其吸收或完全屏蔽，信号显著减弱，甚至接收不到，形成透视异常（或称"阴影区"），变换发射机与接收机的位置，测得同一异常的"阴影区"，这些"阴影区"交汇的地方就是"异常"的位置。坑道无线电波透视法是研究煤层、各种岩石及地质构造对电磁波传播的影响（包括吸收、反射、二次辐射等作用）所造成的各种异常，从而进行地质推断解释。

坑道无线电波透视法适用于探测高、中电阻率煤层中的地质异常体，它可较准确地圈定工作面中陷落柱的位置、形状和大小，以及工作面内断层的分布范围及煤层变薄区、尖灭点的位置；探测工作面内煤层厚度变化范围及某些岩浆岩体、瓦斯富集区及储水构造等。

2. 瑞利波探测法

瑞利波探测法是通过对振动波传播速度的测量来确定地质构造情况的地震勘探方法。在弹性介质中激发机械振动时，由于介质中各质点间存在弹性联系，一点振动时，相邻的质点将被带动而依次振动起来，在介质中振动逐渐扩展出去，形成波的传播。在探测面上施加一个垂直冲击，在被测介质中将会产生体波和面波。体波包括纵波和横波，以半球面方式向地质体深处传播；而面波主要是瑞利波，只是在地质体表面附近一定深度范围内按圆柱形波方式传播。在介质表面附近瑞利波比体波能量大，衰减慢，因而很适合用作勘探手段。

瑞利波探测法操作方法简便，记录结果直观，能探测采掘前方30 m以内的地质界面，对判别断层、节理、煤层顶底界面、煤层内地质异常体界面等具有迅速便捷的优势。

3. 槽波地震法

槽波地震法是利用槽波来探测地下低速夹层情况的地震勘探方法。

煤层与围岩相比是一种低速介质，可视为波导层。在煤层中激发地震波，由于顶底板的波速大于煤层，以及在顶底板界面上不断产生全反射，从而导致地震波不能大量逸出煤层，而是汇集于煤层之中，形成沿煤层传播的特殊弹性波，即槽波或煤层波。槽波在传播过程中如遇地质异常，便会使槽波速度和强度发生变化。记录并研究槽波的这类运动学和动力学特征，便可反演出探测范围内的各种地质现象。

根据观测系统的不同，槽波地震法可分为透射法与反射法。透射法是在同一煤层两条巷道中分别激发和接收槽波，根据槽波的有无、波形、振幅、波速变化等特征，确定两巷道间有无构造异常存在。反射法是在同一条巷道中激发和接收槽波，在煤层中传播的槽波遇到断层时，由于断层面两侧煤（岩）层的密度和波速发生变化，波从断层面上反射回来，根据已测得的槽波速度及反射波的反射时间，用作图法可确定反射面的位置。

槽波地震法主要用于探查采煤工作面内或煤巷两侧的小断层、陷落柱、煤层变薄带及岩浆侵入体等。

4. 地质雷达法

地质雷达法是利用高频电磁波的反射来探测地质目标的勘探方法。

地质构造界面常是不同介质的接触面，也是电磁波的反射界面。若用雷达仪发射天线向岩层或煤层内发射定向电磁波，接收天线接收反射回来的电磁波，并测出发射波与反射波之间的时间间隔和电磁波在介质中的传播速度，即可算出反射界面的位置。

陷落柱是由煤系底部灰岩溶洞发育，上部岩层失稳塌陷而形成的。其内电阻率比正常煤层低得多，而且陷落柱附近常有裂隙和小断层伴生，因而其对电磁场能量具有很强的吸收作用。当电磁波传播通过陷落柱时，由于受到强烈的吸收作用，实测场强曲线及衰减曲线将呈明显的漏斗形或"U"字形，接近陷落柱边界处，η 值开始减小，至陷落柱中心减至最小。据实测，陷落柱内 $\eta < 0.1(-20 \text{ dB})$，在煤层与陷落柱交界面上，$\eta$ 曲线有一个拐点。在 $\ln Hr - r$ 曲线（H 为场强，Hr 为 r 位置处的实际场强）上，陷落柱的特点是：接近陷落柱时，曲线开始变陡；进入陷落柱时，曲线近于直立；离开陷落柱后，随着距离 r 的增加，$\ln Hr - r$ 曲线又上升。

一、山西某矿无线电波透视法找陷落柱

山西某矿井 4201 工作面在探测陷落柱时，该工作面的通信运输系统尚未正式形成，只有开切眼、4203 回风巷及总回风巷可供利用。在总回风巷 20 点发射，沿开切眼 9 点至 4203 回风巷 40 点接收（图 5 – 21a），获得的综合曲线如图 5 – 121b 所示。根据曲线，可以确定该工作面存在一个陷落柱（图 5 – 21a）。

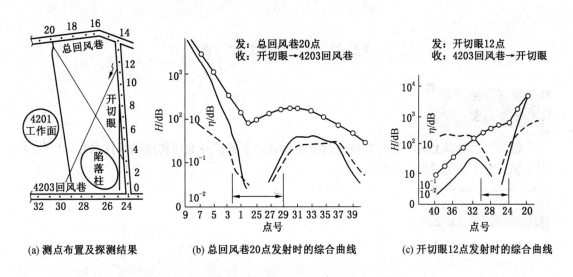

(a) 测点布置及探测结果　　(b) 总回风巷20点发射时的综合曲线　　(c) 开切眼12点发射时的综合曲线

图 5 – 21　某矿井 4201 工作面陷落柱探测

经开切眼和 4203 回风巷 3 个钻孔的核实，证实了陷落柱的存在，及时采取了有效的生产补救措施。该矿的 602 工作面原准备上综采机组，为探明工作面内有无陷落柱，地测部门准备采用钻探，这一探测方案不仅投资大、时间长，而且不能保证探测准确性。后来利用无线电波透视法，两天就查明了西部是无陷落柱正常区，东部存在陷落柱。这一结论被生产部门所采用，既节约了钻探费用（10 万元），又确保了综采机组提前三个月下井，获得了很大的经济效益。

二、河南焦作某矿瑞利波法探测断层

焦作某矿西副巷灰岩巷道，地质推断掘进前方有断层，具体位置不清。钻探因岩层硬度大、进尺慢、费用高，而改用瑞利波法探测（图 5-22）。曲线显示在 8.16 m、19.2 m和 36 m 处有构造存在。掘进结果证明，8 m 和 20 m 处为松散破碎带，36 m 处是一条断层。

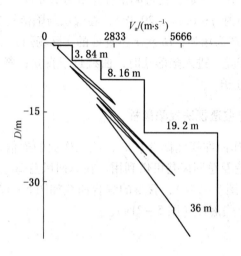

图 5-22　瞬态瑞利波法探测曲线

任务实施

组织学生对以上两个工程案例进行分析讨论，了解矿井地球物理勘探技术在煤矿的应用情况，要求学生写出分析报告。

任务考评

任务三考评见表 5-6。

表 5-6　任务考评表

考评项目	评　分		考评内容
素质目标	20 分	6 分	遵守纪律情况
		7 分	认真听讲情况，积极主动情况
		7 分	团结协作情况，组内交流情况
知识目标	40 分	20 分	熟悉煤矿地质勘查类型及技术手段
		20 分	熟悉地质勘查阶段和工作要求
技能目标	40 分	40 分	能理解案例内容，且分析时有独到见解

任务四　矿井储量管理

技能点
◆ 能正确分析生产中的煤炭损失；
◆ 能提出提高煤炭资源回收率的措施。

知识点
◆ 矿井储量的分类与估算；
◆ 矿井储量管理及矿井"三量"管理。

相关知识

一、煤炭资源/储量分类与估算

（一）煤炭资源储量类型及其编码

现行的煤炭资源/储量分类采用了三轴分类编码法（图 5 – 23），即综合考虑了经济意义（E）、可行性研究阶段（F）和地质可靠程度（G）。编码采用 EFG 顺序，将矿产资源分为 3 大类 16 小类（表 5 – 7）。

1. 储量

储量是指基础储量的经济可采部分，是扣除了设计、采矿损失的可实际开采的数量。把经过可行性研究的探明的部分称为可采储量，把经过预可行性研究是探明的或控制的部分称为预可采储量。储量分以下 3 种类型：

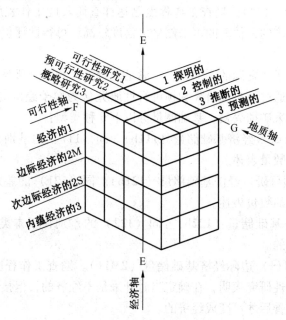

图 5 – 23　固体矿产资源/储量三轴分类编码法

表 5－7　固体矿产资源/储量分类表

经济意义	地质可靠程度			
	查明矿产资源			潜在矿产资源
	探明的	控制的	推断的	预测的
经济的	可采储量（111）			
	基础储量（111b）			
	预可采储量（121）	预可采储量（122）		
	基础储量（121b）	基础储量（122b）		
边际经济的	基础储量（2M11）			
	基础储量（2M21）	基础储量（2M22）		
次边际经济的	资源量（2S11）			
	资源量（2S21）	资源量（2S22）		
内蕴经济的	资源量（331）	资源量（332）	资源量（333）	资源量（334）？

注：表中所用编码（111—334），第 1 位数表示经济意义，即 1 = 经济的，2M = 边际经济的，2S = 次边际经济的，3 = 内蕴经济的，？= 经济意义未定；第 2 位数表示可行性评价阶段，即 1 = 可行性研究，2 = 预可行性研究，3 = 概略研究；第 3 位数表示地质可靠程度，即 1 = 探明的，2 = 控制的，3 = 推断的，4 = 预测的。b = 未扣除设计、采矿损失的可采储量。

（1）可采储量（111）。探明的经济基础储量的可采部分。勘查工作已达到勘探阶段的工作程度要求，并进行了可行性研究，证实其在计算当时开采是经济的、计算的可采储量及可行性评价结果可信度高。

（2）预可采储量（121）。同（111）的差别在于本类型只进行了预可行性研究，估算的可采储量可信度高，可行性评价结果的可信度一般。

（3）预可采储量（122）。勘查工作程度已达详查阶段的工作程度要求，预可行性研究结果表明开采是经济的，估算的可采储量可信度较高，可行性评价结果的可信度一般。

2. 基础储量

基础储量是查明矿产资源的一部分。它满足现行采矿和生产所需的指标要求，是控制的和探明的矿产资源通过可行性研究和预可行性研究认为属于经济的或边际经济的部分，其数量未扣除设计和采矿损失量。基础储量分以下 6 种类型：

（1）探明的（可研）经济基础储量（111b）。同（111）的差别在于本类型是用未扣除设计、采矿损失的数量表述。

（2）探明的（预可研）经济基础储量（121b）。同（121）的差别在于本类型是用未扣除设计、采矿损失的数量表述。

（3）控制的经济基础储量（122b）。同（122）的差别在于本类型是用未扣除设计、采矿损失的数量表述的。

（4）探明的（可研）边际经济基础储量（2M11）。勘查工作程度已达到勘探阶段的工作程度要求。可行性研究表明，在确定当时开采是不经济的，但接近盈亏边界，只有当技术、经济等条件改善后才可变成经济的。

（5）探明的（预可研）边际经济基础储量（2M21）。同（2M11）的差别在于本类型只进行了预可行性研究，估算的基础储量可信度高，可行性评价结果的可信度一般。

（6）控制的边际经济基础储量（2M22）。勘查工作程度达到详查阶段的工作程度要求，预可行性研究结果表明，在确定当时开采是不经济的，但接近盈亏边界，待将来技术经济条件改善后可变成经济的。

3. 资源量

资源量是查明矿产资源的一部分和潜在矿产资源。包括经过可行性研究或预可行性研究证实为次边际经济的矿产资源和经过勘查而未进行可行性研究或预可行性研究的内蕴经济的矿产资源，也包括经预查后预测的矿产资源。资源量分以下7种类型：

（1）探明的（可研）次边际经济资源量（2S11）。勘查工作程度已达到勘探阶段的工作程度要求。可行性研究表明，在确定当时开采是不经济的，必须大幅度提高矿产品价格或大幅度降低成本后，才能变成经济的。估算的资源量和可行性评价结果的可信度高。

（2）探明的（预可研）次边际经济资源量（2S21）。同（2S11）的差别在于本类型只进行了预可行性研究，资源量估算可信度高，可行性评价结果的可信度一般。

（3）控制的次边际经济资源量（2S22）。勘查工作程度达到了详查阶段的工作要求，预可行性研究表明，在确定当时开采是不经济的，需大幅度提高矿产品价格或大幅度降低成本后，才能变成经济的。估算的资源量可信度较高，可行性评价结果的可信度一般。

（4）探明的内蕴经济资源量（331）。勘查工作程度已达到勘探阶段的工作程度要求。但未做可行性研究或预可行性研究，仅作了概略研究，经济意义介于经济的至次边际经济的范围内，估算的资源量可信度高，可行性评价可信度低。

（5）控制的内蕴经济资源量（332）。勘查工作程度达到了详查阶段的工作程度要求。未作可行性研究或预可行性研究，仅作了概略研究，经济意义介于经济的至次边际经济的范围内，估算的资源量可信度较高，可行性评价可信度低。

（6）推断的内蕴经济资源量（333）。勘查工作程度达到了普查阶段的工作程度要求。未作可行性研究或预可行性研究，仅作了概略研究，经济意义介于经济的至次边际经济的范围内，估算的资源量可信度低，可行性评价可信度低。

（7）预测的资源量（334）。勘查工作程度达到可预查阶段的工作程度要求。在相应的勘查工程控制范围内，对煤层层位、煤层厚度、煤类、煤质、煤层产状、构造等均有所了解后，所估算的资源量。预测的资源量属于潜在煤炭资源，有无经济意义尚不确定。

（二）煤炭资源/储量估算

1. 煤炭资源/储量估算指标

煤炭资源/储量估算指标见表5-8。

2. 计算储量边界的确定

1）边界的种类

（1）天然边界。由于自然因素使煤层缺失或中断的界线为天然边界，如煤层露头线、断层线、河流等。

（2）工业边界。根据工业指标的要求和开采技术条件，能被工业部门利用和开采的可采煤层边界线。

（3）暂定边界。在工业边界内，根据实际需要，人为确定的临时边界线。

2）边界的确定

表5-8　煤炭资源量估算指标

项　目				煤　类			
				炼焦用煤	长焰煤、不黏煤、弱黏煤、贫煤	无烟煤	褐煤
煤层厚度/m	井采	倾角	<25	≥0.7	≥0.8		≥1.5
			25~45	≥0.6	≥0.7		≥1.4
			>45	≥0.5	≥0.6		≥1.3
	露天开采			≥1.0			≥1.5
最高灰分 A_d/%				40			
最高硫分 $S_{t,d}$/%				3			
最低发热量 $Q_{net,d}$/(MJ·kg^{-1})				—	17.0	22.1	15.7

确定边界的常用方法有直接观测法和内插法。

（1）直接观测法。一般在采掘巷道内，煤层厚度由厚变薄直至尖灭时，可以直接确定可采点（即可采与不可采的分界点），各可采点的连线即为工业边界（即可采边界）。该方法主要用于顺煤层巷道可采边界的确定。如图5-24所示，A点的煤层厚度为1.5 m，B点为0.5 m，C点为0.7 m，这3点均是可采边界点。

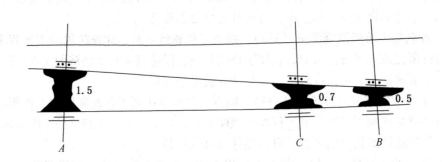

图5-24　用直接观测法确定可采边界

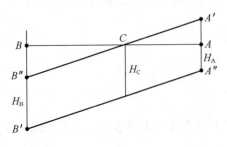

图5-25　图解法确定煤层可采厚度

（2）内插法。内插法是利用两个相邻钻孔或巷道的煤层可采与不可采点见煤资料，求出可采边界点，各可采边界点的连线，即为可采边界线。

一是，图解法。如图5-25所示，A、B两相邻钻孔，假定A钻孔见煤厚度 H_A 没达到工业要求，B钻孔见煤厚度 H_B 符合工业要求，连接A、B两点，各作垂线 AA'、BB'，令 $AA' = H_A$，$BB' = H_B$，再连接 A'、B' 两点，使 $A'B'$ 以相应的比例尺

平行移动煤层最低可采厚度 H_C 距离于 $A''B''$ 位置，$A''B''$ 与 AB 相交于C点，则点C即为所求的煤层可采边界点顺序联结各可采边界点，即为所求的煤层可采边界线。

二是，平行线法。平行线法是在储量计算图上直接找出可采边界线的一种比较简便的

方法。如图 5 – 26 所示，假定 A 钻孔煤层厚度 $H_A = 1.2$ m，B 钻孔煤层厚度 $H_B = 0.3$ m，A、B 两钻孔的厚度差为 $H_A - H_B = 1.2 - 0.3 = 0.9$ m；然后在透明图纸上绘制出间隔为 0.1 m 的 9 条等煤厚平行线，并将其蒙在储量计算图 A、B 两钻孔位置上，连接 A、B 两点，$\overline{AB}$ 与煤厚为 0.7 m 平行线相交于 C 点。该 C 点即为所求的煤层可采边界点的位置。

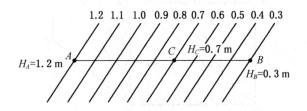

图 5 – 26　平行线法确定煤层可采厚度

三是，有限推断法。当相邻 A 钻孔的煤层厚度已达到工业指标要求的可采厚度且 B 钻孔煤层尖灭时，假定 A、B 两钻孔连线的中点为煤层尖灭点 O，即煤层厚度等于零，然后利用内插法或平行线法在 OA 线段内确定煤层可采边界点 C 位置（图 5 – 27）。

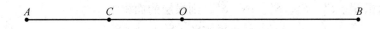

图 5 – 27　有限推断法确定煤层可采厚度

四是，无限推断法。它是用在某一钻孔或巷道已达到工业指标要求的可采厚度的煤层，且以外无其他钻孔或无巷道控制的情况下使用的一种方法。这种方法是以煤层地质特点和煤层变化规律的认识为依据来推断工业边界的。

3. 煤炭/储量估算参数的确定

储量估算就是计算地下具有工业价值的煤炭数量，在煤田地质勘查的各个阶段与矿井生产和建设的不同时期，都要进行储量估算。储量估算的参数包括煤层面积、煤层倾角、煤层厚度和煤的视密度等。

1）煤层面积

需要统计面积的煤层必须满足工业指标的要求。当煤层倾角不大于 60° 时，在煤层底板等高线图上计算储量；当煤层倾角大于 60° 时，在立面投影图上计算储量。首先在煤层底板等高线图或煤层立面投影图上圈定煤层面积，该面积是煤层水平投影面积 S' 和煤层立面投影面积 S''，然后把 S' 或 S'' 换算成煤层的真面积 S（图 5 – 28），即

$$S = \frac{S'}{\cos\alpha} \quad 或 \quad S = \frac{S''}{\sin\alpha} \tag{5-1}$$

式中　　S——煤层真面积，m^2；

　　　　S'——煤层水平投影面积，m^2；

　　　　S''——煤层立面投影面积，m^2；

　　　　α——煤层倾角，（°）。

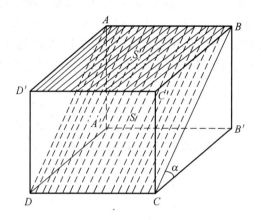

图 5 - 28　真面积与水平投影面积的关系示意图

确定煤层的水平投影或立面投影面积时，常用的方法有以下几种：

（1）几何图形法。如图 5 - 29 所示，S' 是需要计算的煤层水平投影面积。一般作辅助直线，把面积 S' 分成简单的几何图形，如三角形、矩形、梯形及平行四边形等，分别计算各图形的面积 S'_1、S'_2、S'_3、S'_4、$\cdots$、S'_n，则煤层的面积为

$$S' = S'_1 + S'_2 + S'_3 + S'_4 + \cdots + S'_n \tag{5-2}$$

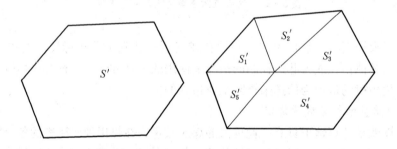

图 5 - 29　用几何图形法求面积示意图

（2）求积仪法。求积仪有机械求积仪和电子求积仪两种。用该方法测定的面积精度较高。

（3）透明格网法。在透明纸上绘制正方格网，方格的边长一般为 1 cm，在每个方格的中心点一点，按比例每个点代表一定的面积值（图 5 - 30）。用透明格网法测定面积时，将格网盖在图件上，数出覆盖图形的点数，即可求得该图形的面积。数点时，凡落在所测图形边界以内的中心点应全数，边界以外的不数，中心点落在边界上的算半点。为避免误差，一般按不同方向测量 3 次，然后取其平均值。

2）煤层倾角

煤层倾角是煤层面与水平面相交的最大锐角。计算储量时，需要根据煤层倾角将煤层水平投影面积 S' 换算成煤层实际面积 S。将煤层倾角 $\alpha < 8°$ 视为水平煤层，则 $S = S'$。

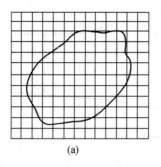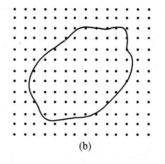

(a)   (b)

图 5 - 30　透明格网法测定面积

因为地质作用的影响，煤层倾角 α 一般是有变化的。为了准确计算煤炭储量，需要根据倾角的变化划分不同的块段，各块段内煤层倾角基本相同；然后根据块段顺序编号，分别计算其储量，最后将各块段储量相加求出总储量。

3）煤层厚度

储量计算应采用煤层真厚度，而块段煤层厚度是由许多见煤点组成的，需要采用该块段内几个见煤点煤层厚度的平均值计算储量。其计算方法有算术平均法和加权平均法两种。

（1）算术平均法。当煤层厚度均匀变化时，常用算术平均法计算煤层平均厚度，其计算公式为

$$m = \frac{m_1 + m_2 + m_3 + \cdots + m_n}{n} \tag{5 - 3}$$

式中　　　　　　　　m——块段煤层的平均厚度，m；

m_1、m_2、$\cdots$、m_n——块段内各见煤点的煤层厚度，m；

n——块段内的见煤点数。

（2）加权平均法。当计算储量范围内，不仅见煤点的厚度变化较大，见煤点之间的距离变化也很大时，常用加权平均法计算煤层的平均厚度，如图 5 - 31 所示。其计算公式为

$$m = \frac{m_1 l_1 + m_2 l_2 + \cdots + m_n l_n}{l_1 + l_2 + \cdots + l_n} \tag{5 - 4}$$

式中　　　　　　　　m——煤层的平均真厚度，m；

m_1、m_2、$\cdots$、m_n——储量计算范围内各见煤点的真厚度，m；

l_1、l_2、$\cdots$、l_n——见煤点之间的距离，m。

对于含有夹矸的煤层，其采用厚度的计算方法如下：

煤层中单层厚度小于 0.05 m 的夹矸层，可与煤分层合并计算采用厚度，但并入夹矸以后全层的灰分（或发热量）、硫分指标应符合估算指标的规定。

当煤层中夹矸的单层厚度等于或大于所规定的煤层最低可采厚度时，被夹矸所分开的煤层应分别视为独立层，一般应分别计算其储量。如图 5 - 32 所示的第一个小柱状图：上分层的采用厚度为 1.00 m，下分层的采用厚度为 1.80 m（假设煤层最低可采厚度为

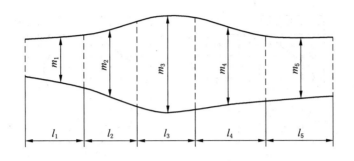

图 5-31 煤层厚度变化示意图

0.6 m)。但在其夹矸仅见于个别煤层点时，可不必分层计算储量。

当煤层中夹矸的单层厚度小于所规定的煤层最低可采厚度时，煤分层不作为独立煤层；当煤分层厚度均等于或大于夹矸厚度时，可将上、下煤分层厚度相加，作为煤层的采用厚度，如图 5-32 所示第二个小柱状图的采用厚度为 2.10 m（假设煤层最低可采厚度为 0.6 m）。煤分层厚度小于夹矸厚度者，不应加在采用厚度内，如图 5-32 所示第三个小柱状图的采用厚度为 1.60 m（假设煤层最低可采厚度为 0.6 m）。

对于复杂结构的煤层，当夹矸的总厚度不大于煤分层总厚度的 1/2 时，以各煤分层的总厚度作为煤层的采用厚度。如图 5-32 所示第四个小柱状图的采用厚度为 3.30 m（假设煤层最低可采厚度为 0.6 m）。

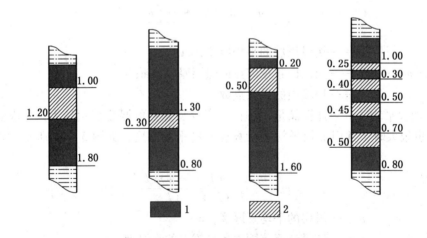

1—煤层；2—夹矸

图 5-32 计算煤层储量采用厚度示意图

4）煤的视密度

煤种不同，煤的视密度也不相同，一般褐煤的视密度为 1.05 ~ 1.20 t/m³，烟煤的视密度为 1.20 ~ 1.40 t/m³，无烟煤的视密度为 1.35 ~ 1.90 t/m³。煤的孔隙、温度也影响煤的视密度。所以，煤的视密度应该采用几个采样点视密度的平均值。

5）含煤率

在进行资源/储量估算时，若煤层极不稳定，则不仅要考虑煤层面积、厚度和密度3个参数，还要考虑煤层在整个估算面积内所占的百分数，一般用含煤率来表示。

含煤率是指勘探区内见可采煤厚的钻孔数与见煤层位的钻孔数的比值，或沿走向或倾向巷道内可采煤体总长（或总面积或总体积）与巷道含煤层位的总长度（或总面积或总体积）的比值。含煤率计算公式为

$$q = \frac{n}{N} \times 100\% \quad \text{或} \quad \frac{l}{L} \times 100\% \tag{5-5}$$

式中　　q——含煤率,%；

　　　　n——见可采煤厚的钻孔数；

　　　　N——见煤层位的钻孔数；

　　　　l——巷道内可采煤体总长度，m；

　　　　L——巷道含煤层位总长度，m。

4. 矿井资源储量计算方法

常用的矿井资源/储量主要计算方法有算术平均法、地质块段法、等高线法、剖面法和多边形法。

1）算术平均法

在边界范围内把计算块段当作简单几何体，即块段的面积是规则的几何形状，高度就是边界内所有见煤点的平均厚度。其计算公式为

$$Q = SmD \tag{5-6}$$

式中　　Q——计算块段的资源/储量，t；

　　　　S——块段的面积，m^2；

　　　　m——见煤点煤层的平均厚度，m；

　　　　D——煤的视密度，t/m^3。

当计算边界是煤层自然边界时，应分别计算勘查工程边界线以内的和勘查工程边界至零或可采边界线的资源/储量，而后求和。

2）地质块段法

根据地质可靠程度、资源/储量类型、煤层产状及煤质分布、设计要求、井巷工程及勘查资料等因素，把井田划分成若干个块段（图5-33）；测定各块段的面积，按块段的平均煤厚、平均倾角、平均视密度计算各块段的资源/储量，然后求和。

当块段内煤层产状、厚度、煤质比较稳定时，此法才能达到较高的精度。由于用此法计算的资源/储量是按地质可靠程度及开采技术要求划分的，便于生产部门利用。

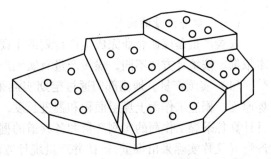

图5-33　地质块段法计算储量示意图

3）等高线法

在煤层底板等高线图上计算资源/储量时采用等高线法，即以相邻等高线划分计算单

元（图5-34），则相邻等高线之间的煤层面积为

$$S = l_s \sqrt{b^2 + (\Delta h^2)} \tag{5-7}$$

式中　　l_s——相邻等高线平均长度，m；

　　　　Δh——相邻等高线高差，m；

　　　　b——相邻等高线平距，m。

然后用煤层采用厚度及视密度即可计算相邻等高线之间煤层的资源/储量。

4）多边形法（或称最近地区法）

将各钻孔或巷道见煤点连线，自各连线的中点作垂线，使它们相交而构成各见煤点周围的多边形（图5-35）。测定多边形面积，并采用相应见煤点获得的煤厚、视密度资料，即可计算多边形所包围的资源/储量，然后将各多边形的资源/储量相加。此法适用于根据钻孔或巷道见煤点资料计算资源/储量。

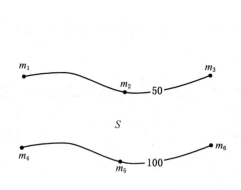

图5-34　等高线法计算储量

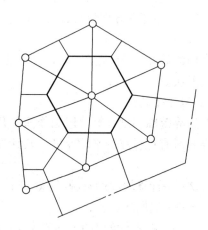

图5-35　多边形法计算储量

二、矿井资源储量动态统计

（一）矿井产量的统计

煤炭产量是煤矿企业完成生产计划的主要指标，也是分析储量动态和计算损失率的基本依据。按统计方法不同，煤炭产量有实测产量、统计产量和销售产量。

（1）实测产量。地测部门通过定期实测采煤工作面的长度、进度、煤厚、采高和浮煤厚度，掘进工作面上煤层面积和掘进长度，并将实测数据填绘在采掘工程平面图上，按月计算各采煤工作面的实测产量和各巷道的掘进出煤量，即可求得各采区和全矿井的实测产量（又称实际采出煤量）。矿井产量统计方法中实测产量最切合实际，因此实测产量是核定统计产量、分析储量动态和计算损失率的依据。

（2）统计产量。统计产量指生产调度部门根据出煤车数、运载量、煤仓容积和放煤量统计的产量。应按旬、月分别统计工作面、采区和全矿的产量。由于矿井装载不均、车底清理不净、采掘过程中矸石混入等原因，统计产量一般都大于实测产量。当统计产量与实测产量相差较大时，应对统计方法和统计参数作必要的调整。在采用水采、垛式、仓房

式等采煤方法的矿井或采区，由于无法进入采煤工作面实测各种计算参数，因此不能计算实测产量，只有在这种情况下才允许用统计产量代替实测产量，但必须作灰分、水分、含矸率的改正。改正公式为

$$Q' = Q\left(\frac{100\% - \text{原煤水分}}{100\% - \text{煤样水分}}\right)\left(1 - \frac{\text{原煤灰分煤样灰分}}{100\% - \text{煤样灰分}}\right) \qquad (5-8)$$

式中　　Q——统计产量；

　　　　Q'——经水分、灰分改正后的产量，再减去含矸量，即为实际采出煤量。

（3）销售产量。销售产量指销售部门根据销售煤量、自用煤量和煤仓、储煤场的盘存量统计的月产量。储煤场的盘存量是由剖面法、视距法或普通丈量法测定的煤堆体积乘以堆积密度求得。

以上 3 种方法统计出的产量常有所出入，三者可相互检验和校核，以便准确地统计产量，并且要以地测部门实测的数据为主要依据。

（二）煤炭资源/储量损失

煤炭资源/储量损失分为设计损失和实际损失。根据各有关部门对储量损失分析和计算上的不同，它又可以按损失发生的区域分类，分为工作面损失、采区损失、全矿井损失；按损失发生的原因分为与采煤方法和装备水平有关的损失、由于不正确开采引起的损失、落（放）煤损失、地质及水文地质损失、设计规定的煤柱损失、受开采技术条件限制而造成的损失；按损失的形态分为面积损失（图 5-36）、厚度损失、落煤损失（图 5-37），这 3 类损失是测定和统计损失的基本形态，其他各类损失均由它们所组成。

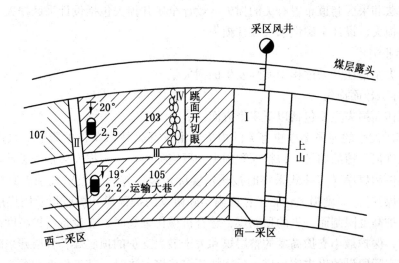

Ⅰ—采区上山煤柱；Ⅱ—采区隔离煤柱；Ⅲ—工作面阶段煤柱；Ⅳ—工作面面积损失

图 5-36　采区和工作面的面积损失示意图

另外，根据煤炭资源/储量是否符合设计规定，分为正常损失和非正常损失。正常损失包括根据开采设计所确定的损失率指标，在其允许范围内的资源/储量损失；按设计不予采出的资源/储量损失。非正常损失包括因地质、水文、工程地质条件及安全条件等不能开采的资源/储量损失及矿井设计或生产设计不合理造成的资源/储量损失。

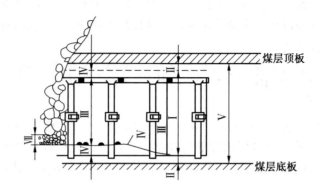

Ⅰ—设计采高；Ⅱ—设计厚度损失；Ⅲ—实际采高；Ⅳ—超过规定的厚度损失；
Ⅴ—煤层厚度；Ⅵ—落煤损失

图 5－37　工作面煤厚损失与落煤损失示意图

1. 设计损失

设计损失是指根据煤层赋存条件、不同的采煤方法，为了保证开采工作的安全经济，在开采设计时，规定允许永久遗留在地下的那部分资源/储量。设计损失分为设计工作面损失、设计采区损失和设计全矿井损失。设计工作面损失包括设计规定的与采煤方法和装备水平有关的损失及落（放）煤损失。设计采区损失包括设计工作面损失、设计上规定的与采煤方法和采区巷道布置有关的损失。设计全矿井损失包括设计采区损失、设计地质及水文地质损失、设计全矿性永久煤柱损失。

2. 实际损失

实际损失是指在开采过程中实际发生的损失量。

1）实际工作面损失

实际工作面损失主要包括以下 3 个方面：

（1）实际发生的与采煤方法有关的损失。由于开采技术条件的限制，采用某种采煤方法时，允许损失掉的储量。包括面积损失和厚度损失。面积损失包括按设计规定实际留设的小块煤柱和煤垛（刀柱式采煤时按规定实际留设的煤柱，长壁式采煤时按规定实际留设的带间煤柱）。厚度损失包括工作面内实际留设的护顶煤和护底煤及因煤层顶底板条件或设备支护高度限制而丢失的顶底煤；综合机械化采煤时，在设备支护高度范围外实际丢失顶底煤，保护最小支护高度的整层煤和大于最大支护的顶底煤；分层开采时，在设计规定范围内实际留设的煤皮假顶煤；采用放顶煤采煤方法时，其工作面初采、未采及上下端头"三角区"的顶、底煤。

（2）实际发生的落煤损失。工作面在回采过程中遗留在采空区内的煤量。

（3）实际发生的由于不正确开采引起的损失，即不合理损失，指不按批准的设计施工，违反开采程序或因生产管理不善造成的损失。包括面积损失和厚度损失。面积损失包括工作面内因冒顶另开切眼造成的损失；工作面内由于水、火等灾害造成的损失；工作面内未按规定开采顺序开采造成的损失；工作面未采至终止线造成的损失；刀柱、掩护支架等采煤方法，煤柱实际尺寸超过规定部分的损失。厚度损失包括工作面内未规定留设而实际已留设的护顶煤；分层开采时未按层位开采而丢失的煤；具备分层条件但未按设计规定分层开采而整分层丢失的煤量；工作面未达到规定的采高而丢失的顶、底煤。

2）实际采区损失

实际采区损失主要包括以下3个方面：

（1）实际采区工作面损失。采区内各工作面损失之和。

（2）实际发生的与采煤方法（指采区巷道布置）有关的采区损失。采用某种采区巷道布置方式时，为了运输、通风、安全的需要，允许损失掉的资源/储量。包括面积损失和厚度损失。面积损失面积损失包括由于某种原因，采取措施也无法采出的采区巷道（如运输巷、回风巷、下山、中间巷、溜煤眼等）保护煤柱；由于某种原因，采取措施也无法采出的采区之间的隔离煤柱和采区内阶段之间留设的煤柱。厚度损失主要指采区巷道顶、底部丢失的煤量。

（3）实际发生的由于不正确开采引起的采区损失，即不合理损失。包括面积损失和厚度损失。面积损失包括采区内由于违反开采程序造成的损失；各类煤柱超过规定尺寸的损失；采区内巷道冒顶造成的损失；采区内因水、火等灾害所造成的损失；设计未作规定或已规定必须采出，但没有充分理由而放弃不采的块段。厚度损失包括采区巷道内超过规定尺寸的顶底煤；未按设计规定分层开采，在采区巷道内遗留下来的煤量。

3）实际全矿井损失

实际全矿井损失主要包括以下3个方面：

（1）实际采区损失。矿井各采区内损失之和。

（2）实际地质及水文地质损失。由于地质构造及水文地质条件复杂，目前技术水平确实无法开采的局部地区的资源/储量。包括以下损失：

在开拓范围内无法开采的煤层或块段损失。因地质构造极为复杂、煤层极不稳定或处于临界最小可采厚度的不稳定的薄煤层、水文地质条件极复杂无法开采的煤层或块段。

开采范围内留设的安全煤柱或狭小块段损失。由于地质及水文地质条件的影响，在设计或作业规程中规定留设的安全煤柱或狭小块段。包括遇到影响开采的断层或褶曲，需要留设的煤柱煤量；煤层顶底板有含水层或含水小窑并有突水危险，经采取措施仍无法解决而留设的防水安全煤柱；由于岩浆岩侵入、古河床冲蚀、陷落柱、自燃烧变区等的影响，使局部煤层受到破坏或煤质变差，不能开采，从而留设的煤柱资源储量；断层密集带、断层间的狭长块段或断层三角煤。

（3）实际全矿性永久煤柱损失。包括设计规定不回收的工业广场煤柱；设计规定不回收的主井、副井、风井井筒保护煤柱；设计规定不回收的为全矿井或为一个以上采区服务的大巷（集中运输大巷、主要运输大巷、总回风巷、中央石门、集中下山等）保护煤柱；设计规定的永久性"三下"煤柱；井田边界等安全隔离煤柱；地面水系及冲积层或积水老窑的防水煤柱；断层、封孔质量较差的钻孔附近的防水煤柱。

（三）损失率和采出率

1. 损失率

损失率是指在某开采范围内损失的资源/储量占该范围内全部资源/储量的百分比，分为设计损失率和实际损失率。设计损失率是根据设计规定的损失量所计算的损失率；实际损失率是根据开采过程中实际发生的损失量所计算的损失率。设计损失率和实际损失率都可以分为工作面损失率、采区损失率和全矿井损失率。

应根据实测数据按式（5-9）计算，即

$$损失率 = \frac{损失量}{动用储量} \times 100\% \qquad (5-9)$$

2. 采出率

采出率是矿山开采过程中资源/储量开采消耗情况的直接反映，是考核矿山企业资源开发利用、开采技术和管理水平的重要标准。

采出率分设计采出率和实际采出率。设计和实际采出率可按计算范围分为工作面采出率、采区采出率和全矿井采出率；实际采出率还可按统计计算期限分为计算期间的采出率和计算期末的采出率。

《煤炭工业矿井设计规范》规定：矿井采区的采出率，应符合下列规定：

（1）厚煤层不应小于75%；

（2）中厚煤层不应小于80%；

（3）薄煤层不应小于85%；

（4）水力采煤的采区采出率，厚煤层、中厚煤层、薄煤层分别不应小于70%、75%和80%。

采出率计算公式如下：

$$采出率 = \frac{采出量}{地质储量} \times 100\% = 1 - 损失率 \qquad (5-10)$$

三、矿井储量增减的处理

1. 储量增减的原因

矿井储量增减的原因很多，除因开采和损失而减少以外，还有以下原因造成的储量增减：

（1）补充勘查引起的储量增减，即经过系统的补充勘查或巷道揭露，证实煤层厚度、可采边界和煤质等发生变化所引起的储量增减。

（2）采探对比引起的储量增减，即通过开采后总结发现，已采区域内的煤层厚度、可采边界和煤质等与原地质勘探报告不符所引起的储量增减。

（3）井田边界变动引起的储量增减，即调整井田边界、扩大或缩小井田面积所引起的储量增减。

（4）重新核算储量引起的储量增减，即年末核算储量时，因原计算错误或计算参数改变，以及资源/储量估算工业标准（如最低可采厚度、最高灰分等）修改所引起的储量增减。

2. 储量增减的处理方法

由上述原因造成的储量增减，经过一定的审批程序，分情况按以下方式进行处理：

（1）更正原有储量数据。如果储量增减不超过估算范围内储量的10%，并在1 Mt以下，则在详细说明储量的增减后，可在报表中更正；如果储量增减超过上述范围，则应经过规定的手续，经审批后方可正式修改。

（2）储量的转入。煤层厚度和灰分等指标符合基础储量的计算标准；或灰分等指标虽超过规定标准，但有固定的销售对象，或洗选后可达到规定标准，经批准可以开采的，均可转入基础储量。由于水文地质条件特别复杂等原因已经列为次边际经济的资源量，经过进一步勘探或采区技术措施可以开采的，也可转入基础储量。

（3）储量的转出。经进一步查明，原基础储量的煤层厚度和灰分等指标已经达不到基础储量规定标准，但是尚有可能开采的，经批准可以转为次边际经济的资源量。

（4）储量的注销。在已开拓的区域内，原来经济的、边际经济的基础储量的煤层厚度或灰分等指标已经达不到基础储量的规定标准，也达不到资源量的规定标准，经上级主管部门批准后可以注销。

四、加强储量管理、提高煤炭资源采出率的措施

1. 详实的地质资料是提高煤炭资源采出率的前提

（1）矿井地质工作者首先要详细地研究勘探和建井阶段提交的全部地质资料，生产初期从宏观上对本井田地质情况进行全面掌握，按照《煤矿地质工作规定》和生产实际的需要，逐一编制生产采区的地质说明书，在小范围内深入、细致地分析地质构造，特别要查明原报告中断层、褶皱等构造的确定依据。

（2）经常深入现场，获取第一手资料，认真分析研究，发现问题并及时解决。在实践基础上，及时、合理地修改图件，为设计提供准确的资料。

（3）随着生产的不断进行，实际控制点不断增多，地质现象的规律性更加明显。有针对性地研究制约生产的主要问题，尽量减少煤炭资源损失，提高机械化效率。

2. 合理的设计方案是提高采出率的关键

一个合理的、高质量的采区或采场设计对采出率的高低起着决定性的作用，因此，生产矿井的设计人员应重点做好以下几项工作：

（1）及时修改原设计方案。

（2）设计尽量规范化、系列化。

（3）采用先进的采煤方法，科学地留设保护煤柱。

（4）设计人员与地质人员互相合作、互相研究。设计人员做到反复研究地质资料；地质人员做到了解设计意图，解释说明地质资料。

3. 高质量的施工是提高采出率的保证

在地质条件清楚、设计方案确定的情况下，施工是一个十分重要的过程。

（1）掘进在回采工作面的准备阶段，工作面运输巷、回风巷能否按照设计要求施工，对将来的回采影响很大，也决定着回采时能否将煤炭完全采出。施工中容易出现两种现象：①掘进层位不准确，忽高忽低，这将给回采带来隐患，可能造成煤炭资源损失；②掘进中遇到的各种其他地质问题，如小断层、水患、火成岩、顶板破碎等，可能导致工作面提前掘开切眼而掘不到设计位置，造成煤炭资源损失。这种现象在施工队伍素质不高、技术管理水平较低的情况下普遍存在。所以，对掘进工作一定要一直严格要求、加强管理。

（2）回采正常的情况下，回采应该严格按照层位进行，尽量将煤炭全部采出。地质、设计、施工单位及管理人员应该经常深入现场，了解采场变化。遇到问题时，应互相协商、共同研究，确定最佳的回采方案。

4. 加强储量管理是提高采出率的手段

储量管理工作的主要任务是认真贯彻执行国家经济技术方案，掌握矿井储量动态变化，挖掘矿井潜力，分析煤炭资源损失是否合理，严格控制损失量，延长矿井服务年限。加强煤矿地测工作是提高煤炭资源采出率、保证煤炭资源合理开发与利用的一个重要措施，应当引起煤矿相关人员的高度重视。

五、矿井"三量"管理

(一) 矿井"三量"的划分及计算

矿井"三量"是矿井开拓煤量、准备煤量和回采煤量的总称，简称"三量"。

1. 开拓煤量

开拓煤量是指通向采区的全部开拓巷道均已掘完，并可开始掘进采区准备巷道时所构成的可采煤量。具体地说，它是指在矿井工业储量范围内，已完成设计规定的主井、副井、井底车场、主要石门、集中运输大巷、集中下山、主要溜煤眼和必要的总回风巷等开拓巷道后，由这类巷道所圈定的可采储量。

它的范围沿煤层倾斜方向由已掘凿的运输大巷或集中运输大巷所在的开拓水平起，向上至总回风巷或采区边界（风、氧化带下界）为止，沿煤层走向到矿井两翼最后一个掘进上山（或石门、或下山）的采区边界。图 5 - 38 中 $ABCD$ 所圈定的煤量为开拓煤量。开拓煤量的计算公式为

$$Q_k = (Sm\rho - Q_s - Q_d)K_1 \tag{5-11}$$

式中　Q_k——开拓煤量，t；

S——开拓范围内煤层的面积，m^2；

m——煤层平均厚度，m；

ρ——煤层平均密度，t/m^3；

Q_s——地质及水文地质损失，t；

Q_d——呆滞煤量，t（包括永久煤柱的可采部分和开拓煤量可采期限内不能回采的临时煤柱及其他被压煤量）；

K_1——采区采出率。

用斜井、集中下山开拓单一煤层（图 5 - 39），如果已完成集中下山的车场和井底运输大巷的掘进工程，而且本水平运输大巷已作过采区上山的车场岔道外 100 m。$ABCD$ 和 $EFGH$ 即可构成开拓煤量的范围，考虑损失量及采区回采率，即可得

$$Q_{开拓} = \left[(S_{ABCD} + S_{EFGH})mD - Q_{地损} - Q_{呆滞} \right]K \tag{5-12}$$

式中　$Q_{开拓}$——开拓煤量，t；

S_{ABCD} 和 S_{EFGH}——开拓范围内煤层的面积，m^2；

m——煤层平均厚度，m；

D——煤的平均容量，t/m^3；

$Q_{地损}$——地质及水文地质损失，t；

$Q_{呆滞}$——呆滞煤量，t（包括永久煤柱和开拓煤量可采期内不能采出的煤柱及其他被压的煤量）；

K——采区采出率。

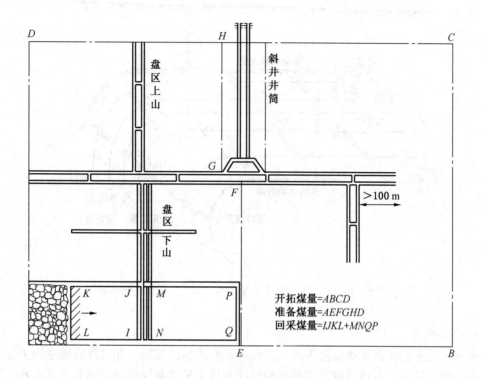

图5-38 斜井分区式开拓，采区前进、工作面后退开采方法的"三量"范围

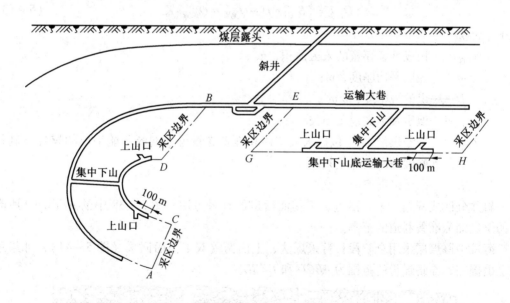

图5-39 集中下山开拓方式的开拓煤量

用立井、集中运输大巷、采区石门开拓煤层群时（图5-40），如果集中运输大巷超过石门50 m以上，石门已通到各层则开拓煤量范围：第一层为$A_1B_1C_1D_1$；第二层为$A_2B_2C_2D_2$；第三层为$A_3B_3C_3D_3$。

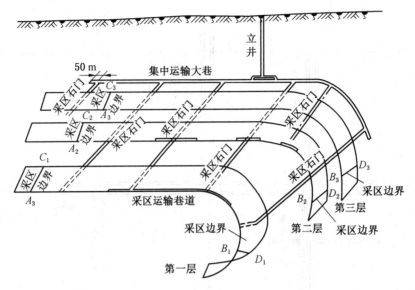

图 5-40 用立井、集中运输大巷、采区石门开拓煤层群

2. 准备煤量

准备煤量是指在开拓煤量范围内，采区准备巷道均已掘完，并可开始掘进回采巷道时所构成的可采储量。具体地说，它是指按设计完成了采区布置所必需的采区运输巷、采区回风巷及采区上山等准备巷道后，由该类巷道所圈定的可采储量。准备煤量的计算公式为

$$Q_{准备} = (S_{采区}mD - Q_{地质} - Q_{呆滞})K \qquad (5-13)$$

式中　$Q_{准备}$——准备煤量，t；

　　　$S_{采区}$——构成准备煤量的采区面积，m^2；

　　　m——煤层平均厚度，m；

　　　D——煤的视密度，t/m^3；

　　　$Q_{地损}$——地质及水文地质损失，t；

　　　$Q_{呆滞}$——呆滞煤量，t（包括永久煤柱和准备煤量可采期内不能采出的煤柱及其他原因被压的煤量）；

　　　K——采区采出率。

斜井分区式开拓，采区前进、工作面后退的开采方法，图5-38中的 AEFGHD 所圈定的煤量即为准备巷道的范围。

薄及中厚煤层采用全阶段长臂采煤法、上山两翼双工作面回采（图5-41），如果采区上山掘完，准备煤量的范围为 ABCD 和 EFGH。

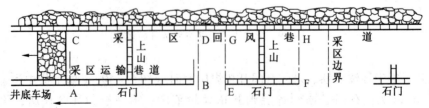

图5-41 采区石门开拓、中间上山采煤时的准备煤量

3. 回采煤量

回采煤量是指在准备煤量范围内，开采前必需掘好的巷道全部完成时所构成的可采储量。具体地说，它是指按设计完成了工作面回采前所必需的工作面运输巷、回风巷、开摆眼等回采巷道后，由这类巷道圈定的可采储量。此时，工作面安装设备之后即可正式回采。图 5-38 中 $IJKL + MNOP$ 所圈定的煤量为回采煤量。回采煤量的计算公式为

$$Q_h = S_g m_c \rho K_2 \qquad (5-14)$$

式中　Q_h——回采煤量，t；

　　　S_g——工作面煤层可采面积，m^2；

　　　m_c——设计采高或采厚，m；

　　　K_2——工作面采出率。

回采煤量应包括在采工作面剩余煤量和备采工作面煤量。

斜井分区式开拓，采区前进、工作面后退的开采方法，如图 5-38 中的 $IJKL + MNQP$ 所圈定的煤量即为回采煤量的范围。

厚煤层采用倾斜分层长壁采煤法，各分层同时回采时，回采煤量范围为图中影线表示的部分（图 5-42）。

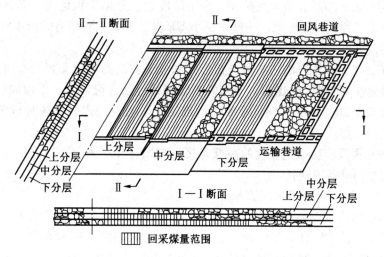

图 5-42　倾斜分层长壁采煤法回采煤量

（二）"三量"的可采期

"三量"可采期是指开拓煤层、准备煤量和回采煤量可供开采的期限，它是衡量采掘平衡关系的一个重要经济技术指标。开拓煤量可采 3～5 a 以上，准备煤量可采 1 a 以上，回采煤量可采 4～6 个月以上。

1. "三量"可采期计算

"三量"可采期的计算公式为

$$开拓煤量可采期 = \frac{计算期末开拓煤量(10^4 \ t)}{年设计生产能力或当年计划产量(10^4 \ t/a)} \qquad (5-15)$$

$$准备煤量可采期 = \frac{计算期末准备煤量(10^4 \ t)}{平均月设计生产能力或当月计划产量(10^4 \ t/月)} \qquad (5-16)$$

$$回采煤量可采期 = \frac{计算期末回采煤量(10^4 \text{ t})}{当年平均月回采产量(10^4 \text{ t/月})} \qquad (5-17)$$

在计算开拓煤量和准备煤量可采期时，计划产量超过设计生产能力的矿井，采用计划产量计算可采期；计划产量未达到设计生产能力的矿井，采用设计生产能力计算可采期；未审定设计生产能力或衰老矿井，按计划产量计算可采期。为了及时掌握采掘协调状况，生产矿井每月应按采区、水平核算"三量"可采期，据此调整采掘部署。

2. "三量"的合理可采期

1) 影响"三量"合理可采期的因素

影响"三量"合理可采期的因素很多，诸如矿井地质条件、井型、开拓方式、开采方法、采掘能力和采掘机械化程度等。下面对各种因素的影响情况进行分析，以供确定合理可采期参考。

（1）地质构造和煤层赋存条件。如果地质条件复杂或断层密集，虽然掘进大量巷道，但可采区段很少，这就要求储量预备要多一些，也就是"三量"可采期应适当增加。矿井煤层多，厚度大，但层间距太小，虽然有较多的开拓煤量，但由于受开采程序和生产条件的限制，采掘关系仍有可能出现紧张。

（2）井型和采区布局。在大型矿井，水平阶段大，开拓工程量大，尤其是在矿井产量递增期，开拓工程量可能更大。一些中、小型矿井，开拓工程量有时虽不够要求，也可能维持正常的接替。

（3）开拓方式和开采方法。各种开拓方式和开采方法的者道布置及掘进工程量是不同的。对于倾角在12°以下的煤层，使用倾斜长壁采煤法，可以上、下山同时布置采区，掘进工程量可减少20%，回采煤量常要超过规定。采用刀柱式采煤法时，它的"三量"可采期就应适当增加。

（4）机械化程度。机械化程度的高低直接影响堀进和回采速度，高挡普采和综采工作面推进速度快而准备周期长。

2) 确定"三量"合理可采期的方法

每个矿应在总结"三量"合理可采期经验的基础上，在保证开采水平、采煤工作面正常接替的原则下，在综合分析影响"三量"合理可采期的各种因素之后，确定本单位的"三量"合理可采期。确定合理可采期一般可采用以下3种方法。

（1）理论方法。根据采堀合理平衡的要求，列出计算合理可采期的计算公式。在统计期限内，新圈出的可采储量与动用的可采储量（包括备用和达到计划产量以及按工程要求应提前准备的时间）相等时，可达到采掘平衡。即

$$T = t + t_1 + t_2 \qquad (5-18)$$

式中　T——煤量的合理可采期；

　　t——准备出相应煤量所需的工程期；

　　t_1——备用或达产所占的时间，回采煤量作备用工作面按25%计算；

　　t_2——提前准备的时间，一般工作面提前准备时间为10天，采区提前准备时间为一月，水平提前准备时间为一年。

（2）经验性方法。各矿可根据历年的实际资料，取得比较合理的可采期限。例如，准备煤量的合理可采期大同矿务局为19个月，淮南矿务局为14个月。

（3）类比法。在积累大量经验性资料的基础上，进行综合分析，找出定性、定量的经验公式。条件相似的矿井可利用这些公式计算合理可采期。例如：淮南矿务局对"三量"可采期与工作面、采区的准备时间和回采时间的资料进行相关分析后，获得较简单的公式：

$$T_{回采} = a + bT_0 \qquad\qquad (5-19)$$

式中　　$T_{回采}$——回采煤量可采期；

　　　　T_0——回采工作面平均回采时间；

　　　　a、b——系数，$a=0.7$，$b=0.8$。

准备煤量可采期：

$$T_{准备} = a + bT_u + ct_1 \qquad\qquad (5-20)$$

式中　　$T_{准备}$——准备煤量可采期；

　　　　T_u——采区平均回采时间；

　　　　t_1——回采工作面准备时间；

　　　　a、b、c——系数，$a=4.72$，$b=0.35$，$c=0.7$。

（三）"三量"的统计与分析

1. "三量"的动态统计

（1）储量动态图。储量动态图是"三量"计算和动态分析的基础图件。它以采掘工程平面图和煤层底板等高线图为底图进行填绘，该图的主要内容有"三量"划分、呆滞煤量、损失量、储量分级计算块段、煤核边界、采掘工程现状和计划安排等。

（2）三量动态报表。为了系统地对"三量"进行统计与分析研究，按规定应定期进行"三量"和可采期计算，填报矿井（露天）期末3个煤量季（年）报表（表5-9）。在计算"三量"时，对违反技术政策的采区和工作面，虽然按生产准备程度已构成某种煤量，但因这部分"三量"不能保证采掘接替，故不能参加全矿井"三量"合计和可采期计算，而作为表外"三量"处理。

2. "三量"的动态分析

在"三量"动态统计的基础上，分析"三量"的动态变化。包括以下主要内容：

（1）对"三量"划分范围是否合理、计算方法是否正确进行检查和分析。

（2）对期末"三量"增减情况、分布状况及原因进行分析。

（3）对呆滞煤量的数量、呆滞的时间和呆滞煤量的分布进行分析。根据采掘工程的进展及时解放呆滞煤量，使呆滞煤量转为动态煤量。

（4）对"三量"可采期进行分析。若实际"三量"可采期不小于本矿井的合理可采期，则采掘关系正常；若实际"三量"可采期小于本矿井的合理可采期，则应采取措施，使"三量"可采期达到规定的标准。

任务实施

（1）某煤层（煤类为贫煤）结构为 1.2(0.04)1.0(0.8)0.7，试计算该煤层采用厚度为多少米？备注：其中a(b)：a代表该煤层煤分层厚度/m，b代表该煤层夹矸分层厚度/m。

（2）根据所学采煤专业知识，结合煤矿地质所学内容，分析综放工作面开采过程中

表 5-9 矿井（露天）期末3个煤量季（年）报表

填报单位名称

	矿井可采储量/10⁴t	现有生产水平可采储量/10⁴t	开拓煤量				准备煤量				回采煤量				采区采出率									
															本 季					本季至累计				
项目	矿井可采储量/10⁴t	现有生产水平可采储量/10⁴t	数量/10⁴t	可采期/a	可采期	计算可采期的产量/10⁴t	数量/10⁴t	可采期/月	可采期	计算可采期的产量/10⁴t	数量/10⁴t	可采期/月	可采期	计算可采期的产量/10⁴t	采区动用储量/10⁴t	采出量/10⁴t 政策规定	采出量/10⁴t 实际	采出率/% 政策规定	采出率/% 实际	采区动用储量/10⁴t	采出量/10⁴t 政策规定	采出量/10⁴t 实际	采出率/% 政策规定	采出率/% 实际
编号	1	2	3	4	5	6	7	8	9	10	11	12	13	14	15	16	17	18	19	20	21	22	23	24

单位负责人　　　　　　　制表人　　　　　　　报出日期　　　　年　　月　　日

206

可能出现的煤炭损失，并在此基础上提出提高煤炭资源回收率的措施。要求写出分析报告。

任务四考评见表 5 – 10。

表 5 – 10　任务考评表

考评项目	评　分		考　评　内　容
素质目标	20 分	6 分	遵守纪律情况
		7 分	认真听讲情况，积极主动情况
		7 分	团结协作情况，组内交流情况
知识目标	40 分	20 分	熟悉矿井储量管理的任务及提高煤炭资源采出率的措施
		20 分	理解矿井三量的涵义
技能目标	40 分	40 分	能独立且正确完成任务中的问题

项目六 煤矿环境地质与可持续发展

学 习 目 标

　　本项目由煤矿环境地质与环境污染因素分析、煤矿环境污染治理与可持续发展两个工作任务组成。保护矿区环境、防治煤矿开采造成环境污染和破坏，是煤炭工业生产和建设必不可少的组成部分。由于煤矿环境与地质、水文地质、地球化学等地质环境因素有着极为密切的关系，因此煤矿环境地质是煤矿地质研究的重要内容和煤矿环境保护的基础工作。

任务一　煤矿环境地质与环境污染因素分析

技能点
◆ 能独立开展对矿山环境的调查，并能独立完成调研报告。
知识点
◆ 矿山环境地质问题；
◆ 矿山环境污染因素。

相 关 知 识

一、煤矿环境地质问题

1. 造成煤矿环境污染的主要因素

1）固体废弃物

煤矿的固体废弃物主要有矸石、露天矿剥离物、煤泥等，其中对环境影响最大、最普遍的是矸石。

（1）矸石是煤炭生产过程中产生的岩石的总称，包括煤矿采掘过程排出的岩石、混入煤中的岩石、采空区垮落的岩石、工作面冒落的岩石及选煤过程中分离出来的炭质岩等。矸石常由炭质泥岩、泥岩、砂岩、灰岩等组成，矿物成分主要有高岭石、蒙脱石、石英、长石、伊利石、方解石、黄铁矿、白云石、水铝矿等，也含有少量稀有金属矿物。

（2）露天矿剥离物包括露天采场内的表土、岩层和不可采矿体。剥离物的岩石组成和排放量取决于煤层上覆岩层的岩性、煤层的埋藏深度和赋存条件、地形条件和剥离厚度等。剥离层一般为泥岩、砂岩、灰岩及松散沉积物，其中以泥质岩为主。

（3）煤泥指在煤炭开采、运输、洗选等过程中产生的泥状物质。其形成与煤及煤矸石的物理性质、煤炭开采和运输方法、选煤工艺、煤泥处理系统等有关。煤泥一般呈塑性体、松散体或泥固体；灰分含量高，黏土物质多，热值低，持水性强。

2）废水

煤矿废水主要包括采煤废水、选煤废水、其他附属工业废水。

（1）采煤废水指煤炭开采过程中排放到自然水体的煤矿矿井水或露天煤矿疏干水。由伴随矿井开采而产生的地表渗透水、地下含水层渗流水和疏放水，以及采掘生产和防尘用水等组成，是煤矿排放量最大的一种废水。煤矿矿井水因区域水文地质条件、煤质状况等因素的差异而有所不同，根据矿井水质可将矿井水分为洁净矿井水、含悬浮物矿井水、高矿化度矿井水、酸性矿井水、含特殊污染物矿井水。

洁净矿井水指未被污染的干净矿井外排水。水质呈中性，低矿化度，低蚀度，不含有毒有害离子，基本符合生活饮用水标准；有的含有多种微量元素，可开发为矿泉水。

含悬浮物矿井水水质呈中性，矿化度小于 1000 mg/L，无有毒有害元素，且金属离子很少，含有大量的悬浮物、少量可溶性有机物和菌群等。这类矿井水主要由井下生产所产生的大量煤（岩）粉及井下生产和职工生活的各种废弃物混入矿井水而形成。此类水一般除悬浮物、细菌和感观指标外，其他理化指标均可达到饮用水卫生标准。

高矿化度矿井水指矿化度大于 1000 mg/L 的矿井水。此类水的水质多呈中性或弱碱性，带有苦涩味。根据其矿化度又可分为微咸水（矿化度为 1000～3000 mg/L）、咸水（矿化度为 3000～10000 mg/L）、盐水（矿化度大于 10000 mg/L）。这类矿井水因含盐量高且带苦涩味而不宜直接饮用。

酸性矿井水指未经处理之前 pH 值小于 6.0 或总铁质量浓度不小于 10.0 mg/L 的矿井水。其形成的主要原因是煤层及其围岩含硫量偏高，并与矿井密闭程度、大气流通状况、矿井水来源与径流、开采深度等因素有关。由于酸性水易溶解煤层及围岩中的金属元素而使矿井水中 Fe、Mn、重金属元素和无机盐类离子增加，导致矿化度和硬度升高。

含特殊污染物矿井水根据含污染物种类可分为含氟矿井水、含重金属元素矿井水、含放射性元素矿井水、含油类矿井水等。我国含氟矿井水的含氟量超过国家饮用水标准（1 mg/L），其形成与高氟地下水或矿区附近的含氟火成岩矿层有关。含重金属元素矿井水主要是含铁、锰矿井水，其形成与地下水处于还原条件有关。含放射性元素矿井水和含油类矿井水，其形成与煤及其围岩、地下水中放射性物质及煤系中含有油层等有关。

（2）选煤废水指选煤厂煤泥水处理工艺中洗水不能形成闭路循环需向环境排放的那部分废水。因其含有大量悬浮煤粒，故也称为煤泥水。此外，选煤废水中还含有一定量的石油类、酚类、醇类、聚丙烯酰胺等有毒有机药剂，以及煤中浸出的各种离子和放射性元素等，因此选煤废水是一种有毒废水。

（3）其他附属工业废水。指机修厂、火药厂、焦化厂等煤矿附属企业在生产过程中产生的废水。虽然其排放量不大，但毒性却很高，原因是这些废水中含有不同种类、不同程度的有毒有害物质。

3）废气

煤矿废气主要包括采矿废气、燃煤废气、煤和煤矸石自燃废气。

（1）采矿废气，指矿井中排出的废气。是由井下人员呼吸、爆破、充电、坑木腐烂、煤岩层氧化等所产生的气态物质和煤层及其围岩、地下水等释放的天然气污染井下空气而形成的。

（2）燃煤废气，指煤矿区锅（窑）炉和民用灶燃煤产生的废气。其中含有烟尘、硫氧化物、氮氧化物、碳氧化物、碳氢化物等有害成分。这些有害物质的产生量随煤质、燃烧方式、燃烧条件的不同而有很大差异。燃煤废气是大气污染物的主要来源，约占大气污染物总量的70%。煤矿区大气污染亦属煤烟型，大气污染甚为严重。

（3）煤和煤矸石自燃废气，指煤和煤矸石发生自燃过程中产生的废气，其成分与燃煤废气相同或类似。煤主要由可燃物质构成，煤矸石中也含有一定量的可燃物，它们在一定条件下会因缓慢氧化热的大量聚集而自然发火。其表现形式有煤层露头着火、开采地表沉陷露风区着火、地面煤堆和矸石山着火、井下煤壁着火等。

4）粉尘

煤矿的采掘、运输、选煤等生产过程及煤炭燃烧、煤层和煤矸石自燃等都会产生粉尘。其中地下开采中采掘工作面产生的粉尘可占矿井产尘总量的70% ~ 85%。煤矿粉尘以煤尘为主，也有岩粉和其他物质粉尘。其中含有砷、铬、镉、硒、铍、锌等微量有害元素和铀、钍、钴等放射性元素，并具有湿润性、黏附性、电荷性、爆炸性、气溶性等一些特殊性质，可悬浮于矿井水和空气之中，或沉附于各种物体表面。

5）岩体移动

岩体移动简称岩移，是指在外界因素影响下地壳岩体失去原有平衡状态而发生移动的现象。矿山岩体移动主要由采矿活动引起，煤层自燃、矸石堆积等也可引起岩体移动。由采矿活动引起并直接破坏环境的岩体移动主要包括地下开采造成的地表移动和露天开采引起的滑坡。由于煤矿多为地下开采，因此煤矿区分布广泛且对环境破坏最强的是采矿地表移动。当煤层被采出以后，煤层顶板及其上覆岩层在重力作用下发生垮落，这种垮落波及地表时便形成地表移动。根据地表移动区的形状和变形特点，可将其分为漏斗状陷坑和阶梯状断裂、缓波状沉陷盆地两类。

（1）漏斗状陷坑和阶梯状断裂。这类地表移动发生突然、快速、强烈，危害严重，但破坏范围小；主要发生在浅部急倾斜煤层采空区、开采深度与煤层开采厚度之比小于20的缓倾斜煤层采空区及较大地质构造分布区。

（2）缓波状沉陷盆地。这类地表移动形成过程比较缓慢，且在时空上是连续的，一般影响范围较大；主要分布于深部急倾斜煤层采空区、开采深度与煤层开采厚度之比大于20的缓倾斜煤层采空区。

一般来说，地表移动的最大深度为煤层开采厚度的70% ~ 80%，但这必须是在采空区的长、宽均达到或超过开采深度1.4倍时才可能发生，有人称此种地表移动为充分开采塌陷。个别煤矿由于开采引起的含水层或流砂层疏干等因素的叠加影响，最大塌陷深度可达煤层开采厚度的1倍以上，塌陷容积为煤层采空体积的60% ~ 70%，塌陷面积约为煤层采空区水平投影面积的1.2倍。

6）矿井热

矿井生产过程中所产生和形成的矿井热是决定矿井空气温度、湿度等微气候条件的重要因素。一般来说，若空气温度超过27℃，人体散热就极为困难，并可能从空气中吸热而使人体热平衡破坏，因此，我国《煤矿安全规程》规定："生产矿井采掘工作面空气温度不得超过26℃，机电硐室的空气温度不得超过30℃。当矿井热导致矿井空气温度超过规定值时，便形成了矿井热害。"

7）噪声

煤矿在开发建设中会产生许多噪声，如工业生产噪声、交通运输噪声、建筑施工噪声和社会生活噪声等。煤矿生产所用的高噪声设备很多，如扇风机、空气压缩机、凿岩机、采煤机和选煤厂的破碎机、振动筛等。由于井下范围小，设备产生的噪声不能有效传播，噪声源与岩壁、煤壁的反射噪声叠加，将形成新的噪声源。这些噪声可能掩蔽安全警报信号而造成事故。地面设备噪声主要影响操作工人的身体健康及周围居民的工作、生活及学习。

2. 煤矿生产引发的环境地质问题

1）破坏土地资源

露天采矿直接挖损土地；地下开采造成土地塌陷破坏；煤矸石和剥离物排放压占土地；采矿"三废"污损土地；采挖和塌陷引起的微地形地貌和地质、水文、水文地质等条件的变化，可导致土地排水系统、给水系统的破坏，水、热、气、肥等土壤肥力因子的恶化，以及地表积水、盐渍化、沙漠化和水土流失等。可见，煤矿开采造成的环境污染对土地资源的破坏是十分严重的。此外，煤矿废水的排放、固体废物的淋滤可使其周围土壤结构恶化，有毒有害成分增加，不同程度地抑制农作物的生长，从而形成许多低产田。

2）破坏水资源

采矿工程和采动岩移可改变地下水和地表水的储存和循环状态，疏干和破坏水资源，造成井泉干涸或水位下降，以及地表水流失；采矿和选煤生产要消耗大量的洁净水；矿井开采抽排水使得大量的洁净水被不同程度污染后而排放掉；煤矿"三废"又可使矿区周围的水资源遭受不同程度的污染。此外，煤矿固体废物可随大气降水、地表径流、风流及渗滤水进入地表水体和地下水而污染水资源。

3）影响大气结构

煤矿环境污染不仅能改变井下和矿区空气的成分和结构，造成烟尘弥漫、能见度降低、有毒有害成分偏高等不良空气状况，而且会在一定程度上影响整个大气圈的成分和结构，以及与岩石圈、水圈、生物圈的动态平衡，促进或加剧温室效应、臭氧层破坏、酸雨、烟雾等气象灾害的形成。另外，矿井热、粉尘、烟尘等污染也会对矿区气温、气流、湿度、降水量等微气候条件，以及大气圈与其他圈层的物质和能量交换产生不同程度的影响。

4）污损自然景观

煤矿环境污染可使矿区微地貌、微地理、地表水体、植被条件等发生改变，使自然和人文景观遭受不同程度的污损和破坏。

5）引发地质灾害

煤矿环境的污染可引发和形成许多地质灾害，严重威胁煤矿的生产安全和矿区居民的人身安全。如矸石山堆积和采矿岩移可引发山体滑坡、泥石流、矸石山滑坡等地质灾害；采动压力可诱发地面建筑物倒塌等灾害事故。

6）破坏生态平衡

由于矿区土壤、水体、大气的污染使生物群落与环境之间已有的物质（如水、碳、氮、氢、氧等）循环被打破，加之有毒有害物质的积聚，使得生物赖以生存的环境发生了变迁和恶化，从而导致某些生物的退化、灭亡或逃逸，已有的生物链被打破，自然生态失衡。

7）危害人类健康

环境污染对人类的影响轻则致疾，重则死亡。所致之疾病既有急性的，也有慢性的，且以慢性的为多。煤矿环境性疾病按其性质大致可分为以下几种：

（1）粉尘性疾病。最常见的是煤肺病、硅肺病和煤硅肺病。

（2）放射性疾病。煤系地层、煤层、矿井水中常含有放射性矿物或元素，可通过粉尘、水等进入人体并积累导致放射性疾病。

（3）矿物质中毒性疾病。如一氧化碳、二氧化碳、镉、砷、铅、铬、氰化物等中毒疾病。

（4）体内元素比例失衡性疾病。如体内铜、钼含量增多可产生骨质疏松症；体内氟含量太高可引起氟骨病、氟牙病等。

（5）其他性质疾病。如工业噪声、震动、矿井热及井下空气恶臭等可引起心血管疾病、神经系统和消化系统疾病等。

8）制约煤矿的可持续发展

煤矿环境污染不同程度地制约了煤矿的可持续发展，如采动岩移和矿井抽（排）水可对水资源进行破坏，煤矿"三废"对水资源的污染可使煤矿区缺水现象加剧，正常的生产和生活用水难以保证；由地热引起的矿井热害使矿区深部煤炭资源开采困难，甚至无法开采；煤层自燃、岩层移动等使得大量的煤炭资源损毁，致使矿井服务年限大大缩短。

此外，煤矿开采及其造成的环境污染和破坏也会引起移民、矿地、矿群矛盾和纠纷等社会环境问题，以及缴纳排污费、资源损失费、支付高额环境性疾病医疗费等经济环境问题。

二、煤矿环境地质工作内容

1. 矿区环境污染地质调查

1）煤矿区原始地质环境调查

调查了解矿区地理和大地构造位置、地层及其岩石组成、地质构造、矿产资源及地形地貌等基本地质背景；对矿区内的原生岩石、风化岩石、土壤，以及矿区内的地表水体（如河、湖、池塘等）和地下水体（如井、泉、钻孔和矿井充水等）进行全面系统的采样、化验、分析；查明矿区岩石、水体的组成，以及其中有害物质的种类、含量等；弄清与原始地质环境有关的污染源（物），以及与环境污染扩散有关的地质和水文地质条件；研究各种元素的赋存、分布、迁移、浓集、扩散、流失规律；对矿区原始环境质量的地质条件作出评价，为控制矿区总环境污染提供基本的地质资料。

2）煤矿区水土污染地质调查

在原始地质环境调查的基础上，进一步查清煤矸石的矿物组成、化学成分及其含量，以及某些物理化学性质，矸石山堆放场地的地形地貌、水文地质和工程地质条件；定期监测矿区土壤的化学成分、物理化学性质及其变化；定期观测矿井、选煤厂、矸石山等排放的废水流量、化学成分及其变化情况，并结合矿区地形地貌、地质和水文条件对矿区流动水与非流动水、地下水与地表水、污染水与非污染水的化学成分、物理化学性质进行对比，确定污染水体的扩散途径、影响范围、影响程度等。在此基础上将水质分析与岩土分析结果、岩石风化及风化过程中元素流失、富集等进行比较分析，以查明土壤污染、土壤化学元素迁移规律等与水体污染和运动的关系，为控制水土污染提供地质依据。

3）煤矿区大气污染地质调查

（1）有害粉尘地质调查。配合通风安全部门，在巷道、工作面和选煤厂破碎车间等地点收集粉尘样品，通过化学分析和岩矿鉴定，以及与煤层及其围岩的矿物成分、岩石类型的对比，找出粉尘与原岩成分及其含量的关系，查明有害粉尘的种类、来源、数量等，为采取防尘、降尘措施提供依据。

（2）有害气体的地质调查。煤矿区有害气体主要来源于厂矿排放、地下逸散、煤与矸石堆自燃等。调查时要求查明有害气体的来源、成分、含量、产气情况、逸出地点、迁移途径等，并就其对环境的影响作出评价。为查明地下逸出的有害气体，还必须深入调查矿区岩层的物质成分、结构构造、氧化分解条件，以及与有害气体扩散有关的地质构造特征和分布规律等。

4）煤矿区地质灾害调查

对矿区内的各种地质灾害，尤其是采动影响、煤矸石堆放等所引起的地面沉陷、滑坡、崩塌、泥石流、沙漠化等进行全面调查，研究其形成条件、成因类型、分布、影响范围、危害程度等。对突发性地质灾害应实施连续监测并进行预测预报。

5）其他环境问题的地质调查

（1）矿井热污染调查。在区域地温场调查的基础上，查明矿区地温场的变化规律及其影响因素，分析矿井热污染的成因、变化特征、危害程度及与地温场的关系等。

（2）煤层及矸石堆自燃监测研究。对有自燃倾向或已经自燃的煤层及矸石山应加强日常监测，研究自燃的影响因素、发火条件、氧化和增温规律、自燃机理等。

（3）地方性疾病调查。地方性疾病均与环境有关，应配合卫生等有关部门，在矿区及其附近的一定范围内，分期调查地方性疾病的种类、病因、影响程度和范围，确定地方性疾病与环境地质条件和环境污染的关系。对第二环境性疾病应进一步查明致病因素的迁移途径、累积方式及其变化规律。

2. 矿区环境污染治理效果的地质调查

对于已采取防治措施的环境问题，应与环保部门配合，对环保措施实施效果进行地质调查与评价，从而为修改和补充原有措施或重新制定更加有效的措施提供依据。如对净化处理的矿井水、选煤厂排放水的水质及有害物质的种类、含量等应进行定期检测；对采取防尘、降尘措施的工作面应定期测定其空气粉尘浓度、形态和粒度分布、有害粉尘的含量；对采取充填措施的采空区沉陷幅度、应力场变化、岩层变形特点、对地表的影响程度等应进行调查评价。通过治理前后地质调查资料的对比分析，对治理措施的有效性作出判断，并得出结论。

3. 煤矿环境污染源资源化利用地质评价

煤矿生产过程中所产生的大量废弃物（如瓦斯、煤矸石、矿井水等）既是导致矿区环境污染的主要污染源，又是宝贵的自然资源。加强对其的资源化利用，不仅有助于从根本上消除其对环境的危害，同时还可获得方便、廉价的资源，提高煤矿生产的综合效益。

（1）矿井水资源化利用评价。该评价内容包括矿井水的来源，矿井充水和矿井排水的水量、水温、水质类型，矿井水的色、嗅、味、浊度等感观特征，pH值、含盐量、总硬度等化学特征，生化需氧量、化学耗氧量、溶解氧等生化特征，有毒有害元素和细菌的种类、含量等毒理性和毒害性特征，矿井水的利用方向、利用条件和环境效应等。

（2）煤矸石资源化利用评价。该评价内容包括煤矸石的种类、排放和堆积量、矿物成分、化学组成、理化性质、工艺性质、发热量、有用成分的种类及其含量、分选的难易程度，煤矸石的利用途径、利用方法和环境经济效应等。

（3）矿井瓦斯资源化利用评价。该评价内容包括煤层瓦斯含量、压力、成分、赋存和分布规律，矿井瓦斯涌出量、涌出特征，瓦斯来源、瓦斯储量、可抽瓦斯量、影响瓦斯抽放的各类地质条件及其改良方法等；并就瓦斯抽放方案、利用方式、规模和服务年限、经济技术的合理性和效益等提出建议和预测。

（4）地表移动区资源化利用评价。该评价内容包括地表移动区的分布、规模，沉陷幅度，采动稳定性，新应力场分布，地质和工程地质条件，地表变形特征，积水情况，地下水和地表水的水文和水文地质条件，水土流失和土壤肥力状况，土地复垦条件、复垦类型、复垦方案及复垦的生态效应、经济效益等。

4. 矿区环境地质图件编制

（1）污染源分布图。由于不同类型污染物对环境污染的情况不同，同一污染物在不同环境中，其迁移、扩散和累积变化受环境因素控制，并与不同介质之间发生复杂的生物化学和物理化学反应，产生新的污染物或叠加新的物质污染，从而构成一个由污染源、扩散范围、叠加物质、污染边界等组成的污染环境单元。污染源分布图即是以矿区地形地质图（或总平面图）为底图，反映各环境单元污染特征的图件。它可按引起污染的原因分为自然污染源分布图和开发污染源分布图。如果将污染源及污染环境单元分类表示，即构成污染类型图。

（2）环境质量评价图。环境质量评价图是反映环境质量评价参数变化、环境背景（包括地质背景）、环境质量评价结果的图件。以矿区地形地质图为底图，它可分为单项环境质量评价图和综合环境质量评价图。一般先划分评价基本单元，按单元再以等值线表示评价指标的变化情况，进而结合不良地质体和地质灾害条件等确定各个单元的环境质量等级，并进行环境质量分区。

（3）污染程度图。污染程度图用以反映污染物的种类、污染浓度变化值，监测样品的最大、最小、平均值及超标率，有害元素与其他相关元素及其化合物的含量、生物毒理试验指标、特殊疾病发病率和死亡率的相关关系，有害物质浓度和污染程度与季节、雨量、气候条件、地质和水文地质条件变化等的关系。可用等值线、变化曲线、相关曲线直方图等表示。

（4）煤矿地质灾害分布及地质灾害治理图。煤矿地质灾害分布及地质灾害治理图反映了煤矿区地质灾害分布情况。它是以矿区地形地质图为底图，将各个地质灾害点的位置、规模、造成的危害及防治措施布置于图上，同时以镶图、镶表形式表现地质灾害成因、预测结果等。

三、煤矿环境监测与评价

1. 煤矿环境监测

1）监测网点布设

煤矿环境监测网是国家环境监测网的组成部分，应在国家环境监测网的统一部署下，根据各煤矿的实际情况，建立科学合理的监测网。建网的基本原则：网点、取样点及其密度选择必须具有足够的代表性，并能充分反映监测内容的变化和分布特征，同时又要经济合理。一般来说，布点的具体方法随监测对象不同而有所差异。

（1）对面状监测对象的布点方法。

① 网格布点法。采用方格式坐标均匀布点，适用于污染源非常分散的大区域监测。

② 同心圆布点法。也称放射式布点法，以污染源或其排放口为中心画若干同心圆，然后从中心引出若干射线，射线与同心圆交点即为监测（或取样）点。此法适用于固定且集中的小区域监测和独立固定的污染源监测。

③ 扇形布点法。以污染源排放口为中心，在其排放扩散方向（如风井口、烟囱等的主导下风方向）画一扇形面，并在扇形面内画若干等半径弧线，进而在弧线上布点。此法适用于单个独立的污染源监测。

④ 功能分区布点法。按工业区种类及生活区、交通繁忙区等分区分别布点。此法适用于了解污染物排放对不同功能区的影响。

（2）对线状监测对象的布点方法。线状监测对象（如河流、井下巷道、工作面等）的布点一般按一定距离并结合污染源排放口、交汇点、采样点等综合布点。

（3）对点状监测对象的布点方法。点状监测对象（如机器噪声等）通常根据不同对象在其表面或附近的一定距离内布点。

2）监测方法

（1）化学分析法。在一定时间或期间内先由监测采样点采集监测分析样品，然后在实验室对样品进行物理化学分析或仪器测定，因而也称为化学—实验室仪器分析法。

（2）连续分析法。利用自动监测仪器（如 SO_2 监测仪）在监测点上直接对监测内容进行连续跟踪监测，故也称为连续自动监测仪器分析法。

监测工作是一项长期而连续的工作，监测方法、采样方法及器具应采用国家规定的标准方法，以便对监测结果进行对比分析。

3）监测内容

（1）大（空）气监测。监测内容包括降尘（粒径大于 $10~\mu m$）、飘尘（粒径小于 $10~\mu m$）等固态污染物，硫氧化物、氮氧化物、碳氧化物、碳氢化合物及有毒有害气体等气态污染物，放射性元素，影响污染扩散的气象因素及与光化学烟雾有关的太阳辐射、能见度等。

（2）水质监测。监测内容包括水温、色度、蚀度、酸碱度、电导率、硬度、悬浮物、溶解氧、化学和生物化学需氧量、耗氧量、水生生物和各种有毒有害物质，以及与扩散有关的流量、流速、风速、风向、日照强度、气温、湿度等、水文、气象因素。

（3）土质监测。监测内容包括腐植酸、氮、磷、钾等营养元素，重金属元素，其他有机、无机毒物及酸度，土壤的类型、结构、性质等。

（4）岩移监测。监测内容包括岩体移动方向、速度，井巷及工作面的收缩、变形量，地表移动方式、类型、规模、范围，岩体应力、应变，支护及充填体应力变化，岩体强度等。

2. 煤矿环境质量评价

环境质量评价是对矿区环境素质优劣的定量和定性描述，其目的在于查明矿区环境质量的历史和现状，确定影响环境质量的污染源及污染物，掌握矿区环境质量的变化规律，并预测环境质量的变化趋势，为煤矿环境污染防治提供依据。

1）环境质量评价类型

煤矿环境质量评价按评价的时间范围可分为环境质量回顾评价、环境质量现状评价和环境质量预测评价。

环境质量回顾评价是通过对矿区环境背景的社会特征、自然特征及污染源等的调查，分析矿区环境质量演变过程，弄清引起环境问题的各种原因和形成机理。环境质量现状评价是通过环境现状的监测与调查，分析研究环境污染的现状及其时空变化规律，以便对煤矿区当前环境质量作出评价。环境质量预测评价是根据污染源、环境要素、污染物浓度等的变化特征及相关性，推断污染物分布的可能变化，预测未来矿区环境的变化趋势。

此外，煤矿环境质量评价也可按评价的环境要素范围分为单要素评价、联合评价和综合评价；按评价的空间范围分为井下环境质量评价、地面环境质量评价等。

2）环境质量评价内容

（1）环境背景的调查与评价。环境背景调查和评价的内容可分为自然环境特征和社会环境特征两个方面。自然环境特征包括矿区地理位置和地质及地貌、气象与气候、水文、土壤、生物等；社会环境特征包括一般情况和经济结构等。环境背景调查与评价就是要弄清这些要素的环境背景值的变化性、相关性，并判断出它们与环境质量的关系。

（2）污染源调查与评价。污染源调查与评价是通过调查、监测和分析研究等手段，确定矿区内污染源的类型及其污染物，找出污染物的自然扩散和人为排放的方式、途径、特点和规律等，并按其对环境的影响程度筛选出矿区主要污染源和污染物。

（3）环境污染现状的调查与评价。环境污染现状的调查与评价是通过布点采样和资料收集获得环境质量信息，并根据这些信息对矿区环境质量作出定性和定量结论，进而确定煤矿环境的污染程度。

（4）环境效应分析评价。煤矿环境效应分析评价也称环境污染影响分析评价，该评价主要包括生态效应分析、人体健康效应分析和经济效益分析。生态效应分析是结合矿区生物与生态环境调查，分析和评价矿区环境污染对生物的生态变异、生理功能、产量、繁殖、生存及生态平衡的影响和破坏，并对影响程度作出结论。人体健康效应分析是结合矿区环境性疾病、居民健康状况、儿童发育状况等的调查，分析矿区环境污染与人体健康的相关性和因果关系，并对环境污染对人体健康的影响程度作出定性和定量判断。经济效应分析是通过调查和研究煤矿环境污染及其所造成的环境质量下降带来的损失，分析治理污染和改善矿区环境的费用与所取得的经济效益的关系，并对矿区环境污染的经济损益进行定量估算。

3）环境质量评价方法

在煤矿区环境污染调查和监测的基础上选定评价参数，建立评价指标体系及其计算模型，划分环境质量等级，绘制环境质量评价图。

（1）环境质量分级分区。环境质量分级分区是按照环境质量指数大小来划分的质量优劣等级及其分布范围。环境质量等级划分时，除以评价指数为主要依据外，还应充分考虑矿区的其他环境特点和环境质量标准等。一般可将环境质量划分为良好、中等、轻度污染、中等污染和严重污染等5个等级。环境质量分区则应根据矿区环境质量等级、污染源分布、功能分区等具体情况而定。

（2）环境质量评价图。环境质量评价图是用以表达环境质量评价结果及其与环境质量有关的环境背景特征、污染源与污染物、环境质量状况、环境污染的空间分布特征、数量和质量指标等的图件。常用的有污染物浓度等值线图、环境质量指数图、环境质量分区图等。

组织学生到煤矿进行调研，了解矿山环境污染因素，要求学生写出环境分析报告。

任务考评

任务一考评见表6-1。

表6-1 任务考评表

考评项目	评分		考评内容
素质目标	20分	6分	遵守纪律情况
		7分	认真听讲情况，积极主动情况
		7分	团结协作情况，组内交流情况
知识目标	40分	20分	熟悉矿山环境地质问题
		20分	熟悉矿山环境污染因素
技能目标	40分	20分	能独立开展对矿山环境的调查
		20分	能独完成调研报告，且分析有独到见解

任务二 煤矿环境污染治理与可持续发展

技能点
◆ 能正确分析各种矿山环境破坏的治理方法及煤矿可持续发展的保障。
知识点
◆ 煤矿固体废弃物、废水、废气污染防治方法；
◆ 煤矿可持续发展的原则与保障。

一、煤矿固体废弃物污染防治

1. 矸石污染防治

防治矸石山污染的根本途径是矸石集中堆置和矸石综合利用。

（1）矸石集中堆置。每个矿井宜设立一个煤矸石堆置场，煤矸石堆置场选址应符合国家的有关规定；不宜利用的煤矸石堆置场，应在停用后3年内完成覆土、压实稳定化和绿化等封场处理；建井期间排放的煤矸石临时堆置场，自投产之日起不得继续使用，且临时堆置场停用1年内完成封场处理，临时堆置场关闭与封场处理应符合国家有关要求；煤矸石堆置场应采取有效措施防止自燃，已经发生自燃的煤矸石堆场应及时灭火；煤矸石堆置场应构筑堤、坝、挡土墙等设施，堆置场周边应设置排洪沟、导流渠等，防止降水径流进入堆置场，避免流失、坍塌的发生；对煤矸石堆置场应采取防渗透的技术措施。

（2）矸石综合利用。煤矸石应因地制宜，综合利用，如可用于修筑路基、平整工业场地、充填塌陷区及采空区等。

2. 露天矿剥离物污染防治

露天矿采场、排土场使用期间应通过定期喷洒水或化学剂等措施抑制粉尘的产生。

二、煤矿废水污染防治

1. 煤矿废水的处理

对硬度及矿化度不高但含有一定量的煤岩尘粒等悬浮物的矿井水，可经沉降、混凝、沉淀、过滤、消毒灭菌等工艺使其达到饮用水标准。对于高矿化度采煤废水，由于其一般含碳酸根、钙离子、硫酸根、钾钠离子等，应根据不同的矿井水成分，采取不同方法减少各种离子数，降低其矿化度。对于高硬度矿井水，主要采用电渗析技术进行处理，使其软化。对于酸性矿井水，多采用化学中和法进行处理。含特殊污染物的矿井水应根据情况用不同方法处理。选煤废水应采取多种形式实现煤泥水浓度达标排放或实现煤泥水闭路循环。

2. 煤矿废水排放限值

现有及新（扩、改）建煤矿、选煤废水有毒污染物排放质量浓度不得超过规定限值，采煤废水排放不得超过规定限值，选煤废水排放不得超过规定限值。

3. 煤矿废水资源化利用技术规定

高矿化度矿井水用作农田灌溉时，应达到国家规定的限值要求。新建煤矿设计中应优先选择矿井水作为生产水源，用于煤炭洗选、井下生产用水、消防用水和绿化用水等。建设坑口燃煤电厂、低热值燃料综合利用电厂时，应优先选择矿井水作为水源。建设和发展其他工业用水项目时，应优先选用矿井水作为工业用水水源；可以利用的矿井水未得到合理、充分利用的，不得开采、使用其他地表水和地下水资源。

三、煤矿废气污染防治

煤矿废气污染防治的措施主要是执行地面生产系统大气污染物排放限值，加强洁净煤技术，减少井下废气排放。

（1）井下瓦斯抽放与利用。在煤矿生产过程中预先抽出煤层中的瓦斯加以利用，以有效减少生产中的瓦斯涌出量。

（2）提高煤炭入洗率。煤中80%以上的硫存在于煤矸石中，通过洗选，可以将大部分硫分脱除。

（3）矸石山自燃治理。矸石山自燃会产生大量有毒、有害气体污染环境，常用覆盖法、表面浇灌法及注浆法来解决。

四、煤矿生态环境破坏防治

煤矿开采过程造成的地表剥离、土地塌陷、煤矸石堆积破坏了矿区的生态环境，通过对塌陷区进行充填复垦和非充填复垦来恢复和改善原有土地的使用功能。

五、煤矿可持续发展

1. 矿山环境地质保护需要坚持的原则
（1）坚持"依法保护"原则。
（2）坚持"资源开发与环境保护并重，在保护中开发，在开发中保护"原则。
（3）坚持"预防为主、防治结合"原则。
（4）矿产资源开发应推行废弃物"减量化、资源化、再利用"的循环经济和最大限度减轻"视觉污染"原则。
（5）坚持"谁开发谁保护、谁破坏谁治理、谁投资谁受益"原则。

2. 矿山地质环境治理恢复需要坚持的原则
（1）先设计后施工、边开采边治理原则。
（2）安全可靠原则。
（3）因地制宜、统筹规划原则。
（4）经济效益服从环境效益和社会效益原则。
（5）技术可行，经济合理原则。
（6）突出重点，逐步推进原则。
（7）坚持与相关规划紧密结合原则。
（8）保护与治理贯穿矿业活动全过程原则。

3. 矿山地质环境保护与治理恢复目标
以创建和谐社会和可持续发展为目的，将矿山地质环境保护贯穿于矿产资源开发的全过程，全面落实科学发展观，做到"事前预防，事中治理，事后恢复"，最大限度地减少或避免因矿产开发引发的地质环境问题和地质灾害，具体目标为：
（1）矿山地质灾害得到有效防治，减少经济损失。
（2）受破坏的土地资源及植被得到有效恢复。
（3）对煤矸石进行充分利用，并平整绿化，恢复采前生态环境。
（4）矿山闭坑后矿山地质环境与周边生态环境相协调，达到与区位条件相适应的环境功能。

4. 煤矿可持续发展的保障
1）组织保障
（1）贯彻执行国家有关矿山地质环境保护与治理的政策方针，全面推动保护与治理工作的规范化和制度化。
保护矿山地质环境，依法遵规是根本。为此，要认真贯彻执行国家有关矿山地质环境保护与治理的政策方针，加大监督管理力度，综合运用法律、行政、经济、技术等手段，实现对矿山地质环境保护与治理的有效监督与统一管理。

加强质量技术监督管理活动，严格执行矿山地质环境保护和防治工程勘查、设计、施工、验收等标准和规定，有效促进保护工作规范化、制度化，努力使矿山地质环境保护与治理工作走向制度化、规范化和科学化的轨道。

（2）加强监督，确保各项治理措施的有效落实。坚持矿山开采的主体工程、安全设施、矿山地质环境防治工程"三同时"制度。严格矿山地质环境保护与治理查审制度。加大监督管理力度，建立矿山地质环境保护与治理工作的行政监督管理机制和责任追究机制。

2）技术保障

依靠科技进步和技术创新，逐步提高矿山地质环境防治的科技水平，树立矿山地质环境保护与治理典型示范工程，提高综合防治能力。

开展矿山地质环境保护与治理技术研究和技术创新。充分依靠现代科学技术方法和手段，高度重视科技进步与创新研究。要围绕矿山地质环境防治中出现的关键技术问题和难点，依靠科研机构，加强科技攻关。

通过科技进步和技术创新，提高矿产资源开发利用和矿山地质环境保护与治理水平，研究矿山开发过程中各种因素对矿山地质环境的影响，开发或引进先进的采、选技术和加工利用技术，建立示范工程。

要积极做好新技术、新方法、新理论的推广应用工作，建立矿山地质环境防治技术支撑体系，不断提高矿山地质环境监测、信息处理、预测预报的科技水平，逐步增强矿山地质环境综合防治能力。

3）资金保障

根据我国现行的《矿山地质环境保护规定》第十七条规定，采矿权人应当依照国家有关规定，计提矿山地质环境治理恢复基金。基金由企业自主使用，根据其矿山地质环境保护与土地复垦方案确定的经费预算、工程实施计划、进度安排等，统筹用于开展矿山地质环境治理恢复和土地复垦。违反本规定，未按规定计提矿山地质环境治理恢复基金的，由县级以上自然资源主管部门责令限期计提；逾期不计提的，处3万元以下的罚款。颁发采矿许可证的自然资源主管部门不得通过其采矿活动年度报告，不受理其采矿权延续变更申请。

煤矿在规划生产时，首先应制定矿山地质环境保护与治理恢复计划，列入矿山开发总体设计中。必须在基建期投入一定量的资金用于矿山地质环境保护与治理恢复工作；在资源开采过程中及时、完全地履行所承担的矿山地质环境保护与治理恢复责任。

与此同时，强化防治经费使用管理，专款专用，做到合理支出，严禁资金挪用，杜绝浪费，也是矿山地质环境保护与治理恢复资金保障的一种方式。

总之，煤炭资源的开发、利用对矿区及其周边的环境造成了严重破坏，带来了许多不良的环境地质问题，抑制了矿区社会经济的发展、进步。煤矿矿山地质环境保护与治理措施的实施，将会改善矿区居民的生活环境，提高生活质量；同时，矿山地质环境的良好恢复，将有力促进当地社会经济的发展与和谐社会的构建；最终能够使煤矿成为真正的绿色矿山。

任务实施

组织学生对矿山环境破坏治理及煤矿可持续发展内容进行讨论,充分调动学生的积极性,开阔思路,要求学生写出对煤矿可持续发展的理解、认识及合理化建议。

任务考评

任务二考评见表6-2。

表6-2 任务考评表

考评项目	评分		考评内容
素质目标	20分	6分	遵守纪律情况
		7分	认真听讲情况,积极主动情况
		7分	团结协作情况,组内交流情况
知识目标	40分	20分	熟悉治理矿山环境污染的方法
		20分	正确理解煤矿可持续发展的内涵
技能目标	40分	40分	能对煤矿可持续发展进行分析,并有独到见解

附　　录

附表1　岩层真伪倾角换算表

真倾角	岩层走向与剖面间夹角								
	80°	75°	70°	65°	60°	55°	50°	45°	40°
10°	9°51′	9°40′	9°24′	9°05′	8°41′	8°13′	7°41′	7°06′	6°282′
15°	14°47′	14°31′	14°08′	13°39′	13°04′	12°23′	11°36′	10°43′	9°462′
20°	19°43′	19°22′	18°53′	18°15′	17°31′	16°36′	15°35′	14°26′	13°102′
25°	24°40′	24°15′	23°38′	22°55′	22°00′	20°54′	19°39′	18°15′	16°412′
30°	29°37′	29°09′	28°29′	27°37′	26°34′	25°19′	23°51′	22°12′	20°212′
35°	34°35′	34°04′	33°21′	32°24′	31°14′	29°50′	28°12′	26°20′	24°142′
40°	39°34′	39°02′	38°15′	37°15′	36°00′	34°30′	32°44′	30°41′	28°202′
45°	44°34′	44°00′	43°13′	42°11′	40°54′	39°19′	37°27′	35°16′	32°442′
50°	49°34′	49°01′	48°14′	47°12′	45°54′	44°18′	42°23′	40°07′	37°272′
55°	54°35′	54°04′	53°19′	52°19′	51°03′	49°29′	47°34′	45°17′	42°332′
60°	59°37′	59°03′	58°26′	57°30′	56°19′	54°49′	53°00′	50°46′	48°042′
65°	64°40′	64°14′	63°36′	62°46′	61°42′	60°21′	58°40′	56°36′	54°02′
70°	69°43′	69°21′	68°49′	68°07′	67°12′	66°03′	64°35′	62°46′	60°292′
75°	74°47′	74°30′	74°05′	73°32′	72°48′	71°53′	70°43′	69°15′	67°222′
80°	79°51′	79°39′	79°22′	78°59′	78°29′	77°51′	77°02′	76°00′	74°402′
85°	84°55′	84°49′	84°41′	84°29′	84°14′	83°54′	83°29′	82°57′	82°152′
89°	88°59′	88°58′	88°56′	88°54′	88°51′	88°47′	88°42′	88°35′	88°272′

真倾角	岩层走向与剖面间夹角							
	35°	30°	25°	20°	15°	10°	5°	1°
10°	5°46′	5°02′	4°15′	3°27′	2°37′	1°45′	0°53′	0°10′
15°	8°44′	7°38′	6°28′	5°14′	3°58′	1°40′	1°20′	0°16′
20°	11°48′	10°19′	8°45′	7°06′	5°23′	3°37′	1°49′	0°22′
25°	14°58′	13°07′	11°09′	9°03′	6°53′	4°37′	2°20′	0°28′
30°	18°19′	16°06′	13°43′	11°10′	8°30′	5°44′	2°53′	0°35′
35°	21°53′	19°18′	16°29′	13°28′	10°16′	6°56′	3°30′	0°42′
40°	25°42′	22°45′	19°31′	16°00′	12°15′	8°17′	4°11′	0°50′
45°	29°50′	26°34′	22°55′	18°53′	14°30′	9°51′	4°59′	1°00′
50°	34°21′	30°47′	26°44′	22°11′	17°09′	11°41′	5°56′	1°11′

附表1（续）

真倾角	岩层走向与剖面间夹角							
	35°	30°	25°	20°	15°	10°	5°	1°
55°	39°19′	35°32′	31°07′	26°02′	20°17′	13°55′	7°06′	1°26′
60°	44°48′	40°54′	36°13′	30°29′	24°08′	16°44′	8°35′	1°44′
65°	50°58′	46°59′	42°11′	36°15′	29°02′	20°25′	10°35′	2°09′
70°	57°36′	53°57′	49°16′	43°13′	35°25′	25°30′	13°28′	2°45′
75°	64°58′	61°49′	57°37′	51°55′	44°01′	32°57′	18°01′	3°44′
80°	72°55′	70°34′	67°21′	62°43′	55°44′	44°33′	26°18′	5°31′
85°	81°21′	80°05′	78°19′	75°39′	71°20′	63°15′	44°54′	11°17′
89°	88°15′	88°00′	87°38′	87°05′	86°09′	84°15′	78°41′	44°15′

附表2　常见矿物野外鉴定表（第一大类：自然元素）

矿物名称	化学式	鉴　定　特　征
自然金	Au	多呈分散粒状，或不规则的树枝状集合体。金黄色，随其成分中含银量增高渐变为淡黄色。条痕色与颜色相同。有强烈的金属光泽。相对密度19.31。摩氏硬度2.5~3。具强延展性。主要产于石英脉中。自然金常富集成沙金矿床 鉴定特征——颜色和条痕均为金黄色，强金属光泽，相对密度大，富延展性
自然铜	Cu	多呈不规则树枝状集合体。颜色和条痕均为铜红色。金属光泽。锯齿状断口。相对密度8.5~8.9。摩氏硬度2.5~3。具延展性。多产于含铜硫化物矿床氧化带内，与赤铜矿、孔雀石共生 鉴定特征——铜红色，表面氧化膜呈棕黑色，相对密度大，延展性强
石墨	C	常呈鳞片状、块状或土状集合体。颜色和条痕均为铁黑色。半金属光泽。极软，摩氏硬度1~2。有滑感，易污手。相对密度2.21~2.26 鉴定特征——铁黑色，硬度低，一组极完全解理，相对密度低，有滑感和染手。单晶体常呈片状或六方板状，但完整的很少见。集合体通常呈鳞片状、块状和土状

附表3　常见矿物野外鉴定表（第二大类：硫化物及其类似物）

矿物名称	化学式	鉴　定　特　征
辉钼矿	MoS_2	单晶体呈六方板状，底面上有条纹，通常呈鳞片状集合体。颜色为铅灰色，条痕色微带灰黑。金属光泽。相对密度4.7~5。摩氏硬度1。一组解理极完全。薄片具挠性，可搓成团，具滑感。常与黑（白）钨矿、辉铋矿、石英等共生 鉴定特征——铅灰色，金属光泽，硬度低，解理极完全，相对密度大，有滑腻感
辉锑矿	Sb_2S_3	单晶体呈柱状或针状，柱面具明显纵纹。集合体呈放射状或致密块状。铅灰色，条痕呈黑色，晶面带暗蓝靛色。金属光泽。摩氏硬度2。性脆。相对密度4.6。具轴面解理，解理面上有横纹。常与辰砂、雄黄、雌黄等共生 鉴定特征——铅灰色，柱状晶形，解理面上有横纹，易溶，可以从晶形、条纹、完全解理、颜色和条痕色中鉴定出来
方铅矿	PbS	晶体常呈立方体，通常呈粒状、致密块状集合体。颜色为铅灰色，条痕灰黑色。金属光泽。摩氏硬度2~3。相对密度7.4~7.6。经常与闪锌矿在一起形成硫化矿床 鉴定特征——铅灰色、黑色条痕，强金属光泽，立方体完全解理，硬度小，相对密度大

矿物名称	化学式	鉴 定 特 征
辉铜矿	Cu_2S	晶形呈假六方形的短柱状或厚板状，常呈致密块状、散染粒状。暗铅灰色，条痕色为暗灰色。金属光泽。摩氏硬度 2~3。略具延展性。小刀刻划时不呈粉末、却留下光亮刻痕。相对密度 5.5~5.8 鉴定特征——以其暗铅灰色、低硬度和弱延展性区别于其他含铜硫化物；可以从其颜色、硬度、易熔和易污手等特性中加以鉴定
闪锌矿	ZnS	通常呈粒状或致密块状集合体。颜色由浅褐、棕、褐至黑色，条痕白色~褐色。树脂~半金属光泽。相对密度 3.9~4.2。摩氏硬度 3~4。与方铅矿、黄铁矿、黄铜矿等共生 鉴定特征——菱形十二面体完全解理、光泽及与方铅矿密切共生
斑铜矿	Cu_5FeS_4	通常呈致密块状或粒状。新鲜断面呈暗铜红色，不新鲜表面常被覆蓝紫斑状锖色，条痕灰黑色。金属光泽。摩氏硬度 3。性脆。相对密度 4.9~5；常见于火山岩系。与黄铜矿、方铅矿等相伴产出 鉴定特征——可从其特有的暗铜红色和锖色中加以鉴定
黄铜矿	$CuFeS_2$	通常呈致密块状或分散粒状。黄铜色，条痕墨绿色。金属光泽。摩氏硬度 3~4。性脆。相对密度 4.1~4.3。主要为气化—热液和火山成因矿床，常与各种硫化物矿物共生 鉴定特征——可从其颜色和条痕中鉴别出来。它和黄铁矿相像，但硬度不如黄铁矿，黄铁矿的硬度是 6~6.5；它和金类似但硬度比金高、也比金脆，金的硬度是 2.5~3
黄铁矿	FeS_2	晶形常呈立方体、五角十二面体，集合体常呈致密块状、浸染粒状。浅黄铜色，条痕绿黑色。金属光泽。摩氏硬度 6~6.5。性脆。相对密度 4.9~5.1。无解理，断口呈参差状。多与氧化物、硫化物、自然元素等各种矿物共生 鉴定特征——晶形完好，晶面有条纹，致密块状者与黄铜矿相似，但据其浅黄铜色和硬度大，可与之区别
磁黄铁矿	$Fe_{1-x}S$	通常呈致密块状集合体。暗铜黄色，表面常具暗褐锖色，条痕灰黑色。金属光泽。相对密度 4.5~4.6。摩氏硬度 4。具强磁性。与镍黄铁矿、黄铁矿、黄铜矿等共生 鉴定特征——暗铜黄色，硬度小，弱磁性。火焰烧之可熔成具强磁性的黑色块体
毒砂	$FeAsS$	晶体呈短柱状或柱状，晶面具纵纹，集合体呈粒状或致密块状。锡白色，条痕灰黑。金属光泽。相对密度 6。摩氏硬度 5.5~6。性脆。锤击之发蒜臭味。在钨、锡矿脉中常与黑钨矿、锡石等伴生 鉴定特征——锡白色，硬度高，锤击发蒜臭味
辰砂 （朱砂）	HgS	单晶体呈板状或菱面体状，集合体多呈粒状或致密块状。猩红色，有时表面呈铅灰锖色，条痕红色。金刚光泽。摩氏硬度 2~2.5。相对密度 8.09。与辉锑矿、黄铁矿等共生 鉴定特征—可以从解理、红颜色、条痕色、相对密度大和硬度低等方面鉴定出来
雄黄	As_2S_3	单晶体呈短柱状，柱面具细纵纹，但晶体少见，常见致密粒状或块状集合体。橘红色，条痕淡橘红色。晶面呈金刚光泽，断口现树脂光泽。相对密度 3.4~3.6。摩氏硬度 1.5~2。二组完全解理。与雌黄、辉铋矿等共生 鉴定特征——与辰砂相似，但雄黄为橘红色、浅橘红色条痕；而辰砂为红色、鲜红色条痕，且相对密度大于雄黄
雌黄	As_2S_3	多呈片状或土状集合体。柠檬黄色，条痕鲜黄色。晶面呈金刚光泽，质脆，易碎，断面具树脂光泽。半透明。灼烧时有特异的蒜臭味、味淡。雌黄具柔性，薄片能弯曲，但无弹性。摩氏硬度 1.5~2。相对密度 3.5。常与雄黄、辉锑矿等共生 鉴定特征——呈柠檬黄色，鲜黄色条痕，具一组完全解理

附表4 常见矿物野外鉴定表（第三大类：氧化物和氢氧化物）

矿物名称	化学式	鉴 定 特 征
磁铁矿	Fe_3O_4	单晶体呈八面体或菱形十二面体，常呈粒状或致密块状集合体。颜色和条痕均呈铁黑色。半金属至金属光泽。摩氏硬度5.5~6。相对密度5.1~5.2。性脆，具强磁性。常与赤铁矿、钛铁矿、铬铁矿等伴生 鉴定特征——八面体晶形，铁黑色，条痕黑色，无解理，强磁性
褐铁矿	$Fe_2O_3 \cdot nH_2O$	为包含针铁矿、水针铁矿、水赤铁矿、含水氧化硅和泥质组成的混合体。通常呈乳房状、土状、块状等集合体。黄褐至棕黑色，条痕黄褐色。相对密度3.6~4.0。摩氏硬度1~5.5。半金属或土状光泽。常与针铁矿、水针铁矿等伴生 鉴定特征——颜色由铁黑至黄褐，但条痕色较固定为黄褐色
赤铁矿	Fe_2O_3	单晶体呈扁菱面体状，常呈致密块状、鲕状、肾状等集合体。铁黑色至钢灰色，条痕樱红色。相对密度5~5.3。摩氏硬度5.5~6。半金属至土状光泽。性脆，无解理，火烧后具弱磁性。结晶呈片状并具金属光泽的赤铁矿称为镜铁矿；红色粉末状的赤铁矿称为铁赭石 鉴定特征——樱桃红色或红棕色条痕为其特征，具各种形态，无磁性
铬铁矿	(Mg, Fe) Cr_2O_4	单晶体呈细小八面体，常呈粒状、豆状、致密块状集合体。黑色，条痕褐色。相对密度4.3~4.8。摩氏硬度5.5~6.5。半金属光泽，具弱磁性。与橄榄石密切共生 鉴定特征——黑色，条痕深棕色，硬度大，产于超基性岩中
赤铜矿	Cu_2O	常为致密粒状或土状集合体和针状、纤维状、毛发状集合体等。红色至近黑色，表面有时为铅灰色，条痕呈深浅不同的棕红色。相对密度5.85~6.15。摩氏硬度3.5~4。金刚至半金属光泽。一组不完全解理，性脆。常与蓝铜矿、辉铜矿、黑铜矿、孔雀石、铁氧化物和黏土矿物伴生或共生
黑钨矿 （钨锰铁矿）	(Mn, Fe) WO_4	单晶体常呈板状或柱状。褐黑色，条痕暗褐色。半金属光泽。摩氏硬度4.5~5.0。相对密度7.1~7.5。含铁较多者具弱磁性。一组完全解理，性脆 鉴定特征——板状晶形，颜色，条痕，一组完全解理，相对密度大为其特征
铝土矿	主要成分为 $Al_2O_3 \cdot nH_2O$	实质上是一种岩石名称，包括一水硬铝矿、一水软铝矿、三水铝石3种矿物，并含其他杂质矿物，如黏土矿物、针铁矿等。一般铝土矿多成豆状、土状或块状集合体。颜色变化大，从灰白、灰褐至棕红色。相对密度2.43~3.5。摩氏硬度3~4。玻璃光泽或土状光泽 鉴定特征——外表似黏土岩但硬度较高，相对密度较大，没有黏性、可塑性和滑腻感
石英	SiO_2	单晶体常呈六方柱状、六方双锥状，集合体多呈粒状、块状或晶簇状。常为白色，含杂质时可呈紫、玫瑰、黄、烟黑等各种颜色。相对密度2.65。摩氏硬度7。晶面玻璃光泽，断口油脂光泽。无解理，贝壳状断口 鉴定特征——六方柱及晶面横纹，典型玻璃光泽，很大硬度（小刀不能刻划），无解理。隐晶质集合体具明显蜡状光泽
金红石	TiO_2	单晶体呈柱状或针状，集合体呈致密块状或粒状。白色至褐红色或黑色，条痕浅褐色。金刚光泽。相对密度4.2~4.3。摩氏硬度6。性脆，具完全柱状解理。因其化学稳定性好，故常发现于砂矿床中 鉴定特征——以其四方柱形、双晶和颜色为鉴定特征
锡石	SnO_2	单晶体呈四方双锥或双锥柱状，有时呈针状，具膝状双晶，集合体呈粒状、结核状或钟乳状。棕色至黑色，条痕棕色。相对密度6.8~7.0。摩氏硬度6~7。晶面金刚光泽，断口油脂光泽。解理不完全，常为贝壳状断口 鉴定特征——晶形、双晶、颜色、硬度等均与金红石相似，但锡石的相对密度大、解理较差，相对较高的相对密度和重折率与锆石相区别

矿物名称	化学式	鉴 定 特 征
尖晶石	$MgAl_2O_4$	单晶常呈八面体。有红、绿、褐黑等色而无色者少见。相对密度 3.5 ~ 3.7。摩氏硬度 8。玻璃光泽。解理不完全。与镁橄榄石和透辉石等共生 鉴定特征——以八面体形态、摩斯硬度大、尖晶石律双晶为鉴定特征
刚玉	Al_2O_3	单晶体呈桶状或六方短柱状，柱面或双锥面上有条纹，集合体呈致密粒状或块状。钢灰或黄灰色。玻璃光泽。相对密度 3.95 ~ 4.1。摩氏硬度 9。性脆，无解理 鉴定特征——以其晶形、高硬度为主要鉴定特征

附表5 常见矿物野外鉴定表（第四大类：含氧盐）

矿物名称	化 学 式	鉴 定 特 征
金云母	$KMg_3[AlSi_3O_{10}](F,OH)_2$	晶体呈六方板状、片状或短柱状，集合体呈鳞片状。黄褐色。相对密度 2.7 ~ 2.85。摩氏硬度 2 ~ 3。玻璃光泽。一组极完全解理。半透明至透明。薄片具弹性，不导电，与透辉石、镁橄榄石、尖晶石等共生 鉴定特征——具有云母的完全解理、黄棕的颜色和类似金色的反射
白云母	$KAl_2[AlSi_3O_{10}](OH)_2$	单晶体呈板状或片状，集合体多呈致密片状、块状。薄片一般无色透明、具弹性。相对密度 2.76 ~ 3.10。摩氏硬度 2 ~ 3。解理面显珍珠光泽。一组极完全解理。绝缘性极好。具丝绢光泽的隐晶质块体称为绢云母。常见与黑云母共生 鉴定特征——单向极完全解理，硬度低，有弹性为其鉴定特征
黑云母	$K(Mg,Fe)_3[AlSi_3O_{10}]$ $(F,OH)_2$	晶体呈板状或短柱状，集合体呈片状。黑或深褐色。相对密度 3.02 ~ 3.12。摩氏硬度 2 ~ 3。玻璃光泽，解理面上显珍珠晕彩。半透明，一组极完全解理，薄片具弹性 鉴定特征——单向极完全解理、硬度低、有弹性为其鉴定特征
滑石	$Mg_3[Si_4O_{10}](OH)_2$	单晶体呈板状，但少见，通常成片状或致密块状集合体。白色，微带浅黄、浅红或浅绿等色，有时染色很深。相对密度 2.7 ~ 2.8。摩氏硬度 1。玻璃光泽或油脂光泽，解理面显珍珠光泽。一组解理完全。薄片具挠性，具滑感和绝缘性。常与菱镁矿、赤铁矿等共生 鉴定特征——浅色，性软（指甲可刻划），具滑腻感
方解石	$CaCO_3$	晶形多样，常呈菱面体，集合体多呈粒状、钟乳状、致密块状、晶簇状等。多为白色，有时因含杂质可染成各种色彩。相对密度 2.6 ~ 2.8。摩氏硬度 3。玻璃光泽，透明或半透明。无色透明、晶形较大者称为冰洲石。完全的菱面体解理。遇稀盐酸剧烈起泡 鉴定特征——菱面体完全解理，硬度不大，加稀盐酸剧烈起泡
白云石	$CaMg[CO_3]_2$	单晶体常呈弯曲鞍状菱面体，集合体呈粒状、多孔状、块状。灰白色，有时微带浅黄、浅褐、浅绿等色。相对密度 2.8 ~ 2.9。摩氏硬度 3.5 ~ 4。玻璃光泽。三组解理完全，解理面常弯曲。主要为外生沉积成因，与石膏、硬石膏共生；也有热液成因的，多与硫化物、方解石等共生 鉴定特征——晶面常弯曲成鞍状，遇稀盐酸缓慢起泡

矿物名称	化 学 式	鉴 定 特 征
正长石	$K[AlSi_3O_8]$	单晶体呈板柱状或厚板状，双晶常见，集合体呈粒状或致密块状。多为肉红色，黄褐色，灰白色少见。相对密度 2.57。摩氏硬度 6 ~ 6.5。玻璃光泽。两组解理完全，其交角为 90°。当两组解理交角为 89°30′时称为钾微斜长石 鉴定特征——肉红、黄白等色，短柱状晶体，完全解理，硬度较大（小刀刻划不动）
斜长石	$Na[AlSi_3O_8] - Ca[Al_2Si_2O_8]$	单晶体呈板状或板柱状，双晶常见，常呈粒状、片状或致密块状集合体。常为白色或灰白色。相对密度 2.61 ~ 2.76 摩氏硬度 6。玻璃光泽。两组解理完全，其解理交角约 86 鉴定特征——细柱或板状，白到灰白色，解理面上具双晶纹，小刀刻不动
透长石	$K[AlSi_3O_8]$	单晶体呈厚板状。无色透明，白、灰白色。相对密度 2.57。摩氏硬度 6.5。玻璃光泽。两组解理完全，解理夹角 90° 鉴定特征——板状，两组完全解理，解理交角 90°
磷灰石	$Ca_5[PO_4]_3(F,Cl,OH)$	单晶体呈六方柱状或针状，集合体呈块状、粒状、结核状。颜色因成因而异，纯净者为无色或白色，少见，以灰白、褐黄、湖绿色为常见。玻璃光泽。相对密度 2.9 ~ 3.2。摩氏硬度 5。性脆 鉴定特征——晶体较大时，晶形、颜色、光泽、硬度可作为鉴定特征
绿柱石	$Be_3Al_2[Si_6O_{18}]$	单晶体呈六方柱状，集合体呈粒状或晶簇状。纯者无色透明，常见不同色调的绿色。相对密度 2.6 ~ 2.9。摩氏硬度 7.5 ~ 8。玻璃光泽。透明至半透明。解理不完全。在未受交代的伟晶岩中，与石英、钾长石、微斜长石、白云母共生。受晚期钠质交代作用形成的绿柱石与钠长石、锂辉石、石英、白云母等矿物共生 鉴定特征——六方柱状，柱面有纵纹，不完全解理，硬度大于石英
红柱石	$Al_2[SiO_4]O$	单晶呈柱状，横断面近四方形，集合体常呈粒状和放射状（形似菊花者称菊花石）。常为灰、黄、褐、玫瑰、红等色。相对密度 3.1 ~ 3.2。摩氏硬度 7 ~ 7.5。玻璃光泽，参差断口。常与堇青石、石英、白云母、石榴子石、十字石、黑云母及其他含铝矿物共生 鉴定特征——方形柱状形态和高硬度，解理交角近于垂直，常呈肉红色
绿帘石	$Ca_2(Al,Fe)_3[SiO_4][Si_2O_7]$ $O(OH)$	单晶体呈柱状，晶面有明显条纹，常呈柱状、粒状、放射状集合体。黄绿至黑绿色。玻璃光泽。相对密度 3.38 ~ 3.49。摩氏硬度 6 ~ 7。透明。一组解理完全，一组解理不完全 鉴定特征——柱状晶形，明显的晶面纵纹，一组解理完全，特征黄绿色等
孔雀石	$Cu_2[CO_3](CH)_2$	单晶体呈针状，极少见，通常呈肾状、葡萄状、放射纤维状集合体。绿色，条痕淡绿色。相对密度 3.9 ~ 4.0。摩氏硬度 3.5 ~ 4。玻璃光泽至金刚光泽，纤维状者具丝绢光泽。遇稀盐酸起泡。常与蓝铜矿、赤铜矿、辉铜矿等矿物共生 鉴定特征——以特殊的孔雀绿色和典型条带为其鉴定特征

矿物名称	化 学 式	鉴 定 特 征
十字石	$FeAl_4[SiO_4]_2O_2(OH)_2$	单晶体呈短柱状，亦有不规则状。深褐、红褐、黄褐色。相对密度 3.74~3.83。摩氏硬度 7.5。玻璃光泽。中等解理。与蓝晶石、铁铝石榴子石、白云母等伴生。晶体横断面呈菱形，特别是双晶形状，硬度较大 鉴定特征——短柱状，横断面为菱形，特别是双晶形状，深褐色，红褐色，硬度大，以此与红柱石区别
橄榄石	$(Mg,Fe)_2[SiO_4]$	单晶体少见，常呈粒状集合体。橄榄绿色、黄绿色至黑绿色。相对密度 3.3~3.5。摩氏硬度 6~7。玻璃光泽。半透明，贝壳状断口，性脆。常与铬铁矿、辉石等共生 鉴定特征——呈特征"橄榄绿"色，玻璃光泽，硬度高
石榴子石	一般化学式 $A_3B_2[SiO_4]_3$	单晶体呈菱形十二面体和四角三八面体，集合体呈散粒状或致密块状。有肉红、褐、绿、紫等颜色。玻璃光泽，断口呈油脂光泽。相对密度 3.4~4.3。摩氏硬度 6.5~7.5。不完全或无解理，断口参差状。常与透辉石、绿帘石、蓝晶石、夕线石等矿物共生。（化学式中 A 代表二价阳离子 Mg^{2+}、Fe^{2+}、Mn^{2+}、Ca^{2+} 等；B 代表三价阳离子 Al^{3+}、Fe^{3+}、Cr^{3+} 等） 鉴定特征——等轴状特征晶形，油脂光泽，缺乏解理，高硬度
绿泥石	$(Mg,Al,Fe)_6[(Si,Al)_4O_{10}]$ $(OH)_8$	单晶体呈假六方片状或板状，常呈鳞片状、隐晶质土状集合体。由深绿色到黑绿色，条痕无色。相对密度 2.6~3.4。摩氏硬度 2~3。一组解理完全。玻璃光泽，解理面显珍珠光泽。透明。薄片无弹性，解理面具挠性 鉴定特征——具特征绿色，有挠性而无弹性
电气石	$Na(Mg,Fe,Mn,Li,Al)_3Al_6$ $[Si_6O_{18}][BO_3](OH)_4$	单晶体呈柱状，晶面有明显纵纹，其横断面呈弧线三角形，集合体多呈放射状、纤维状。常呈暗蓝、暗褐和黑色，也有绿、浅黄、浅红、玫瑰等色，晶体两端或晶体内外层可表现出不同的颜色（多色现象）。相对密度 3.03~3.25。摩氏硬度 7~7.5。玻璃光泽。加热、摩擦、加压时生电。与石英、长石、云母、绿柱石等矿物共生 鉴定特征——柱状形态，柱面有纵纹，横切呈弧线三角形、无解理，高硬度
普通辉石	$(Ca,Mg,Fe,Al)_2[(Si,Al)_2O_6]$	短柱状晶体，接触双晶常见。黑绿至褐黑色，条痕无色至浅灰绿色。相对密度 3.23~3.52。摩氏硬度 5~6。一组解理完全，解理夹角成 87°。与橄榄石、斜长石共生。常蚀变形成绿帘石、绿泥石等矿物 鉴定特征——绿黑色，八边形短柱状晶体，二组解理交角近于直角
普通角闪石	$Ca_2Na(Mg,Fe)_4(Al,Fe^{3+})$ $[(Si,Al)_4O_{11}]_2(OH)_2$	长柱状晶体，横切面多为六边形，常呈细柱状、纤维状集合体。黑绿色至褐绿色，条痕无色至浅灰绿色。相对密度 3.1~3.3。摩氏硬度 5~6。玻璃光泽。两组完全解理，二组解理夹角成 124° 或 56°。断面为菱形或近菱形，有时与辉石形成假象，称假象纤闪石 鉴定特征——长柱状晶体，横断面为菱形；与普通辉石的区别主要是角闪石解理夹角为 124° 或 56°，断面为菱形或近菱形
硅灰石	$CaSiO_3$	单晶体呈片状，常呈放射状或纤维状集合体。白色或带灰和浅红的白色，少数呈肉红色。相对密度 2.78~2.91。摩氏硬度 4.5~5。玻璃光泽，解理面显珍珠光泽。一组解理完全，其他两组解理中等。与透闪石、石榴子石等共生 鉴定特征——颜色，形态，共生矿物

矿物名称	化 学 式	鉴 定 特 征
透闪石	$Ca_2Mg_5[Si_8O_{22}](OH)_2$	单晶体呈细粒状，集合体常呈柱状、放射状、纤维状。白色或灰色。相对密度 3.02～3.44。摩氏硬度 5～6。解理中等，解理夹角成 56° 鉴定特征——具细长柱状或纤维状晶态，良好的柱状解理，解理角度不同与辉石区别，颜色较淡与普通角闪石区别
夕线石	$Al[AlSiO_5]$	单晶体呈细柱状，柱面有纵纹，常呈放射状或纤维状集合体。白色、灰色或浅绿色、浅褐色。相对密度 3.23～3.25。摩氏硬度 7。玻璃光泽。解理完全。与白云母、刚玉、钾长石共生 鉴定特征——针状、放射状或纤维状形态，具完全解理
重晶石	$BaSO_4$	单晶体呈厚板状，集合体多呈粒状或致密块状。一般无色透明或白色，因含杂质而染成灰色、淡红色、黄褐色等。相对密度 4.3～4.5。摩氏硬度 3～3.5。玻璃光泽，解理面显珍珠光泽。三组解理（一组完全）。性脆。常与萤石、方解石、闪锌矿、方铅矿等共生 鉴定特征——板状晶体，硬度小，近直角相交的完全解理，相对密度大并以此与近似的方解石区别
硬石膏	$CaSO_4$	单晶体呈厚板状，集合体呈致密块状或粒状。无色透明或白色，有时带浅蓝、浅灰或浅红等色调。相对密度 2.8～3。摩氏硬度 3～3.5。玻璃光泽。三组解理相互直交。常与石盐、石膏等共生 鉴定特征——相对密度小，解理方向（三组解理相互直交）
石膏	$CaSO_4 \cdot 2H_2O$	单晶体呈板状，燕尾双晶常见，常呈纤维状、粒状、致密块状集合体。无色透明或白色，也有灰、黄、红、褐等浅色。相对密度 2.3。摩氏硬度 2。玻璃光泽，性脆。两组解理夹角成 66°。易溶于水。与石盐、硬石膏等矿物共生 鉴定特征——一组极完全解理，可撕成薄片或纤维状、粒状；硬度低，指甲可刻划
多水高岭石	$Al_4[Si_4O_{10}](OH)_8 \cdot 4H_2O$	常呈致密块状、土状、粉末状集合体。带各种色调的白色，有时呈淡蓝色。相对密度 2.0～2.6，硬度 1～2.5。土状光泽至蜡状光泽。黏舌，具滑感。不具有膨胀性。加水后裂开呈棱角状，失水后不再吸水。与高岭石、钠明矾石、三水铝石、一水硬铝石、铝英石等伴生 鉴定特征——外表与高岭石相似。具比高岭石较低的硬度和相对密度
高岭石	$Al_4[Si_4O_{10}](OH)_8$	常呈致密块状集合体。纯净者为白色，如含杂质则染成浅黄、浅灰、浅红、浅绿、浅蓝、浅褐等色。光泽暗淡。摩氏硬度 1。相对密度 2.6。吸水性强，舐之黏舌。高岭石由长石、霞石等风化而形成 鉴定特征——性软，黏舌，具可塑性
蓝晶石	$Al_2[SiO_4]O$	单晶体呈扁平柱状，集合体呈放射状。蓝色或蓝灰色、黄色或绿色。相对密度 3.56～3.68。摩氏硬度异向性明显，平行晶体伸长方向的摩氏硬度 5.5，垂直晶体伸长方向的摩氏硬度 6.5。玻璃光泽，解理面显珍珠光泽。性脆
阳起石	$Ca_2(Mg,Fe)_5[Si_8O_{22}](OH)_2$	晶体呈针状、长柱状，常呈放射状排列。颜色较深，呈程度不同的绿色。玻璃光泽。相对密度 3.1～3.3。摩氏硬度 5～6。解理两组，平行柱面，成 56° 交角 鉴定特征——颜色，形态，解理为其突出特征

矿物名称	化 学 式	鉴 定 特 征
蛇纹石	$Mg_6[Si_4O_{10}](OH)_8$	通常呈致密块状，少数呈片状或纤维状集合体。颜色多为深浅不同的绿色（如黑绿、暗蓝、黄绿），亦有浅黄或灰白色。蜡状光泽。相对密度 2.5～3。摩氏硬度 2.5～3。是热液对橄榄石、辉石、白云石等的交代产物 鉴定特征——黄绿等色，中等硬度，蜡状光泽
透辉石	$CaMg[Si_2O_6]$	常呈柱状晶体，晶体横断面呈正方形或正八边形。白色、浅灰色、灰绿、绿至褐绿、暗绿色，黑色，条痕无色至深绿。相对密度 3.22～3.56。摩氏硬度 5.5～7。解理完全，二组解理成87°夹角。常与石榴子石共生 鉴定特征——以浅颜色和晶形为特征
蓝闪石	$Na_2Mg_3Al_2[Si_4O_{11}]_2(OH)_2$	常呈放射状、纤维状集合体。灰蓝、深蓝至蓝黑色，条痕色为带浅蓝的灰色。相对密度 3.1～3.2。摩氏硬度 6～6.5。玻璃光泽。解理完全。常与硬柱石、绿纤石、绿帘石、白云母等矿物共生 鉴定特征——放射柱状形态，灰蓝至暗蓝色
叶蜡石	$Al_2[Si_4O_{10}](OH)_2$	常呈片状、鳞片状或隐晶质致密块状集合体。白色或微带浅绿、浅黄或铅灰色。半透明，玻璃光泽，致密块状者呈油脂光泽，解理面显珍珠光泽。一组完全解理。摩氏硬度 1～2。相对密度 2.66～2.90。叶片柔软，无弹性，具挠性 鉴定特征——硬度小，叶片柔软，无弹性，具挠性
文石 （霰石）	$CaCO_3$	单晶体常呈柱状或尖锥状，常见呈假六方柱状的三连晶，集合体呈放射状、钟乳状、豆状、鲕状等。通常无色、白色、黄白色，有时呈浅绿色、灰色等。相对密度 2.9～3.0。摩氏硬度 3.5～4°玻璃光泽，断口显油脂光泽。无解理，有时见不完全至中等解理。具贝壳状断口。透明 鉴定特征——以其相对密度与方解石和白云石区别；用染色法可与方解石区别
蛭石	$(Mg,Fe)_3[(Si,Al)_4O_{10}]$ $(OH)_2·4H_2O$	晶形与云母相似，呈片状。褐、黄褐、金黄、青铜黄色，有时带绿色。油脂光泽，光泽较黑云母弱。一组底面完全解理，解理片不具弹性。摩氏硬度 1～1.5。相对密度 2.4～2.7。灼热时体积膨胀并弯曲如水蛭，显浅金黄或银白色，显金属光泽，膨胀后体积增大 18～25 倍 鉴定特征——外形与黑云母相似，但光泽、解理程度、硬度、薄片弹性均较黑云母弱。灼烧时体积强烈膨胀为其主要特征
榍石	$CaTi[SiO_4]O$	多以单晶体出现，常呈横截面为菱形的扁平柱状或板状。红褐色、灰绿色、褐黑色、褐红等，无色者极少见，含钨者呈黄色，条痕淡黄色。玻璃光泽，断口显油脂光泽。半透明至不透明。摩氏硬度 5～6。性脆，贝壳状断口。相对密度 3.45～3.55。与长石、霞石、钝钠辉石、锆石、磷灰石伴生 鉴定特征——以其特有的扁平信封状晶形和菱形横截面可与其他蜜黄色矿物区别
硬玉	$NaAl[Si_2O_6]$	常见致密块状集合体，质地坚韧。无色、白色、浅绿或苹果绿色。相对密度 3.24～3.43。摩斯硬度 6.5。玻璃光泽。解理完全，解理夹角成87°。断口不平坦，呈刺状 鉴定特征——致密块状，高硬度，极坚韧

矿物名称	化 学 式	鉴 定 特 征
黄玉（黄晶）	$Al_2[SiO_4](F,OH)_2$	单晶呈柱状，横断面为菱形，柱面有纵纹，集合体呈粒状或块状。主要为浅黄色，亦有浅蓝、浅绿、浅紫、浅玫瑰等色。相对密度3.52~3.57。摩氏硬度8。玻璃光泽。平行底面解理完全。共生矿物有石英、电气石、萤石、白云母、黑钨矿、锡石等 鉴定特征——柱状晶形，横断面菱形，柱面有纵纹，解理完全，高硬度
菱镁矿	$MgCO_3$	单晶体呈菱面体但少见，常呈粒状集合体。白色，浅黄色、灰白色。相对密度3。摩氏硬度4~4.5。玻璃光泽。完全菱面体解理。加冷盐酸不起泡。常与白云石、滑石、方解石等共生 鉴定特征——加冷盐酸不起泡或作用极慢，加热盐酸则剧烈起泡
菱锌矿	$ZnCO_3$	单晶体不常见，常呈土状、钟乳状、皮壳状集合体。常为白色，有时微带浅绿、浅褐或浅红色。相对密度4.1~4.5。摩氏硬度5。玻璃光泽，性脆。由闪锌矿氧化分解形成 鉴定特征——以其形态、产状及其粉末加冷盐酸起泡为鉴定特征，与本亚族其他矿物的区别在于相对密度较大，菱面体解理较不完全
菱铁矿	$FeCO_3$	单晶呈菱面体，晶面常弯曲呈鞍状，集合体呈粒状、结核状。灰黄至浅褐色。相对密度3.9。摩氏硬度3.5~4.5。玻璃光泽，性脆。加热盐酸起泡，加冷盐酸时缓慢作用，形成黄绿色等$FeCl_3$薄膜。碎块烧后变红并显磁性。沉积成因的菱铁矿与鲕状赤铁矿、鲕状绿泥石和针铁矿等共生，热液成因的菱铁矿与铁白云石、方铅矿、闪锌矿、黄铜矿等硫化物共生 鉴定特征——以颜色、相对密度和可变为氧化铁的性质与其他碳酸盐矿物区别，具菱形解理
菱锰矿	$MnCO_3$	单晶体呈菱面体但不常见，常呈粒状、块状、结核状集合体。常为玫瑰色，氧化后为褐黑色。相对密度3。摩氏硬度4~4.5。玻璃光泽。菱面体解理完全，性脆。常与白云石连生，与硫化物、低锰氧化物和硅酸盐共生 鉴定特征——玫瑰红色，氧化后表面呈褐黑色，硬度较低，常与其他含Mn矿物共生
蓝铜矿	$Cu[CO_3]_2(OH)_2$	单晶体呈短柱状或厚板状，通常呈粒状、块状、土状和皮壳状集合体。深蓝或浅蓝色，条痕淡蓝色。相对密度3.7~3.8。摩氏硬度3.5~4。玻璃光泽。性脆。一组解理完全。遇盐酸起泡。常与蓝铜矿、赤铜矿、辉铜矿等矿物共生 鉴定特征——蓝色，常与孔雀石等铜氧化物共生，遇盐酸起泡
白铅矿	$PbCO_3$	单晶体呈板状或假六方双锥状，集合体呈致密块状、钟乳状和土状。多为白色，有时微带浅色。相对密度6.4~6.6。摩氏硬度3~3.5。金刚光泽。贝壳状断口。性脆。加盐酸起泡。往往与铅矾、方铅矿等矿物伴生 鉴定特征——相对密度大，白色，具金刚光泽和可与盐酸反应而产生气泡
白钨矿（钙钨矿）	$CaWO_4$	单晶体呈双锥状，常呈不规则粒状或致密块状集合体。多为灰白色，有时带浅黄、褐色。相对密度5.8~6.2。摩氏硬度4.5。油脂光泽。紫外线照射下可发淡蓝色荧光。常与透辉石、符山石、硅灰石等矿物共生 鉴定特征——在紫外线照射下发浅蓝色荧光，以灰白色、中等解理、硬度小、相对密度大而与石英相区别

附表6 常见矿物野外鉴定表（第五大类：萤石）

矿物名称	化学式	鉴 定 特 征
萤石	CaF_2	单晶体呈立方体、八面体，菱形十二面体，集合体呈粒状或块状。无色透明者少见，常呈绿、黄、浅蓝、紫等各种颜色，加热时可失去颜色。玻璃光泽。相对密度为3.18。摩氏硬度4。性脆，八面体四组完全解理。与石英、方解石等共生 鉴定特征——绿、紫、白鲜明颜色，标准硬度4，多向完全解理（相交常呈三角形）。

参 考 文 献

[1] 陶昆，王向阳．煤矿地质 [M]．徐州：中国矿业大学出版社，2013.

[2] 胡绍祥．煤矿地质学 [M]．徐州：中国矿业大学出版社，2011.

[3] 虎维岳．矿山水害防治理论与方法 [M]．北京：煤炭工业出版社，2005.

[4] 贾埒明，张和生，隋刚．煤矿地质学 [M]．徐州：中国矿业大学出版社，2007.

[5] 中华人民共和国国家质量监督检验检疫总局，中国国家标准化管理委员会．GB/T 3715—2007 煤质及煤分析有关术语 [S]．北京：中国标准出版社，2007.

[6] 中华人民共和国国家质量监督检验检疫总局，中国国家标准化管理委员会．GB/T 5751—2009 中国煤炭分类 [S]．北京：中国标准出版社，2009.

[7] 李增学，魏久传，房庆华，等．煤地质学 [M]．北京：煤炭工业出版社，2009.

[8] 刘铮．最新煤矿地质勘探技术手册 [M]．北京：中国工程技术出版社，2006.

[9] 邵爱军．煤矿地下水 [M]．北京：地质出版社，2005.

[10] 覃家海．地质勘探安全规程读本 [M]．北京：煤炭工业出版社，2005.

[11] 王大纯，张人权，史毅虹，等．水文地质学基础 [M]．北京：地质出版社，2005.

[12] 田卫民．义马矿区矿井资源化利用 [J]．中州煤炭，2007（1）：70，94.

[13] 李增学．矿井地质学 [M]．北京：煤炭工业出版社，2009.

[14] 张子敏，张玉贵，汤达祯，等．瓦斯地质学 [M]．徐州：中国矿业大学出版社，2009.

[15] 张建斌．晋城矿区水害因素及防治措施 [J]．煤炭科技，2007，26（3）：68—69.

[16] 王定绪，李英杰，熊晓英，等．煤炭地质勘查技术 [M]．北京：煤炭工业出版社，2007.

[17] 李北平，徐智彬．煤矿地质分析与应用 [M]．重庆：重庆大学出版社，2009.

[18] 张德栋，陈继福．煤矿实用地质 [M]．北京：化学工业出版社，2011.

[19] 刘富．煤矿地质与测量 [M]．北京：煤炭工业出版社，2011.

[20] 刘建平，王正荣．煤矿地质 [M]．北京：机械工业出版社，2015.

[21] 王国际，黄小广，高新春．矿井水灾防治 [M]．徐州：中国矿业大学出版社，2008.

[22] 程功林，李垚．矿井地质 [M]．徐州：中国矿业大学出版社，2008.

图书在版编目（CIP）数据

煤矿地质/王志骅，常松岭主编．－－2版．－－北京：应急管理出版社，2023（2024.8重印）

"十三五"职业教育国家规划教材　煤炭职业教育"十四五"规划教材　"十四五"职业教育河南省规划教材

ISBN 978－7－5020－9115－6

Ⅰ．①煤…　Ⅱ．①王…　②常…　Ⅲ．①煤田地质—高等职业教育—教材　Ⅳ．①P618.110.2

中国版本图书馆 CIP 数据核字（2021）第 236389 号

煤矿地质　第 2 版

（"十三五"职业教育国家规划教材）

（煤炭职业教育"十四五"规划教材）

（"十四五"职业教育河南省规划教材）

主　　编	王志骅　常松岭
责任编辑	籍　磊
责任校对	李新荣
封面设计	之　舟

出版发行	应急管理出版社（北京市朝阳区芍药居 35 号　100029）
电　　话	010－84657898（总编室）　010－84657880（读者服务部）
网　　址	www.cciph.com.cn
印　　刷	河北鹏远艺兴科技有限公司
经　　销	全国新华书店

开　　本	787mm×1092mm$^1/_{16}$	印张	15$^1/_4$	字数	354 千字
版　　次	2023 年 4 月第 2 版　2024 年 8 月第 2 次印刷				
社内编号	20221567		定价	45.00 元	